JN115380

1. アサギマダラ

①喜界島のアサギマダラ(1999年10月29日)。ヤマヒヨドリバナに集まる

②紫尾山のツクシガシワを食する幼虫(1989年10月23日)

③最初に奇跡的に再捕獲されたマーク虫

♀:種子島(1981年4月21日)から三重県四日市市(5月23日)へ

♂:鹿児島県市来町(1981年10月20日)から奄美大島(11月1日)へ

2. ウマノスズクサ

鹿児島県内のほとんどはヒトの持ち込みによると思われる。

①川内川堤防に伸びた蔓。堤防造成の土の搬入による(2014年4月14日)

②墓地に生える(鹿児島市永吉墓地;2019年6月21日)

③奄美大島赤尾木の畑の雑草(薬草としての栽培個体逸出か?;2003年7月8日)

④畑で食うベニモンアゲハの幼虫(③に同じ)

3. クロシジミ

①成虫(雌)

②クロオオアリの巣でアリと共生する幼虫

4. オオムラサキの分布南限線
(岩崎・村岡, 1993;福田ら, 1979)
熊本県の産地は多いが略

● 幼虫や成虫が確認された地点
● 食樹エノキで幼虫を探索したが発見出来なかった地点

5. カラスシジミと
   食樹ハルニレの分布
   (鹿児島県)

● カラスシジミ(とハルニレ)
● ハルニレのみの地点
出水平野が分布空白帯となる

口絵 1

1. 沢原高原とオオウラギンヒョウモン

①キヌガサギクの咲く草地。今は鹿の食害か, ほとんど見られない (1995年7月6日)

②凹地に多いヌマトラノオの群落。ヒョウモンチョウ類のほか, 多くのチョウが好む花, 凹地に多かったが, 今は激減。これも鹿害か? (1995年7月25日)

2. かわいそうな紫尾山

①枯死したアカガシ。かつては, この大群落にキリシマミドリシジミなどが乱舞していたという (1992年7月31日)

②初夏のアカガシ遠望。残されたアカガシの若葉は "赤く"美しい。キリシマミドリシジミはこれを食う (1989年5月15日)

③エゾハルゼミ (雄)。ブナの古木と命運を共にするのか。6月下旬〜7月に特有な鳴き声が聞かれる

3. 栗野のカシワ林

①カシワ林 (1979年5月20日)。まだ, ウスイロオナガシジミは多かった

②カシワ若葉の季節 (1984年5月7日)。林床のササ群落も安定していた

③近年のカシワ林 (2016年7月18日)。雑木も成長し, 林床も不安定となる

④ウスイロオナガシジミ成虫 (1983年6月15日), 幼虫 (1979年5月20日)

⑤ハヤシミドリシジミ (1955年7月10日, 福田採集の雌, 九州大学保存標木)

1.佐多岬

①昭和30年代の佐多岬。1959～1963年に撮影。右下に灯台守の宿舎が見える

③タイワンツバメシジミ。(左上)食草シバハギ(2013年7月25日)。ここの早咲き株は7月すでに莢が枯れているが,この中の豆を幼虫が食べて育つ。(中)公園に早咲きシバハギの苗を植えた(2016年10月2日,ふれ合いパーク佐多)(右上)成虫

②2017年10月4日。遠望では何も変わらないように見えるが,樹林に入るとその変貌に驚く

④1960年代の田尻海岸(1960年6月25日)。砂浜にはイカリモンハンミョウが多かった。今は岩礁性のシロヘリハンミョウが棲む

2. 南薩の千貫平

①1977年の草原,ノアザミもチョウも多かった (6月26日)

②2013年の草原,草刈りによるのか単純なササ原となる(7月6日)

③消えたウラギンスジヒョウモン (雄)

3.吹上浜松林のチョウ

①ホソバセセリ。ススキが食草

②ツマキチョウ。幼虫はハタザオのつぼみ,花,幼果を食う(2007年4月9日産卵)

口絵 3

1. 屋久島の林道63支線 (標高1100～1160m；1.7km)

③鹿を埋めた塚 (2015年10月11日)

①2009年9月24日。イトススキなど雑草が多い

②2015年10月11日。鹿の食害で草がなくなっていた

④塚の外に散らばる鹿の骨

⑤土中の鹿肉を狙ってか, キイロスズメバチが出入りしていた

2. トカラ列島

①トカラ海峡。悪石島から南の小宝島, 宝島を望む。この深い海が渡瀬線となる (1987年8月19日)

②美しいトカラカラスアゲハ (左：♂, 右：♀)

3. 奄美大島の古参と新入りのチョウ

①アカボシゴマダラ。ミカンの樹液に来ていた (2005年7月9日)

②フタオチョウ (2017年7月30日；名瀬鳩浜；♂)

4. 石垣島のアサヒナキマダラセセリ
(1975年3月28日)

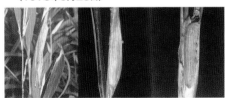

左：食草リュウキュウチクの越冬巣　中：巣の中の袋　右：袋の中にいた幼虫

5. 南西諸島を北上したチョウ

左：ベニモンアゲハ　中：クロボシセセリ　右：ツマムラサキマダラ
(裏面)

6. クマソ襲来 (クロマダラソテツシジミ)

②産卵する雌

①県庁のソテツも被害

③終齢幼虫

チョウが語る自然史

―南九州・琉球をめぐって―

福田晴夫
Fukuda Haruo

南方新社

はじめに

　鹿児島県のチョウたちは，いつ，どこから来て，どうなったかという問題，チョウ相形成史を考え始めたのは大学生の頃だった。しかし当時，手がかりといえば，ここ 200 年程度の文献と，実際にいるチョウから得られる情報しかない。1974 年に「チョウの履歴書」を書いたが，あれは個々のチョウたちの一生を描いたもので，彼らの祖先のことには触れなかった。私はその後も，卵，幼虫，蛹と変態して発生するチョウの生活史調査に主力をおき，アジアの熱帯にまでその範囲を広げたが，そこにも日本のチョウたちの故郷があるはずという思いは消えなかった。

　そして，ようやく今になって，永年の課題の答えが書けるかも知れない，いや書かないといけないと思い始めた。時すでに遅し（年齢すでに遅し？）の感はあるが，次のようなことに後押しされて，新しい意気込みでトライすることにした。

　日本列島形成史が新しくなり，それに伴って気候変動，植物相の変遷も解明が進み，動物についても化石だけでなく DNA からの情報が急増して，昔のことが確からしく想定出来るようになった。一方，南九州から南西諸島一帯のチョウのデータ，細かな分布状況，個体数の年変動，生活史，周年経過，生態などの知見が充実してきた。とくに現在も侵入している迷チョウや，近年に南西諸島を北上定着したチョウの実態が明らかになった。しかし悲しいことに，あの高度成長期以来，ヒトの撹乱による自然環境の激変は続き，ヒト自身の生活も変わり，チョウ相も大きな影響を受けた。チョウもさることながら，私はヒトの生活が心配になったのである。

　もちろん，ヒトがどうなろうと，チョウたちは生き，とくにどうと言うこともなく地球生態系は続くだろうが，未来に生きる人達の幸せを願い，このような状況を招いた世代の一員として，償いの意も込めて，私が知り得た南九州と琉球の自然の過去と現在を，未来についての私案も添えて記録しておくことにした。高度成長期以前を“昔の自然”，その後を“今の自然”と呼ぶなら，私はその昔の自然とくに昔の農業体験をもつ。昔の人々の自然とのふれ合い，遊びの体験は，少年時代の太平洋戦争の体験と共に，私の世代の

宝物になっている。この体験も役立てなくてはならない。私は少しこのような義務感も感じている。

　しかし，その自然環境の変遷史は，地史，気象，植物相，動物相の変遷史であり，ヒトの撹乱史，考古学，歴史学の知見も不可欠で，これらは私の手に余る分野である。だから本来なら共同研究が望ましいのだが，これはしかるべき機関に任せて，私は当初の目論見通り，チョウを主体にしながら，各分野の知見も出来る限り採り入れ，無謀を承知で総説的な自然史を書こうと思う。

　そう言いながら，ちゃんとした論文のように，いちいち引用文献も明記しなかった。読み物としての読み易さもさることながら，そうすれば引用文献だけで一冊の本になる。それほど多くの方々の業績が存在する世界であった。

　また，登場させて頂いた人名も，敬称を付けたり，呼び捨てにしたり，年も西暦，和暦，適当に使って不統一になっている。これらはその場面の私の感情の赴くままに任せたからで，その方がよく伝わり，より理解していただけそうな気がしたからに他ならない。どうかお許し頂きたい。

　とは言え，所詮は高齢者フリーターの思うこと，時代遅れで，ほんとの「チョウの履歴書」にもほど遠いだろう。だが，今の情報過多の時代でも，読者諸賢にとって "知らなかった" ということがいくらかでもあれば幸いとし，より新しい自然史論の誕生を期待しよう。

　2019 年 7 月 31 日

目　次

第1部　南九州と鹿児島県本土

第3部　ヒトが来た

薩摩半島

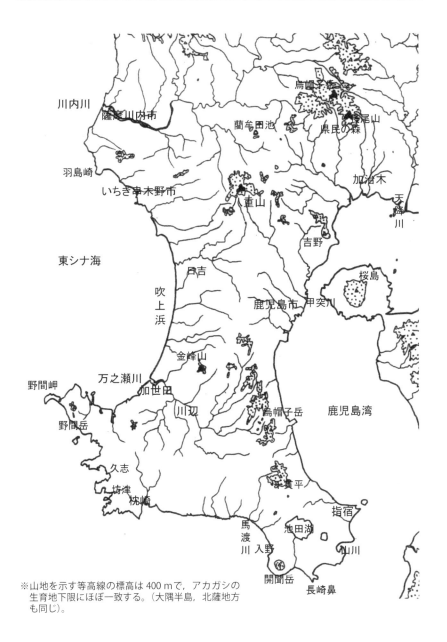

川内川
薩摩川内市
羽島崎
いちき串木野市
重山
東シナ海
日吉
吹上浜
金峰山
万之瀬川
野間岬
加世田
川辺
野間岳
久志
坊津
枕崎
馬渡川
入野
烏帽子岳
鹿児島市
甲突川
桜島
鹿児島湾
貴平
指宿
池田湖
山川
開聞岳
長崎鼻
烏嶋子岳
蘭牟田池
掃尾山
県民の森
加治木
天降川
吉野

※山地を示す等高線の標高は 400 m で，アカガシの
生育地下限にほぼ一致する。（大隅半島，北薩地方
も同じ）。

大隅半島

加治木　隼人
国分
天降川
牧ノ原
宮崎県
桜島
日南山地
岩川
松山
田之浦
高隈山系
大篦柄岳
御岳
大隅湖
高隈渓谷
垂水
笠野原台地
蓬原
志布志
前川
枇榔島
安楽川
菱田川
志布志湾
鹿児島湾
鹿屋
肝属川
高須
国見岳
神川
甫与志岳
内之浦
大根占
山川
雄川
根占
本場岳
稲尾岳
伊座敷
佐多岬
大泊
田尻

北薩地方

霧島山

※等高線は標高 700 m。

南西諸島

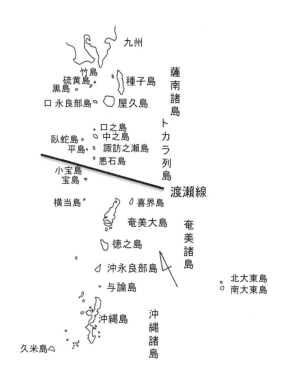

九州

薩南諸島

竹島
硫黄島　　種子島
黒島
口永良部島　屋久島

口之島
中之島
臥蛇島
平島　　諏訪之瀬島
悪石島

トカラ列島

小宝島
宝島

渡瀬線

横当島　　喜界島

奄美大島　奄美諸島

徳之島

沖永良部島

北大東島
南大東島

与論島

沖縄島　沖縄諸島

久米島

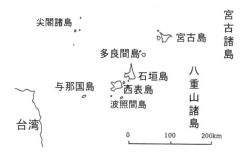

尖閣諸島

宮古島　宮古諸島

多良間島

石垣島
与那国島　西表島
波照間島

八重山諸島

台湾

0　　100　　200km

12

第 1 部
南九州と鹿児島県本土

序　章
アサギマダラの旅─鹿児島発─

　「旅するチョウ」として今はすっかり有名になったアサギマダラの移動調査は，1980年に鹿児島で始まった。

1）マーキング調査

　捕虫網で掬って，ていねいに取り出したアサギマダラを左手に持ち，油性フェルトペンで左右の後翅裏面に，日付，場所，番号，自分の名前などを略号で記入する。手のひらに乗せてチョウが飛び立ち，青空に消えるもの，近くの花に行くものなどを確かめて，野帳にメモを残す。誰かが，いつか，どこかで，再捕獲してくれるかも知れないという期待感と手応えのようなものを残してマーキング，放チョウが終わる。

　路傍に咲きこぼれる野の花に来ているチョウを見て歩く。好きな花にはアサギマダラが群れるように止まっている（口絵．1-1-1）。その中に，異様な斑紋！　よく見ると文字と数字だ。捕る前に撮影するか，捕ってしまうか，一瞬迷うが，捕獲してマークを確認，データを写した後，標本にするか，自分のマークを追記して再放チョウする。アサギのメーリングリストに流して，放チョウ者からの連絡を待つ。

　こういう作業を私は1980年秋から20年以上続けた。はじめの十数年は，300頭放しても，1000頭放しても，再捕獲はなかった。パソコンはなく，「アサギマダラニュース」なる連絡紙を使っていた。あれからやがて40年，今やすっかりポピュラーになったこのチョウの長距離移動であるが，なぜそんな旅をしているのか分からない。これにもヒトの撹乱が関わっているのだろうか。

2）始めた頃の回想

　最初に問題を発見したのは沖縄の愛好者たちであった。1960年代，沖縄では盛夏にこのチョウが見られなくなることから，春と秋に渡り鳥のように

季節的移動をしているのではないかいう仮説を提示して，マーキング調査を呼びかけた。しかし，それから時は流れて，1975 年に九州祖母山で鹿大生の中川耕人が 425 頭をマーク放チョウしたが，再捕獲はなかった。そして 1980 年 10 月 26 日，鹿児島昆虫同好会が，初めてのマーキング会を薩摩半島南端の坊津で実施した。やってみると，宝くじを買った時のような期待感があり，他のチョウとは違うアサギマダラの行動が見えてくる。病みつきになるファンが誕生し，「そのうち，再発見されるだろう」という程度の夢が，すぐに現実のものとなった。

　翌 1981 年，種子島で尾形之善が 4 月に放した雌が，5 月に三重県四日市市で（口絵 .1-1-3），5 月に放チョウした雄が，7 月に福島県白河市で再捕獲され，秋は鹿児島県市来町で，高校生の松比良邦彦が 10 月にマークした雄が 11 月に奄美大島で採れた（口絵 .1-1-3）。春～初夏の北上と秋の南下が，あっさり確認されたのであった。これは奇跡的な大成果で，これがなかったらこの調査は何年も遅れていただろう。

　しかし，柳の下にいつもドジョウはおらず，ぽつぽつ程度の再捕獲はあるものの，さっぱりの年が十数年続いた。だが，継続は力なり，次第に参加者が増え，成果も目に見えて増えてきた。マスコミによる報道もプラスになり，学会の後押しもあって，隆盛の一途をたどり今日に至る。

3）長距離移動とヒトの撹乱

　春から初夏は北へ，秋は南へというおおまかな季節移動は判明し，北は北海道，南は台湾，中国南東部という移動範囲が確認されている。フィリピンの北部まで飛ぶ個体がいるかもしれない。マーキング作業も再発見，再捕獲活動も盛んになったが，効率を挙げるにはアサギマダラの好きな花を植えて待つのがよい。春～初夏はスイゼンジナ，シマフジバカマ，スナビキソウなど，秋はヒヨドリバナなどが好まれる。私の庭にもこれらの花があって，シーズンにはちゃんとここに立ち寄るアサギマダラがいる。集まるチョウを観光名所にしようというところまで出て来た。

　これでは“自然な”アサギマダラの移動ルートなどの調査に，“不自然な”結果が出るだけではないか，という疑問が愛好者の中で問題になり始めている。確かに，ヒトの都合のよいところに大量の花を植えるのは不自然だけど，そこにアサギマダラが飛来するのは自然でもある。今，私はこの程度のこと

しか言えないけれど，あのアサギマダラの移動にまで，ヒトの自然撹乱が及んでいることに，少し愕然たる思いもある。成虫の食物となる花だけではない，紫尾山に多かった食草ツクシガシワ（口絵．1-1-2）は鹿の食害で減少している。鹿を増やしたのは誰か。

　この地球上では，すでに第6回目の生物の大絶滅が起きており，それはヒトというただ1種の哺乳類によってなされたものであるという。それは九州，琉球のチョウたちにも見られるだろうか。

4）なぜ，アサギマダラはここにいるのか？

　こういったヒトによる撹乱の問題は第3部に譲って，まず問題にすべきは，何故このチョウはこんな移動をするのか，するようになったのかであり，その前に，なぜここに棲んでいるのか，いつ，どこから九州や琉球にやって来たのかである。

　実は，この本の校正中に，日本鱗翅学会第66回大会が大阪であり，その公開シンポジウムで，私は「イチモンジセセリとアサギマダラの移動の謎はどこまで明らかになったか」という講演（話題提供）をするための準備をしている。ここでは，国外研究者によるアサギマダラ属の起源，分化についての仮説をもとに，日本列島に於ける前記の問題への答え（仮説）を述べたいが，まだとても完全正解には至らない。ただ，これら両種とも，照葉樹林帯のチョウ（ヒマラヤ型分布種）であり，祖先が中国大陸にいて，ある時期に，何らかの原因で日本に入り，その後に南北の移動性を獲得しただろうという筋書きは想像できる。

　これは他のチョウでも同じことで，正解は出ないかも知れないが，推理小説の犯人捜しより面白く，厄介である。気の向くままに，謎解きの楽しみを味わってみよう。

第1章
なぜ，ここにチョウがいるのか

　なぜ，ここにチョウがいるのか。これは本著の主題のひとつであるが，答えは簡単で，「ここでその種が生まれたから」，または「どこからか来たから」である。これはチョウの祖先を問い続ける作業になる。残念ながら，鹿児島県で新種になった（分化した）チョウはいないので，ほとんどは侵入種，外来種である。他に日本列島が隔離されて孤島になった時，大陸時代に棲みついて，大地といっしょに乗ってきた最古参種がいるかもしれない。これは後で検討しよう。

1．チョウという生き物

　地球上に生命が誕生し，その一部が昆虫群になり，そのまた一部がガ類（蛾類）になって，その一派としてチョウ群が現れた。夜行性のガ類から昼行性のチョウ類が出て来たのである。時は白亜紀かその前のジュラ紀か，恐竜時代の終焉のころ，花をつけ始めた植物に付随するようにチョウも出現した（年表1）。

　夜行性から昼行性への転換は，チョウの幼虫と植物（食餌植物）との競争の結果であるという説がある。すなわち，かつて，あるチョウの祖先種が，動物に食べられないように有毒物質を蓄えた植物の防衛線を突破して，特定の植物を幼虫の食物とするようになった。彼らはその毒を成虫の体内にまで持ち込んで，自らは毒チョウになり，昼間の恐ろしい天敵，鳥類の捕食を減らすことに成功する。やがて，その毒チョウたちは共同戦線を張り，無毒のチョウまでそれを真似たりして，鳥などの捕食者に対抗した。派手な色彩・模様を誇示し，ひらひら飛んで，直線的な敵（鳥）の攻撃をかわす。止まる時は，枯葉模様の保護色で安全を確保する。もちろん，チョウの美しい翅は天敵対策だけでなく，同種間の信号にもなるから，その発生原因はもっと多

年表1．地球の歴史（全体的年表）

地質時代			年代	地史・気候	生物界
			46 (億年前)	地球誕生	
			38		生命誕生
			27		光合成始まる
			10		真核生物出現 / 多細胞生物出現
古生代	カンブリア紀		575 (百万年前)		海に多様な生物群出現 / オウムガイ
	オルドビス紀		509		
			444		生物の大絶滅-1　(84%滅)
	シルル紀				植物の上陸 / 鱗木
	デボン紀		416		動物の上陸 / 生物の大絶滅-2　(79%滅)
	石炭紀		359	大森林がCO_2を吸収 →低温→氷河期となる	シダの森 — ハ虫類 / メガネウラ(巨大トンボ)
	ペルム紀		299		フズリナ / 生物の大絶滅-3　(96%滅)
中生代	トリアス紀		251	パンゲア大陸 (北)ローデシア (南)ゴンドワナ	イチョウの森 — 恐竜の世界 / ほ乳類出現 / 生物の大絶滅-4　(79%滅)
	ジュラ紀		200	中朝と揚子地塊が合体（緑で日本列島になる付加体の形成が始まる）	チョウ目 出現　　魚竜
	白亜紀		146	四万十層の形成 中央構造線できる	チョウとガが分かれる / 裸子植物 — 恐竜多様化 / 生物の大絶滅-5　(70%滅)
新生代	第三紀 古第三紀	暁新世	65.5	温暖	落葉樹林は残る / 照葉樹林 出現
		始新世	55.8	前〜中期は"温室世界"	九州は亜熱帯林 / 照葉樹林帯となる
		漸新世	33.9	"氷室世界"寒冷	温帯性落葉樹の世界 / 類人猿 出現
	新第三紀	中新世	23.0	日本海の拡大 →日本本土の孤島化	マングローブできる / 猿人 出現 / イナバテナガコガネ(化石)
		鮮新世	5.3	中琉球孤島化？ / 沖縄トラフ形成	
	第四紀	更新世	2.58	琉球列島の孤島化 ← 拡大 / 氷河時代 / 始良カルデラ / 鬼界カルデラ	原人→旧人→新人(ホモ・サピエンス) / 南九州の生物相壊滅
		完新世	0.018	縄文海進	生物の大絶滅-6！？

様であるが，このような，植物とチョウと天敵との食物連鎖をめぐる戦いは現在も進行中である。

1）チョウはなぜ飛ぶか

　でも，チョウがどこから来たかの答えは，なにしろ飛び回る虫だから，そう簡単ではない。チョウが新しい土地に侵入し，発生，定着を続けることを確認しないといけない。鍵を握るのは受精卵の産める雌の分散，移動力である。もちろん，雄の行動も関わる。チョウはなぜ飛ぶか？

　蛹から羽化した雄は花蜜などを摂取し，成熟すると交尾相手の雌を探す行動（探雌行動）に移る。アゲハチョウなどは一定ルート（チョウ道）を回って雌を探し（パトロール型），タテハチョウなどは一定の場所に縄張りを張って雌を待つ（テリトリー型）。中には両者を組み合わせるものあり，せっかちに羽化直後の雌を狙うものあり，いろいろバリエーションがあって面白い。雌は一般に雄より後から羽化するが，交尾は1回切りというものが多い。もちろん，多回交尾歓迎種もいる。

　交尾を終えた雌は，生まれ故郷を離れるか，留まるかの選択を迫られるだろう。アゲハチョウのように，そこにミカン類が多ければ，そこに留まるだろうし，キャベツ畑のモンシロチョウは，キャベツが収穫されて畑が裸地にもどれば，さっさと新天地に食草を求めて移動する。大発生した場合は，大群をなして移動する例も多い。産卵する食餌植物があちこちにあれば苦労は少ないが，希少種だったら新天地の発見は絶望的である。九州本島はともかく，南西諸島の島々では苦労の連続のように見える。しかし，このような彼らの姿が，かなり明らかになってきた。各地の愛好者，研究者が，データを丹念に記録し，印刷物として残して来たからである。この成果をもとに，私は本稿を書いている。

2．日本産チョウ相形成史の変遷

1）日本列島形成史

　1970年代からプレートテクトニクスに基づく海洋底の調査，付加体の研究やプランクトン（放散虫）化石の研究などが進み，日本列島の形成史は，1980年代あたりから大幅に書き換えられた。それ以前は，地向斜説で，現在の日本海にあたる地域が陥没し，厚い堆積物が溜まった後，隆起に転じて

（上下移動），日本列島という孤島が生まれたとされていたが，現在は，大地
の水平方向への動きが重視され，日本列島はアジア大陸から分離して東方に
移動して来たことが分かっている。

2) チョウ相形成史

　旧説では，日本列島の植物も動物も，島が出来てから，他所から侵入した
ものとされ，チョウ類についても，それに基づく分布論が盛んであった。そ
れは，どのチョウ（群）が，どこから，いつ，どのように侵入したかという
形をとり，先鞭をつけた白水隆（1947：九大）は，西部シナ系要素（照葉樹
林帯）を重視し，最も古く渡来した可能性を示唆した。藤岡知夫（1973：慶
大）は，氷河時代の陸橋の消長を詳細に分けて，それらにより渡来したチョ
ウを推定した。日浦勇（1971：大阪市立自然史博物館）は，日本産チョウ類
の分布型を，シベリア型，ヒマラヤ型，マレー型，日本型などに分け（図
1-1），これらの渡来時期を推定した。これは必ずしもチョウの発祥地を示す
ものではないが，それを示唆する情報を含むことは確かであろう。その後，
日浦（1976）は，これを 8 型に細分し，シベリア型，ウスリー型，中華型，
日本型，ヒマラヤ型，マレー型，汎熱帯型，メラネシア型とし，判定困難種
が 20 種あるとした。と言うことは，現在の分布状態だけでは，この問題は
解けないということだろう。彼は 1983 年，51 歳の若さで夭折したが，現在
の地史，DNA などのデータを駆使できたら，多彩な論議を展開したであろう。
彼が拙宅に泊まり，いっしょに南薩の千貫平を歩きながら，チョウの分布論
議をしたことが思い出される。

　白水はその後（1985 年），日本チョウ相の構成要素を 3 群に分け，最も古
いものは，北極を取り巻くように分布していた第三紀周北極要素の植物に付
随してきた温・暖帯性のチョウ（西部支那系要素），次に侵入したのは，第
四紀の寒冷期に北極周辺に出来た寒帯林的環境に侵入適応したチョウ（シベ
リア要素のチョウ群）が南下したものであり，最後に，後氷期の温暖化に伴い，
南方から北上侵入した 1 群がいたという。そして，戦後の日本チョウ界をリ
ードされた"シローズ先生"は，2004 年 86 歳で逝去された。新データの登場，
活用は間に合わなかった。

　1998 年にはチョウ類 DNA 研究会も発足し，日本列島形成史の新知見を
もとに，チョウ類の形態，生態，分布状況に，DNA の検討による種の分岐

年代などを加えて，新しい分布形成史が展開されるようになった。ギフチョウ類，高山蝶のベニヒカゲ類など，種群ごとの研究が急速に進んで成果をあげた。日本産全種のチョウ類についての総括も遠くないであろう。私は本著で鹿児島県と南西諸島のチョウ相形成史の現状を報告し，若干の私案を提示する。

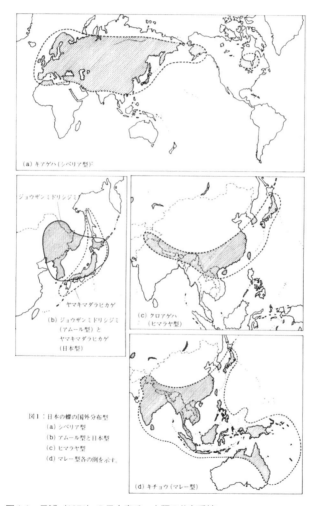

図1-1　日浦（1971）の日本産チョウ類の分布系統

おおまかにはシベリア型が旧北区系，ヒマラヤ型が照葉樹林系（西部シナ系），マレー型が東洋区系で，周日本海型（アムール型と日本型）は前2者の特異型とも言える。

第 2 章
九州の中の鹿児島

1．日本本土の誕生と九州

　地球の歴史は 46 億年と長いが，日本列島が孤島として誕生したのは，日本本土で 1500 万年前，南西諸島はさらに一桁若い 200 ～ 155 万年前である（異論あり）。（これらの年数には「約」がつくが，本著ではこれを省略する。）

1）日本本土の形成期

　これは準備期間を含めて次の 3 期に大別され，2 期がとてつもなく長いことに注目したい（年表 2）。

　1 期（7 億～ 5 億年前）　プレート辺縁時代。7 ～ 6 億年前は氷河時代であったが，超大陸が分裂し，そのうちの揚子地塊と中朝地塊が合体して出来たアジア大陸地塊の東縁に，日本列島の該当地があった。（先カンブリア紀～カンブリア紀：2 億年間）

　2 期（5 億～ 1500 万年前）　付加体として基盤岩が出来た時代から日本海の拡大期まで。（古生代オルドビス紀～新生代新第三紀中新世；3 億 8500 万年間）。付加体は，海のプレートが移動して来るとき，海中にあったもの，空中から降ってきたものが海底に堆積し，陸のプレートに沈み込む時，削り取られたようにして形成される。これは今や高校地学の教科書にも出ているが，「日本列島の誕生」（平，1990；岩波新書）にその研究史が詳しい。

　3.5 ～ 2.5 億年は氷河時代（ゴンドワナ大陸ひとつの時代・ゴンドワナ氷河）で，世界各地に氷期，間氷期が繰り返された痕跡がある。

　＊ 5000 万年以降は無氷河時代で高緯度地方に氷河なく，気候帯は単純で，熱帯と温帯のみ。気温差は小さかった。造山運動，火成活動も活発，生物種は豊富だった。

　＊ 4000 万年以降は氷河時代で，氷期と間氷期が繰り返される。海面変動激しく，陸棚域では海退期の森林が，海進期に埋没して石炭となる。気候帯

は複雑化，火成活動不活発で，プレート生産量も少なく，造山運動も弱く，生物種も少ない。

3期（1500万年～現在）　孤島になった日本列島が，その後，多くの変遷を経て現在の状況になるまで。(新第三紀中新世～第四紀完新世)(年表２，３)

＊70万年以降，氷期，間氷期が規則的になった。ヒマラヤ，ロッキー山脈が隆起して大気循環を変えた。氷河の出現は過去5000万年間地球が寒冷化してきた結果である。パンゲアの分裂などで，南極で冷水が生じて広がった。以上の古気候は増田（1989）による。

2）九州島の形成史

大陸辺縁時代　基盤の付加体が出来た時代。九州の基盤は古生代の変成岩，火成岩，堆積岩と，古生代末から中生代にできた数種の付加体で，これらを区切る大断層線が斜めに中部九州を横切っていた。南九州の大部分は白亜紀にできた付加体，四万十層群で，これは関東地方から沖縄にかけて，長さ1300kmにわたって細長く広がっており，鹿児島県はこのほぼ半分を占める。これらの地塊は，その頃，南海トラフ（深海）の西に，海底から見ると高さ1万mの付加体の大山脈であった。

かつて中央構造線の延長とされ，今は別物の臼杵―八代構造線が九州中部を斜めに横切り，南はジュラ紀の付加体を主とする秩父帯と，白亜紀以降の付加体，四万十帯を画する仏像線が並ぶ。「仏像」は高知県土佐市にある地名に由来するという（図1-2）。

その大陸棚縁辺の河川下流域にできたデルタ地帯の内湾は，沈降しながら堆積し，常に浅い環境が保たれる浅海で，湿潤温暖な気候下で，マングローブなどが生い茂っていた

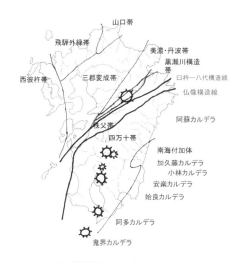

図1-2　九州の構造線とカルデラ

中央を斜めに横切る構造線，多くのカルデラ，ヒトもチョウも苦労が絶えそうにない。それとも環境の多様性が高い楽園か。

年表2. 第三紀年表

第 三 紀

時代		年代（万年前）	地　史	気　候	植　物	動　物
古第三紀	暁始	6550		温暖期	温暖期	
		5580	4800万 — 日南層群 堆積		現在の台湾・八重山諸島程度の照葉樹林	サト・ヤマネマダラヒカゲ分化
	始	3390	— 2800	寒冷期（氷室世界）	現在の温帯林に近い樹林（照葉樹林もある；神戸の化石）	3000万 類人猿 出現
	漸	2500		温帯の湿潤期 温暖期（温室世界）	温帯の湿潤期 温暖期	
		2300	観音開き 東北日本（多島海） 西南日本	1600万 1500 世界的温暖期	（秋田の化石＝ブナ、コナラ、ニレなどが まで常緑樹生まれ）現在の台湾・八重山諸島と同じ 照葉樹林、亜熱帯林 マングローブ 落葉広葉樹、針葉樹は温帯系の 現生種が多い	
新第三紀	中	2000	1600万 高隈山 カコウ岩買入	モンスーン気候顕在化		サト・ヤマウラギンヒョウモン分化？
		1500	1400 屋久島 1300 甑島 1200 肝付山地	この期間に中琉球が大陸から分離したという説あり		900万 イチバナラガコガネ（化石）温帯系のチョウが日本に来た（アサギ\\など）
	新	1000	鹿県内全域で火山活動始まる	寒冷化（といっても、現在より温暖な時代）	ムカシブナ多産（鳥取県）ブナ属優占時代	700万 人類 出現 初期の猿人
			800万 東北日本の隆起 始 西南日本が朝鮮半島とつながる 中琉球孤島化？			
		530				ゾウなど中新世で栄えた動物の 多様性が減る →少数種 特化（哺乳類の分化すすむ）
	鮮新世	500	500万 丹沢海嶺が衝突して 伊豆半島ができる		第三紀型植物まとまって消滅（アケボノスギ、フウなど）	440万
		400	現在の日本列島の原型できる			猿人
	新	300		300万 北半球に最初の氷河できる		250万
	世	258				

年表3. 第四紀年表

第四紀

年代	地史	気候	生物	ヒト
258（万年前）	日本本土の山は川による浸食盛ん／阿蘇の古期火山活動開始	急激に寒冷化	入来峠などの植物化石種／イチモンジセリ誕生	猿人
200	北・中・南現球が大陸から分離？	（冷）	黒潮による北上分散始まる	
220万	黒潮が東シナ海に北上始			
150 / 150万		（冷）	大陸気候に適したモミなど増える／90万 キブシが日本に入る	原人 80万／旧人
100 / 100万	鹿児島地溝できる／国分層堆積／花倉層堆積	（冷）		
50	60 霧島山〔古期火山群〕	以下氷期と間氷期が明瞭になる	（47〜33万年前） 大陸からニホンザルが入る シカが入る	
40万	40万 加久藤カルデラ／35〜34 小林カルデラ 33／33〜34 阿蘇カルデラ／27〜9 阿蘇カルデラ／13〜12.5 阿多カルデラ	ギュンツ氷期／ミンデル氷期／リス氷期	（30〜23）"クロウツ"／（18〜13）クロウツメジジミ九州へ	20万 新人（ホモサピエンス）誕生（アフリカ）／5万／4万 ヒトが来る／3.8万
10	霧島山 新期火山群 20万／10／5 韓国岳〜1万8000／栗野岳／大浪池	（暖）	南九州の生物相壊滅／生物の再侵入（2.5〜1.65）	旧石器時代／新石器時代 13000年 再侵入
5	2.9万 姶良カルデラ火山噴火	最終氷期		
1.8	1.4万 鹿児島湾に海水が入る／以後、日本列島は完全な孤島となる			
1万（年前）		（温暖化すすむ）	中国で稲作（水田）始まる	縄文時代
9000	鬼界カルデラ 7300			
8000	7000 高千穂峰	6500 ヒプシサーマル（高温期） 5500		
7000	6500-5500 縄文海進			
6000	池田湖（カルデラ）4600 御池		6000	
5000	5500 鰻池		国分平野などにモッカハマグリ（貝）が大発生	
4000	山川港			3000
3000	開聞岳		2000 稲作日本に入る	
2000				1000 平安時代
1000				

更新世（洪積世）／完新世（沖積世）

が, ここに 8500 万年前の貝類, 7000 万年前の恐竜など多くの生物が化石に
なって, 甑島や獅子島, 種子島などに残る。3000 万年前（古第三期）に,
大陸斜面の大崩壊による海底地滑りで, 宮崎市から志布志にかけて基盤とな
る日南層群が堆積した。

日本海拡大開始　2500 万年前　大陸の縁が割れ始めて地溝帯, 湖水群が
出来, 日本海の形成が始まる（漸新世〜中新世）。2100 万〜1100 万年前,
西南日本と東北日本が"観音開き"状に動き, 西南日本は 45°時計回りに回
転し, 大陸から切り離され, 日本海は大きな凹み, 古日本海となる。東日本
は多島海の時代で, 中央部のフォッサマグナ海を挟んで, 西南日本には第 1
瀬戸内海があった。

日本海の拡大止む　1500 万年前　西南日本北側が 10 度時計回りに回転し,
500 万年前に沖縄トラフの拡大で琉球弧が南側に張り出し, 南側が反時計回
りに 30 度回転して九州が折れ曲がった。その頃対馬は海で, 九州と朝鮮半
島は繋がっておらず, 古日本海は日本列島の至る所で隙間だらけで, 太平洋
の海水が入り込んだ。九州は現在とほぼ同じ位置で孤島になった。

　その後, 海面の上下移動で, 朝鮮半島と繋がったり, 離れたりして, これ
が生物の往来に重要な関わりを持つことになるが, 155 万年前（異説あり）
に南西諸島が北・中・南琉球に分離した時は, 対馬海峡を黒潮の分流が日本
海に流入して大陸とは切れた。

　中期更新世 70〜13 万年前には, 九州山地が隆起を始める（勘米良, 1995）（図
1-3）。第四紀の隆起量は, 鹿児島県本土で 250〜499 m, 出水平野は 0〜
249 m であったが, 九州山地など中央部は 1000〜1500 m で, その後も再隆
起して現在の形になった。これにより浸食作用が再開した。

　第四紀の氷河時代, 何回かの陸橋が形成されたが, リス―ウルム間氷期の
ものが最後となる。最終氷期（以前はウルム氷期と言った）に, 朝鮮半島,
対馬, 九州が陸橋でつながり, 多くの動植物が往来したという従来の説は修
正され, この時, 朝鮮半島と対馬は 10km 余りの狭い海峡で分離されており,
東シナ海が広く陸化した。後氷期, 6000 年前の海進期には, 本州と九州が
関門海峡で切れた。

大断層と火山群　九州には火山と断層が多い。臼杵―八代構造線が中部を
斜めに横切り, その北側は激しい断層帯, 火山地帯の別府, 九重, 阿蘇, 雲

仙が並ぶ別府―島原ライン，南に並ぶ仏像線は鹿児島県阿久根市で南に曲がる"北薩の屈曲"を経て，南薩の野間岬に達し，熊毛，トカラの西を通って奄美大島，沖縄島に至る。ちなみに，現在の九州の北半分は北へ，南部は南へ，それぞれ年平均 0.7 m ずつ移動しており，10 万年後には幅 1.4 キロの海峡になるという説もある。

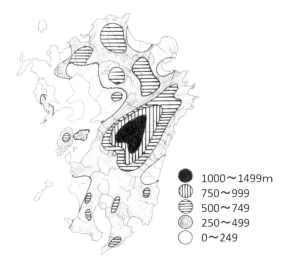

1000〜1499m
750〜999
500〜749
250〜499
0〜249

図 1-3　九州の土地第四紀の隆起図
勘米良（1995）より作図，詳しい原図は第四紀地殻変動研究グループ（1968）であるという。第四紀は 258 万年だから，この隆起値をこれで割ると 1 年間の隆起値が出る。

　九州では中央部に阿蘇カルデラ火山があり，27 万〜9 万年前に活動が盛んだったが，南部九州にはカルデラ群が，加久藤，姶良，阿多，鬼界カルデラと北から南へ分布する。日本には大規模カルデラが，過去 50 万年間に 9 域あったが，そのうち 5 つが九州，3 つが鹿児島県にある。これらの活動期は，34 万年前に加久藤，10 万年前に阿多，2.9 万年前に姶良カルデラ，遅れて 7300 年前の鬼界カルデラと続く。有史時代は極めて平穏な時代といえる。

2.　九州のチョウのいくつかの問題

　地史の後には気候変動や植物の話が続くのが普通かもしれないが，ここはいきなりチョウの話から入ろう。

　九州で記録されたチョウは，定着種 125 種，迷チョウ 49 種（約 28％）で総計 174 種（植村・青島 2017），これは日本全体の記録種 328 種の 53％になる。迷チョウのほとんどは南方系（マレー型チョウ群）であるが，定着種は，後氷期の温暖期に広がった南方種と，その前の寒冷期にほぼ全域にいたと思われる温帯系のシベリア型チョウ群，暖帯林の生息種，ヒマラヤ型チョウ群

があちこちに残存しているという構図である。もちろんヒトの撹乱地に入り込んだ広域分布種もいる。問題はその暖温帯系の残存種が，いつ，どこから来たかになるが，いくつかの話題を拾ってみよう。その前にちょっと一言。

1）固有種というもの

　よく郷土の自然の宝物のように言われるが，固有種は特産種，「そこだけ」にいる生物のことである。「そこ」は特定の狭い地域のこともあるし，屋久島とか，奄美大島，あるいは九州，日本などと広い場合もある。なぜそこに固有種がいるのか？　それは，その生物が，そこで，そんな"新種"になったからであるが，祖先がどこに棲んでいたかで，二つに大別される。

　第1は，広い地域に棲んでいた祖先種が，海，川，山脈，砂漠など，行き来が出来ない壁が出来て，集団が「隔離」された場合である。ヒトの方言がこれに近い。とくに移動性が小さな生物，飛べない虫，陸産貝，両生類，植物なら種子の分散力の弱いカンアオイ類などでは，新しい固有種への分化が起こりやすい。島になった日本列島には，海で隔てられた個体群がそうなり易い。生き残った個体群という意味で遺存固有種とも言う。大陸にいた祖先種は何らかの原因で絶滅している例が多く，日本のものはまさに貴重な遺存固有種となる。

　第2は，ある祖先種が，新天地を求めて，隔離された遠隔地の島や山などに移り棲んだ場合で，海洋島の小笠原諸島やハワイ諸島にその例（適応放散）は多い。新固有種と呼ばれるが，遺存固有種と区別出来ない場合もあり，南西諸島では両方が見られる面白い舞台である。

　南西諸島では，両生類の85％以上，は虫類の75％以上が固有種，固有亜種になっており（太田，2009a），チョウでは沖縄のフタオチョウが2015年に固有亜種から固有種に昇格した。ツマベニチョウは，1955年に4亜種に分けられるという論文がでたが（黒澤・尾本，1955），そこまで明瞭に区別できないと異論が多く，賛同者はいない。標本の採集ラベルを取り外して，区別できるかという問題である。

　隔離された2地域で，環境条件が違うと，すなわち，強力な天敵がいる，餌が不味い，気温が低い，乾燥がひどい等々の原因で，それぞれの環境に適応して，自然選択によって種分化が促進される。このほか，南西諸島のように狭い地域や集団の個体数が少ない場合は，いわば偶然により，いわゆる"び

ん首効果"，遺伝子浮動によって，中立的遺伝子の変異が偶然に定着して新種になる場合も多い。もちろん，隔離の年数が大きいほど固有種誕生の確率は高く，亜種はまだ途中のような段階である。ここに「種」とは何か，という問題があるけれど，これはもうここでは触れない。人（専門家）によって，種か亜種かの判定は異なることもあるが，近年はDNAの解析などで，新種への分岐年代や祖先種，姉妹種などの情報が増えて論議が深まり真実に近くなった。

　このような判定が新知見により変わることは普通で，キリシマミドリシジミは1921年に新種として記載されたが，その後亜種に降格し，近年また独立の固有種になった（後述）。石垣島，西表島のアサヒナキマダラセセリ（1978年，沖縄県天然記念物）は，1965年に遺存固有種の新種として発表されたが，その後，大陸にいるウスバキマダラセセリの亜種となった（千葉・築山，1996）。

2）九州固有亜種のスギタニルリシジミ

　日本のチョウ328種の中に，日本固有種は21種いるが，九州本島の固有種はなく，固有亜種も，今のところスギタニルリシジミ1種のみである。これは不思議な現象というべきか。

　この亜種は，本州，四国産とは一見別種ではないかと思うほど異なり，翅表は明るい青色で裏面も白い。どうしてこうなったかは分からない。国外では台湾，中国，朝鮮半島，ロシア，サハリンなどに分布する北方系のチョウで，成虫は早春に1回だけ発生する，いわゆるスプリング・エフェメラル（春のはかない妖精）のひとつである。

　気になるのは，南九州には産地がかなり点在するのに，北九州には少ないこと（図1-4）。このように南九州に偏った分布は，カラスシジミ（食樹：ハルニレ）にも見られるが，これは北部での昔の調査が不十分だったのか，その後に北部にも侵入したのか分からない。また，鹿児島県での主要な食餌植物はキハダ（ミカン科）で，補助的にミズキ（ミズキ科）を利用しており，本州の主要食樹とされるトチノキ（トチノキ科）はない。トチノキの九州での分布は限られ，福岡県英彦山（逸出？），大分県（少，群落としては三重―上田原），宮崎県（高千穂―天岩戸神社裏，南限）と局所的である（初島2004）。ちなみに，北海道，サハリンでも別亜種が，キハダを食樹とする記

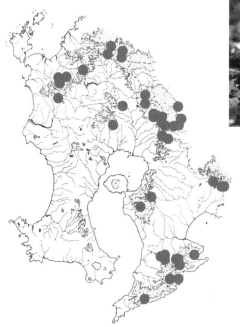

図 1-4　スギタニルリシジミの分布（鹿児島県）
古い照葉樹林に残る食樹キハダの分布にほぼ一致する。春のみ
発生するが，多産地では集団吸水が見られた。

録があり，本州でもキハダの記録が増えつつある。

3）火山性草原・樹林に棲むチョウ

九州の火山活動も昆虫の分布に大きく関わる。白水（1955a）は，阿蘇九重溶岩地帯に，九州でこごだけというチョウがいることを指摘し，その分布型の成因を考察した。

すなわち，ヒメシロチョウ，ゴマシジミ，オオルリシジミ，ハヤシミドリシジミの4種と，スジグロチャバネセセリ，ヒメシジミがそれに近い。これらが生息する草原は，マツムシソウ，ホクチアザミなど朝鮮満州要素を多く含み，これらのチョウが九州に侵入した時期（年数の記なし）には，北部九州は森林で，ここには入れず，この火山による新しい草原に入って現在まで残った。だから，この分布は地史の問題というより，食草の有無，草原の永続性など生態的要因によると推定した。

阿蘇カルデラ火山の活動期は27万〜9万年前，現在の久住山系は13万年前から活動している。阿蘇山で草原が見られる標高300〜800 m，年平均気温10〜12℃の地域は降水量も多く，放置すれば森林に遷移するが，多くは放牧，採草，野焼きなど人為で維持される半自然草原，牧草地などの人工草原である。1万3000年前にはススキ原があり，現在は固有種を含む600種以上の草本が見られる。とくに湿地には氷期の侵入者が多く（70種），その

56％は朝鮮，中国東北部と共通しており，これがここの草原の特徴となっている（太田，2009）。

　これらは残念ながら，霧島山には生息しない。私は1959年6月下旬に，当時勤務していた鹿屋農高の田植え休み（生徒が家の田植えを手伝うための休日）を利用して，単身，阿蘇から久住高原に出て，梅木薫平さん（現：溝口薫平，湯布院在住）と落ち合い，高原を歩き回って，ヒメシジミやヒメシロチョウを見た。確かにこれは霧島山にはない，うらやましい環境だった。しかし，ヒメシジミは1984年を最後に姿を消し，ヒメシロチョウも1980年代から激減，大分県の絶滅危惧ⅠBにランクされている。

　ハヤシミドリシジミは，1955年に栗野岳山麓のカシワ林で発見されて，いったんは白水説の例外かと思われたが，現在は消滅している。同じくこのカシワ林にいて，消滅したウスイロオナガシジミと共に，ヒトが何らかの機会に持ち込んだものとする考えが有力である。霧島山は530万年〜170万年前ごろ旧期火山群が活動し，栗野岳が出来たのは10万年前で，その後も活動が続くものの，これらのチョウが侵入するような安定した草原や樹林は形成されなかったのであろう。

4）九州にいないチョウと襲速紀要素

　本州にいて九州にいないチョウは，高山蝶などを除くと，ギフチョウ，ウスバシロチョウなど気になる種が少なくない。白水（1955b）は，ミドリシジミ類のウスイロオナガシジミ，ジョウザンミドリシジミ，ウラナミアカシジミ，ムモンアカシジミ，チョウセンアカシジミ他3種（その後九州でも発見された，ウラミスジシジミ，ウラジロミドリシジミ，オナガシジミ）が九州に産しない原因を，食草，気候などの環境要因によるものでなく，地史が関わるとして，これらの生息地が，「襲速紀要素」の分布地帯によく一致することを指摘した。すなわち，鮮新世末〜更新世初期の寒冷期に多くの北方系昆虫が南下したが，当時，襲速紀山地の北にあった海に遮られて，九州に侵入出来なかった。他にギフチョウ，アサマイチモンジ，ヒョウモンモドキ，オオヒカゲ，ヒメヒカゲ，ホシチャバネセセリなどもこれに近いという。

　彼が当時指摘したミドリシジミ類8種は，その後の調査で5種に減ったが，九州に産しない特異なチョウ群の指摘は高く評価される。ちなみに上記8種に含まれるウスイロオナガシジミは，霧島山栗野岳で私たちが採集して，白

水先生をがっかりさせたが，前記のように本種は人為的に栗野岳に移入されたものと推定され，その後絶滅している。

　もちろん，これらが九州にいない原因を，これだけで説明できるとは思われない。ギフチョウが九州にいないのは，照葉樹林では生活できないからだろうという話もある。九州と本州，四国の関係はそう簡単ではない。では，そのソハヤキ要素とは何か。

　襲速紀山地（図1-5）は，中央構造線の南側にある西南日本の外帯で，熊襲（南九州の古名，熊襲の国）～速吸瀬戸（豊予海峡）～紀伊国（和歌山県と三重県南部）一帯に由来する呼び名で，古第三紀（6550万年前）以降ずっと陸地で，日本列島で最古の陸塊のひとつ。石灰岩の急峻な地形が多く，黒潮の影響で湿潤温暖，日本で最も豊かな植物相をもつ地域のひとつとされ，ヒマラヤから中国中部，西南部の地域との共通する古いタイプの植物や，日本固有種を多く含む。九州では中央山地の内大臣，五家荘などがそれで，ここから火山活動が静まった時に阿蘇に侵入した植物もあるという（太田，2009）。

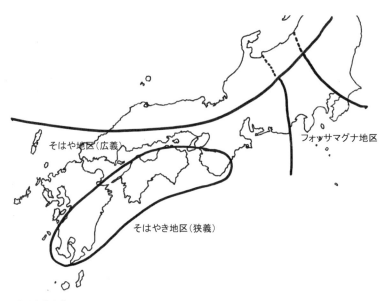

図1-5　そはやき山地
古い山地で古参の動植物が残る。いわゆる九州山地がこれにあたる。鹿児島県の大部分は新しい火山活動に撹乱されて，古参種の生息地は北薩の一部にしか残っていない。

　植物分布の襲速紀要素を最初に提唱したのは小泉源一（京都大学）で，前原勘次郎（1931）の「南肥植物誌」の序文に出ている。小泉はここで，日本の植物分布型を論じ，西南日本の植物相を，中部支那，玖摩関東，襲速紀，満鮮，中国の5要素に分類し，襲速紀要素は「襲速紀山地ニ特有ナルガ，中国等ノ西南日本外帯ニモ分布ヲ及ボセルモノ多シ」として，クロガネモチなど100種の例をあげ，それ以上あるという。

　その前原の「南肥植物誌」は，序文18頁，計104頁の個人出版物で，熊本県球磨郡人吉町在住の氏が，1931年秋，陸軍大演習が肥後筑後であって，天皇陛下も行幸され，郷土植物を天覧に供したのを記念して出版したものである。私は大学生時代，鹿児島大学農学部害虫学教室の助手，前原宏先生から「父の作品だ」と新本を頂いた。前原先生は霧島山で鹿県新記録のハヤシミドリシジミの発見者である。

　この九州山地では，1973年の日本新記録種，ゴイシツバメシジミが発見され，この山地の西端は鹿児島県の北薩山地に達することから，私たちはかなり入念に探索したつもりであるが，さすがに見られない。以下のチョウでも同じである。

5) 鹿児島県に産しない九州のチョウ

　鹿児島県に侵入出来なかったか，あるいは侵入して消滅したと思われる九州産のチョウは多い。アゲハチョウ科にはいないが，（シロチョウ科）：ヒメシロチョウ，ヤマトスジグロシロチョウ，スジボソヤマキチョウ。（シジミチョウ科）：ウラゴマダラシジミ，ウラキンシジミ，オナガシジミ，ウラミスジシジミ，ウラクロシジミ，オオミドリシジミ，クロミドリシジミ，ミドリシジミ，ミヤマカラスシジミ，ゴイシツバメシジミ，ヒメシジミ，オオルリシジミ，ゴマシジミ。（タテハチョウ科）：ミスジチョウ，ホシミスジ，キマダラモドキ，ヒカゲチョウ，クロヒカゲモドキ，ヒメキマダラヒカゲ。（セセリチョウ科）：スジグロチャバネセセリ，ヘリグロチャバネセセリ。

　これらは古い九州山地に生息し樹木を食樹とするミドリシジミ類と火山性草原に棲むシロチョウ，シジミチョウ，セセリチョウが多い。九州の分布南限種がほとんどである。なぜ，鹿児島県にいないのか？　いや，始良カルデラ噴火で壊滅する前には，これらも生息していたかもしれない。私たちは，これらの幾種かは北薩山地にいるのではないかと，ずいぶん探したが，現時

点では発見されない。ゴイシツバメシジミ，ミスジチョウなどはまだ諦めて
はいないけれど。

6）鹿児島県の固有種は最古参か？

　後で述べる甲虫のマイマイカブリのように，日本列島が大陸から分離した
時から，日本に棲んでいる最古参種がいる。これらの古い虫たちは日本固有
種になっている可能性が高い。では，チョウにもその例があるだろうか。

　日本のチョウの固有種21種は，次のようなものである。

　九州本島（鹿児島県を除く）（4種）ヤマトスジグロシロチョウ，ウラキ
ンシジミ，ミヤマカラスシジミ，ヒカゲチョウ

　鹿児島県本土（5種）キリシマミドリシジミ，ヒサマツミドリシジミ，フ
ジミドリシジミ，ヤマウラギンヒョウモン，サトキマダラヒカゲ

　南西諸島（6種）オキナワカラスアゲハ，フタオチョウ，リュウキュウヒ
メジャノメ，リュウキュウウラナミジャノメ，ヤエヤマウラナミジャノメ，
マサキウラナミジャノメ。

　このほか，小笠原諸島にオガサワラセセリ，オガサワラシジミ，日本本土
ではギフチョウ，ヒメウスバシロチョウ，アサマイチモンジ，ヒメウラギン
ヒョウモンがいる。もちろんこれらがすべて最古参とうわけではない。鹿児
島県県本土産を検討しよう。

キリシマミドリシジミ　1921年に霧島山で最初に採集され，鹿児島高等農
林学校の岡島銀次が新種として記載したこの美麗種は，その後，ヒマラヤか
ら中国南部，台湾，日本列島の照葉樹林帯に棲む種の亜種になったが，いわ
ゆるヒマラヤ型チョウ群の代表種であった。ところが，2014年にベトナム
南部ホンバ山（標高1574 m：高千穂峰と同じ！）で，雄雌各2頭が日本人
によって採集され，精査の結果，これまで1種とされていたキリシマミドリ
シジミが4種に分けられて，日本産は固有種のキリシマミドリシジミになっ
た（Hasegawa & Sato, 2014）。残りのヒマラヤ～中国産はタイリクキリシ
マミドリシジミ，台湾産はホウライミドリシジミ，ベトナム産はタイリクホ
ウライミドリシジミとされた（図1-6）。前2種，後2種はそれぞれ近縁と見
られ，前者は大陸から九州へ，後者は大陸から台湾へと，侵入ルートが異な
っていることを示唆している。長谷川（2015）は，キリシマミドリシジミ群
と，タイリクキリシマミドリシジミ群の分化は，最終氷期に日本や台湾，ボ

図 1-6　キリシマミドリシジミ属の分布
（長谷川，2015）
照葉樹林系のチョウで，以前は 1 種とされた。

ルネオなどが陸続きになった時より前の，現在よりずっと温暖な時期，第四
紀より古い時代と推定している。少なくとも現在の 4 種の分布型が成立した
背景は，温帯性の生物が避寒のため南下を強いられた時期とせざるを得ない
という。したがって，キリシマミドリシジミが最古参チョウであるか否かは，
今後は DNA 解析による種分化年代の解明を待たねばなるまいが，多分この
解析はもう終わっているから，発表を待とう。鹿児島県内の記録は図 1-7 に
示す。

　　ヒサマツミドリシジミ　本県では霧島山だけに見られる。前種と同じく照
葉樹林のチョウで，イチイガシ，ウラジロガシなどを食樹とする。近縁種は
台湾のイチモンジミドリシジミであるが，大陸では両種の祖先種に相当する
種は発見されていない。分岐年代は未詳（未発表？）で，日本への侵入年代
も確定できない。

　　フジミドリシジミ　ブナを食樹とし，本県では霧島山と紫尾山でしか発見
されていない。大陸にいた祖先種から 90 万年前に 3 種に分化し，その 1 種
フジミドリシジミが朝鮮半島経由で日本に入ったという。したがって，最古
参種ではないらしい。

　　エゾミドリシジミ　ミズナラなどを食樹とし，本県では霧島山のみに生息

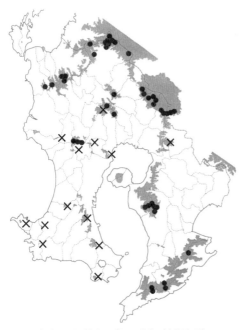

図1-7　キリシマミドリシジミの分布（鹿児島県）
福田・岩崎・神園（1979）に加筆，暗色部は400mでアカガシ
の生育下限。×印は探したが発見されない山。

している。今は大陸にも見られず，朝鮮半島でも発見される可能性は低いという。種の分岐年代は未詳（未発表？）。

サトキマダラヒカゲとヤマキマダラヒカゲ　前者サトは北海道から九州まで，後者ヤマはサハリン，北海道から屋久島まで分布，県内ではサトはメダケ属を食草として竹藪に生息，ヤマはササ属を食草として北薩，紫尾山，霧島山，屋久島高地に産する。DNAから推定される両種の分岐年代は4000万〜3000万年前または7000万〜4000万年前というから，日本列島の孤島化以前に，すでに大陸で両種に分化していたらしい。とすれば，両種とも始めから日本列島の住人だった可能性もあるが，サトが屋久島にいないことなどから，両種の侵入時期が異なっていた可能性もあり，なお精査が期待される。

サトウラギンヒョウモンとヤマウラギンヒョウモン　以前はウラギンヒョウモン1種とされていたが，2004年に2種に分けるべきだと疑問がだされ（新川ら2004），その後九州産はこの2種に分けられた。この調査を主導したのは，2012年東京から鹿児島県に帰って来た新川勉君（曽於市在住）で，高校生時代に"志布志高校の三羽烏"と呼ばれた三人衆の一人である。ちなみに，他の二人は中尾景吉君（前宮崎昆虫同好会会長）と私！　その新川君は学会誌への投稿原稿作成中，2018年に急逝されたが，生前彼からうかがった話では，DNAを調べると1030万年前ごろ日本列島で分化しているから，最古参種の可能性はあるということであった。本種の詳細は，新川君の共同

研究者である岩崎郁雄氏により，2019 年に単行本として報告された（岩崎・新川，2019）。

　ほかのチョウ類や昆虫類も，遺伝子情報から，系統関係や分岐年代が明らかにされつつあるから，遠からず最古参種の問題はもっと賑やかに論議されることだろう。

3.　九州の昆虫のいくつかの話題

　九州島の昆虫相を総括した論文はほとんどないと思っていたが，江﨑悌三（1933）が先鞭をつけていた。いわく，地理的分布型から，旧北区系の満洲亜地方のもの（日本型）が平地での普通種であり，アムール系の種は九州山地にいるが，東シベリア系はいない。中部シナ系も九州南部に痕跡的に分布する（例：キリシマミドリシジミ）。一方，東洋区系はインドシナ地方，南シナ地方のものが南西諸島から北上しているが，フィリピン系は奄美諸島以南に留まる。そして，その侵入時期などまで論じている。まだ調査不足だと言いながら，この時代（私の誕生年！）に，多くの例を挙げて核心をついたこれほどの論議を展開するとは，さすがという他ない。

　現在の知見をまとめるのは大仕事であるが，基本的には，大陸から分離した時にいっしょにやって来た昆虫群に，その後の朝鮮半島との陸橋による往復，寒冷期に本州，四国からの南下したもの（いるか？），温暖期に南西諸島などから北上したもの，海を渡って来たものなどを加えるとよい。飛べない昆虫から，よく飛ぶ昆虫まで，いろいろな虫ごとに多くの論議が期待される。しかしことはそう簡単ではない。

1）九州の北と南に分かれる昆虫

　スギタニルリシジミは，どちらかというと九州南部に多いチョウであったが，中央の構造線をはさんで南北に分かれる昆虫がいる。遺伝子レベルであるが，ホタルは北部九州と南部九州で個体群が違うという（日和・草桶，2004）（図 1-8）。

　ゲンジボタルは日本産が 4 グループに分かれ，九州には中央の臼杵―八代構造線を境に，北と南の 2 グループがいる。これは北九州の幼虫を南九州に放すなということであるが，このような分布型は，南方から侵入した個体群が，九州で九州山地を境に北と南に分化したもので，さらに北上したものは，

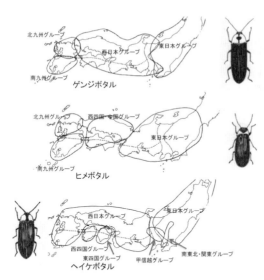

図1-8　九州のホタルの分布図（日和・草桶, 2004））

フォッサマグナで東日本グループと西日本グループに分かれたという。しかし，この分布型の成立史は私にはよく理解出来ない。また本種は1500万年～500万年の間に日本列島に生息していたが，100万年前から日本列島全体に分布を広げたとする説もある。雄の発光間隔は，西日本と九州では同じ2秒であることから，東日本産の発光パターン4秒は，分布拡大の最後の段階で獲得されたと推定している。

　ヘイケボタルの九州産は西日本グループに属し，四国では東西に分かれているものの，九州内での分化は見られない。しかし，幼虫が陸生のヒメボタルは北九州と南九州グループに分かれている。本種は朝鮮半島かシベリア方面から侵入し，まず東日本グループが東北から近畿地方に広がり，のち北九州グループから中国，西四国グループが分化した。水生ホタルより古くから各地に分布を広げたが，雌の後翅が退化して飛べないから，分布拡大はゆっくりで，各地の個体群の変異が大きくなっているという。

　鹿児島県のヒメボタルは1984年，私の実家（志布志市有明町）で父が気付き，私が確認し報告したもので，これが鹿児島県初記録となる。その後も我が家付近では毎年発生を続けており，この程度の環境（スギ林，竹林，照葉樹林など）ならどこにでもあり，本種の分布域も広いと思われたが，実際は，そうであって，そうでない。局地的であるが，普遍性も高いという不思議な状況にある。鹿児島市内にもいくつかの産地があり，2014年と2015年にこの成虫の行動圏を調べようとしたが，飛べない雌が発見できず，未完のままになっている。

2）最古参の昆虫—マイマイカブリ—

　九州が大陸から分離したとき，陸地に乗ってきた一番古い種は何か。1500
万年前から世代を継いで生き続けているなら，固有種になっている可能性が
高い。甲虫のオサムシ類（歩行虫）の進化と系統は，近年，DNA 解析で詳
細に検討されており，マイマイカブリも最古参種のひとつだという。本種は
日本特産で，大陸にいたであろう祖先種はもういない。林間や林縁の地上を
走り回って（飛べない），種名の通りマイマイ（かたつむり）などを捕食し，
北海道から屋久島（南限）まで分布する。もう 30 年前，私が県立博物館に
勤務していた頃，吹上浜の松食い虫防除で，殺虫剤の空中散布が行われた後，
地上にたくさんの本種が死んでいたと，死骸を拾って来た人がいた。

　本種は 1500 万年前，日本本土が孤島になった時，大地と共にやって来て，
DNA の解析では，1400 万年前にほぼ同時に 8 系統に分かれた。すなわち，
東系統は 3 つの亜種になり，西系統は 5 系統，関東，中部，紀伊，西日本（四
国，近畿，中国），九州に分かれた。しかし，形や大きさはほぼ同じで，別
種にはされず，同じマイマイカブリとなっている。詳細に形態を比較すると
いくらかの差異が見られるらしいが，1400 万年もほとんど形や色を変えな
いで生きてきたとは驚きである。この大型歩行虫は鹿児島県でもまだ希少種
ではないが，その生活を見直したくなった。ただし，夜行性だからその覚悟
がいるが。

　1500 万年前に孤島になった日本本土は，当時，亜熱帯気候で，常緑広葉
樹林と落葉広葉樹林があり南方系の昆虫もいた。鳥取県では中新世（日本海
拡大期）の地層からイナバテナガコガネの化石が出ている。テナガコガネ類
では，ヤンバルテナガコガネが沖縄の山原山地に現存するが，奄美諸島では
未発見で，おそらく生息していない。

3）ムカシトンボは新しい？

　ムカシトンボは，近縁種がヒマラヤ山地でしか発見されていなかった時代
には，ジュラ紀からの生き残り“生きた化石”と言われた。しかし近年，中
国黒竜江省にも近縁種がいることが分かり，これら 3 種は遺伝子配列にあま
り差異がないことから，最終氷期に東アジア一帯に生息していた祖先種が，
後氷期の温暖期に入り，3 地区に遺存的に生存しているという見方が有力と
なった。そうであれば，鹿児島県にいるのは，最終氷期の侵入者が，今は各

地の渓流域に生き残って，発生期も春だけという周年経過になったのであろう。幼虫期が5年とか7年とかいうのも，いかにも現在の日本の川が棲みにくそうに思える。

4. 九州の植物相

1) 植物相の構成

　九州の植物相は上記のとおり，孤島になった時点では亜熱帯林で，最初から常緑広葉樹林と落葉広葉樹林があったという設定になる。その後の変遷を経て現在の姿になったが，堀田（2006）は現在の植物相から九州を4地区に分けて，群落構成を論じた。

　北部九州　山地帯，低地帯，島嶼帯（五島，対馬）で，大陸との関連が深い。

　中部九州　阿蘇・雲仙・多良山系などの新旧火山地帯が中心である。

　九州山地　阿蘇と霧島に挟まれた非火山地帯で，九州での冷温帯性 襲速紀（そはやき）要素の分布中心である。

　南部九州　霧島，桜島などの巨大カルデラを伴う火山がある。東部には非火山性山地があり，西部には甑島列島などがある。

　九州の植物相の根幹をなすのは温帯系植物群で，日本列島に固有，東アジア北部と共通，東アジア中部と共通という分布型に区分できる。現在の九州で標高700〜1000 m以上の山地には，冷温帯系植物群（ブナなど）がみられるが，最終氷期に低地にも広く分布していたもので，今は絶滅危惧種が多い。襲速紀要素の植物群もこれに属する。火山地帯には鮮満要素など，注目種が多い。また，暖温帯林にも混生する落葉樹（エノキなど）は，中国，朝鮮に分布圏のある種が多い。

　初島（2004）は，九州の植物を，①北方からの北方系，②襲速紀植物，③北西の朝鮮半島からの満鮮系，④中国中部からの中華系，⑤琉球以南からの南方系，⑥九州固有種に分けているが，基本的には堀田と同じ見方と言えよう。これらは，チョウ，昆虫，多くの動物にも言えることである。

2) 最古参の植物群落とその後

　九州には，もともとどんな植物が生えていたのか。九州南部から南西諸島産の被子植物の種類は，鹿児島県レッドデータブック（旧版）の堀田（2003）によると，九州南部に1773種，屋久島・種子島に1164種，トカラ列島714

種，奄美群島 1087 種，沖縄群島 1084 種，八重山諸島 1039 種とある。そして，九州南部 1773 種のうち一割は固有種であるという。このうちのどれが，最古参種であるかについては触れてないので，私にはリストアップ出来ない。それに関する文献を探せばよいのであろうが，これは植物屋さんに譲って，植物たちの多様な世界を群落で見よう。

「日本列島の自然史」(2006 年：国立科学博物館編，東海大学出版会) の中で，植村和彦は次のように解説する。

①日本本土の大陸の辺縁時代（5600 万〜 4500 万年前）は，地球全体が暁新世から続く高温期で，極地まで樹林があり，西南日本相当地域には，現在の八重山諸島や台湾の亜熱帯林に似た樹林があった。これらは北九州などの石炭層として残る。3800 万年前始新世後期に寒冷化が始まったが，それでも 3300 万年前には多様な常緑広葉樹と落葉樹が混じった樹林があった。

②日本海形成期，2400 万〜 2000 万年前には，温帯の湿潤気候での植物群で，ブナ，コナラ，ニレなどを主とし，常緑樹はまれであった。しかし，1800 万〜 1500 万年前には，亜熱帯要素をもつ温暖な気候での植物群で，ブナ科コナラ属（クヌギなど）と，常緑カシを含む常緑広葉樹が多数見られた。とくに 1600 〜 1500 万年前の短期間は，世界的な温暖化で，温暖・湿潤な気候下の亜熱帯植物群で，常緑広葉樹が多く，落葉広葉樹も針葉樹も温暖系の現生種が多い。

要するに，九州には，最初から落葉樹林と常緑樹林があったということらしいが，落葉樹林は最初からアジア大陸の縁にあったわけではない。その誕生の様子は，「落葉樹林の進化史」(2016 年，アスキンズ著) に出ており，これは落葉広葉樹を食樹とする多くのチョウの由来を検討する時にも基本的な情報となる。

落葉樹林の起原は白亜紀で，当時の熱帯・亜熱帯気候のもと，北極・南極付近の高緯度地方で誕生していた。優占種は裸子植物の針葉樹（カラマツなど）と広葉樹（イチョウなど）で，下層には被子植物が生えていた。これら落葉樹は，暗い時間が多い冬には落葉したが，短い夏に速やかに葉を広げて光合成量を増やし，常緑樹より優勢であった。その後，6550 万年前，小型惑星が衝突して，地球が暗く低温になったとき（白亜紀の終わり），熱帯・亜熱帯の生物は壊滅的被害を受けた。しかし，高緯度の冬を経験していた落

葉樹林は生き延びた。そして，新生代の暁新世，始新世の温暖期にも耐え，温帯地域の多くは被子植物の落葉樹林になった。その後，中新世からの寒冷化で昆虫類も大打撃を受け，植物では虫媒花が減り風媒花が増えた。

　一方，常緑樹林は，白亜紀後期～新生代第三紀始め，北のローラシア大陸と南のゴンドワナ大陸の間にあったテーチス海（細長い熱帯性の海）一帯が，照葉樹林の構成種含む熱帯性植物の起源の地と言われる。これは現在の東南アジアの多島海地域～中国南部，ヨーロッパ，アフリカ北部，北米カリブ海域にあたる。

　田川（1995）の解説によると，山口県では9000年前に針葉樹林，ブナ，ナラ，シデなどの夏緑樹林（落葉広葉樹林）があり，6000年前から照葉樹林（常緑広葉樹林）になった。北九州では8000年以前は，ニレ，カンバ，ブナ，シナノキ，シデなどの夏緑樹林で，僅かに照葉樹を含み，6000年前には照葉樹林になる。後氷期，2000～3000年後には現在のような照葉樹林ができた。後氷期の温暖化は急で，南九州の調査例はないが，時期が少し早かった可能性はあるものの，北九州と似たものであったと推定される。

　おおまかには，九州の更新世は，初期はブナ，針葉樹の寒冷気候の植生で，低地海岸に僅かに照葉樹林が残り，中期は夏緑樹林に交じって，スギ，コウヤマキなどの針葉樹があり，スギはその後かなり繁殖したようである。更新世の終わり頃は寒さがやや後退し，マツ類の森林が多くなり，夏緑樹林が残る状態で完新世の植生に移った。だから日本の照葉樹林は，後氷期に南から北へひろがったものである。

第3章
姶良カルデラの巨大噴火

　現在の鹿児島県本土の生物相は，2万9000年前の姶良カルデラ噴火の火砕流で全滅し，更地になった後に新しく形成された日本でも稀なものなのか。それなら，その形成過程も割に容易に解明できるだろうか。それとも，その火砕流を生き残ったのがいて，多少ややこしい話になるのであろうか。まずは，その火砕流の前にどの様な状況だったかの確認が必要だ。リス氷期後の温暖期であったあの頃，どのような植物が生え，どんな動物たちがいたのか，ヒトはどうだったか。

1. 鹿児島県の地質図を眺めて

　地質図というのは，私たちが今踏みしめている大地の表面に，どのような由来の土や砂などがあるかを示したものである。コンクリートやアスファルトはもちろん，腐葉土などを除けばの話で，通常，一番上にあるのが新しく出来た大地ということになる。これが，2万9000年前に姶良カルデラ噴火の火砕流で，全面を覆われた県本土のその後の姿である。詳細な地質図もあるが，ここでは1988年，県立図書館の講座で，早坂祥三先生（当時，鹿大理学部教授）が使われた県本土の略図を転写して示そう（図1-9）。

　鹿児島県本土では，シラスなどの大規模火砕流が多いこと，山地に貫入した花崗岩があり，活火山も多いなど，火山活動の激しい土地に私たちは暮らしていると改めて思う。一方，北西部などには最古の四万十層が意外に頑張っていることに気付く。

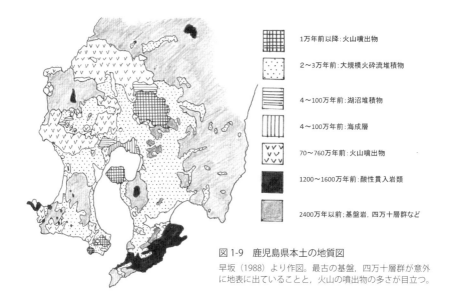

▦	1万年前以降：火山噴出物
⠏	2〜3万年前：大規模火砕流堆積物
☰	4〜100万年前：湖沼堆積物
⫼	4〜100万年前：海成層
vvv	70〜760万年前：火山噴出物
■	1200〜1600万年前：酸性貫入岩類
▨	2400万年以前：基盤岩，四万十層群など

図 1-9　鹿児島県本土の地質図
早坂（1988）より作図。最古の基盤，四万十層群が意外に地表に出ていることと，火山の噴出物の多さが目立つ。

2.　姶良カルデラの巨大噴火

1）巨大噴火とその結末

　霧島山麓から広がった鹿児島湾の奥地の扇状地と丘陵地を吹き飛ばして，2万9000年前に巨大噴火が起こった。カルデラはひとつでなく，大崎，若尊，浮津崎カルデラなどが複合したもので，噴火は桜島付近で始まり，数カ月近く続いて若尊付近の噴火で終わったという。これについては鹿野・内村（2015），鹿野（2017）など多くの論著がある。

　激しい爆発で，大量のガス，軽石，岩片，火山灰などが混じった噴出物が，高さ数千mの巨大なキノコ雲（噴煙柱）となり，それが崩壊して高速（時速100km以上），高温（1000℃）の巨大な火砕流（入戸火砕流）として地表を走り，九州南部を覆い尽くした。その堆積物は，薩摩半島と大隅半島の山岳部を除くほぼ鹿児島県本土全域，宮崎県の南西部から中央平野部にかけて，さらに熊本県の人吉市から五木村にかけての低地と水俣市，四国の高知県にまで及んでいる。場所によっては約150mの厚みで堆積した地域もある。ちなみに，「入戸」は現在の霧島市国分重久，発見当時の国分市入戸のシラス崖で発見された火山噴出物が，1956年に「入戸軽石流」（Ito pumice flow）として学

会に報告されたことによる。軽い火山灰（A-T 火山灰）は，日本各地，四国（50
cm），関東地方（10cm），東北地方（5〜10cm）から北西太平洋にまで降り
積もった。A-T 火山灰の A-T は，姶良（Aira），神奈川県丹沢（Tanzawa），
の頭文字である。次のようなものが，この噴火に由来する。

　溶結凝灰岩　石材として柱の礎石，かまど，壁などに多く活用される。火
砕流堆積物が 600℃以上で厚く堆積すると，自体の重みと熱で火山ガラスが
くっついて再溶融し，固まってできる。軽石は黒曜石に変化した。特に鹿児
島湾の北部から東部にかけて広く分布する。

　シラス層　入戸火砕流の堆積物で，白い軽石やガラス質などを成分として，
平地では一様に堆積し，斜面では薄く，谷は深く埋め尽くす。厚さは場所に
よって変わるので，平均は算出しにくい。現在，厚さ 100 m を超す所もある
が，そこは当時の谷であったかも知れない。

　シラス台地　堆積地には平坦面が台地状によく残っている。これは堆積後
の年代が若くて，浸食が進んでいないこと，シラスに空隙が多くて水が浸透
しやすく，表面が浸食され難いことによる。ただし，火砕流が流下した直後
から，地形的に降雨などで流されて，広く堆積した層理も多く，これは二次
シラスと呼ばれる。大隅半島の笠野原台地の大部分はこの二次シラスで，両
端を串良川と東串良川が削っている。この台地の最上部は，土壌や火山灰，
次が二次堆積物，その下の厚い部分は入戸火砕流である。大隅降下軽石（ボ
ラ）となっているところもある。

2）井戸掘り失敗の体験から

　大隅半島のシラス台地の東端，西志布志村（現：志布志市有明町）蓬原が
私の故郷で，中学2年から高校3年まで，ここから 10 キロ離れた志布志（中
学）高校まで，徒歩や自転車で通学した。家は高校1年時に新築されたが，
どこかを掘れば水は出るだろうという予想は甘く，井戸掘りに失敗し，百メ
ートル離れた隣家の井戸からもらい水をする羽目になった。井戸掘りおじさ
んが1人で，シラス大地の一角を掘り，加勢をもらった男衆が滑車付きの釣
瓶で土砂を上げる——という作業を数日続けても水脈に当たらなかった。ち
ょうど休みで，私は連日砂上げ作業と夕食接待用の鶏の解体をしていた。こ
れは兼ねてからの私の役割であったが，雛から育てた鶏たちを，絞めて食用に
ばらす作業は，数羽目になると，さすがに可哀想でつらくなった。だがこれ

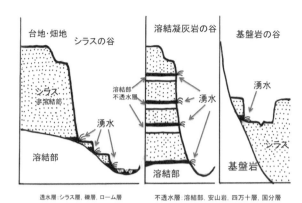

台地・畑地　シラスの谷　溶結凝灰岩の谷　基盤岩の谷

図1-10　シラス台地と湧水
「シラス台地研究」（1）より作図。

は，後に"いのちの問題"に世間が神経質になった時代に，思考を巡らす体験にはなったと思う。

それにしても，このシラスの下はどうなっているのか。鹿児島県本土の地表の相当な部分を占めるシラス台地，その中でも最大の面積をもつ笠野原台地といえども，同じ集落の家々にはちゃんと井戸があるし，下の田んぼは崖下にある豊富な湧水を利用しており，小川や池沼がいくつもあった。それらは今，多くの養鰻場で使われている。

この湧水の実態は，父の蔵書から見つかったシラス台地研究グループの「シラス台地研究」第1号（1980年）を読んで分かった（図1-10）。要は，水を透さない層（不透水層）の溶結凝灰岩や粘板岩などに当たればよかったのだ。ちなみに，この冊子には，桐野利彦（1980）の次のような面白い記述がある。

シラスと殿様　シラスは作物の育ちにくい痩せた土壌で，農業上は不毛の地とされた厄介者であったが，シラス地域は島津藩の領域と一致しており，歴代の島津の殿様たちも苦労されて，いわば"シラス殿様"であった。と言っても，藩政前期は低地の水田開発を大々的に進め，農民からひどい収奪を行ったので，農民は自己の食糧確保のため，新しく導入された薩摩芋を未開発のシラス台地に栽培するようになった。このような収奪と開発の奇妙な相互関係によって，シラス台地は開発されて行った。それでも明治になっても未開発のシラス台地が多く残っており，戦前までは不毛の土地であったが，戦後は認識が一変し，畑地灌漑の導入，新宅地造成，鹿児島空港の新設，各地の文化施設の建設などなど本県開発の主軸となった。そして豊富な湧水もシラス台地からの大きな贈り物である。

3. 姶良カルデラ噴火後の世界

もし鹿児島県本土にヒトが来ていなかったら，今頃は一部の高地を除けば，ほぼ全域が照葉樹林に覆われていたはずである。まずはその植物という生き物の実態を見よう。

1）生物相回復の先駆け，植物群落

火砕流で焼き尽くされ，裸地状態となった南九州では，どのようにして植生が回復したであろうか。気候は寒冷化の時代，4000年後には最終氷期が訪れる。

最終氷期までの寒冷化の時代　この4000年間に，荒涼としたシラス地帯にススキが生え，アキグミ，ツツジなどの低木が茂り，松林になり，そしてブナ科の林にまで植物群落は遷移したに違いないが，何年かかるか実態は知らない。桜島の安山岩地帯では700年を超えるとタブノキ林になると言うし（田川, 1995），阿蘇山では，火口からの距離によって，植生が火山荒原（イタドリ，スゲ類）→ミヤマキリシマ群落（ガス道にヤシャブシ，ノリウツギ，ヤマヤナギ，マイヅルソウ，ツクシゼリ，ススキ）→草原→森林　と変遷するという（太田, 2009）。

最寒冷期の植生　最終氷期は2万5000年前から1万6500年前までの約1万年間で，最寒は2万年前，日本の平均気温は現在より6〜7℃低かった。植生はブナなどの温帯性落葉広葉樹の最盛期で，照葉樹林はおもに九州南部にあり，太平洋に突出した室戸，紀伊，伊豆半島にも残存したかもしれない。今この地域はほとんどが海没しているともいう。

後氷期の温暖化と植生　1万6500年前以降，後氷期の温暖化が始まる。霧島市国分の上野原遺跡は姶良カルデラの北壁近くにあるが，寺田（2018）によると，ここで採取されたプラントオパール（植物ケイ酸酸体）の分析では，1万年前頃にはミヤコザサ，クマザサ類が多く，ササ型草原になった。これは現在の韓国岳の東斜面のように標高1000m以上の地に多い。その後の温暖化で，タブノキ林となり，後でシイノキ類が加わった。タブノキ属は種子（果実）が鳥やタヌキなど大型動物によって分散されるが，シイ属は落下による重力分散，その後のネズミなどの貯食行動による分散で，拡散速度の差がある。そして8000年前には現在と似た照葉樹林が形成された。

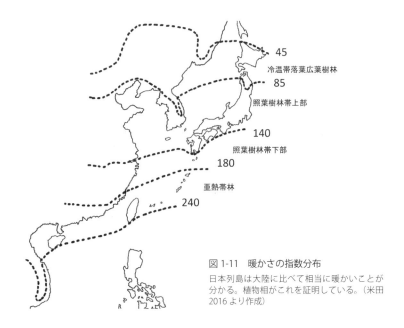

図 1-11　暖かさの指数分布
日本列島は大陸に比べて相当に暖かいことが
分かる。植物相がこれを証明している。（米田
2016 より作成）

　その照葉樹林は，壊滅を免れた大隅半島南部山地，宮崎県や薩摩半島の南
部山地などに残存していたもので，キリシマミドリシジミもそこに生きてい
ないと，現在の分布型が説明できない。照葉樹林は，全国的には後氷期に急
速な北上を開始し，約 6000 年前には，太平洋側は房総半島まで，日本海側
は若狭湾あたりまで広がり，4000 年前には朝鮮半島南部でも見られるように
なった。そして九州に現在の植物相がある。

2）現在の九州の植物群落

　門田（2006）ほか多くの人は，植物相をこのように分けている。
　熱帯林（熱帯降雨林）　鹿児島県，沖縄県にはない。熱帯の高温多雨地帯
に見られるが，私の見たところでは，樹冠の部分が凸凹していて（照葉樹林
は丸っこい），林間，林床はいわゆるジャングルになっている訳ではなくて
歩きやすい。
　亜熱帯林　南西諸島の大部分で，鹿児島県では奄美諸島，トカラ列島から
屋久島，種子島の低地，薩摩・大隅両半島の南端部に達している。
　暖温帯常緑広葉樹林（照葉樹林）　中国の長江（揚子江）以南から，ミャン
マー，ブータン，アッサムを経てネパールのヒマラヤ中腹（標高約 1000 m），

日本列島の本州南東部を北限とする三日月形の地域に分布する。いわゆる照葉樹林文化圏で，ミカンやお茶の栽培地帯にあたる。関東はシラカシ，西日本はアラカシが代表である。九州に住む私たちの多くは，照葉樹林の中で生活しており，これを"豊かな樹林"と思っているが，本場の中国大陸に比べると，種類数は格段に少ない。例えば，シイ属は中国雲南省には 40 種あるが，鹿児島には 2 種，マテバシイ属も 30 種に対し 2 種，クスノキ属は 34 種に対し 4 種という具合で，やはり大陸の「出店」的な地域であるという（田川，1999）。ここで生活するチョウの種類も然りか。いっぺん，中国のその本場に行ってみたかった。

　暖温帯落葉広葉樹林（夏緑樹林 -1）　中国大陸では長江以北に分布。縄文時代には日本列島に広く分布していた。関東地方ではクヌギ，コナラ林，西日本ではアベマキが代表というが，アベマキはなぜか南九州には分布しておらず，二次林としてコナラ林が普通。コナラは志布志では方名「ホサ」と称して薪炭材に活用していた。クヌギは人が持ち込んだものであるという。ノグルミ，エノキ，ムクノキ，ケヤキなどの落葉樹は，中国北部，朝鮮半島にもあり，最終氷期に侵入して定着した可能性もある。

　暖温帯常緑針葉樹林　スギが代表種であるが，日本海側と太平洋側で生態・形態が異なる。鹿児島県ではモミ，ツガが大陸の遺存種といわれる。縄文時代から平安時代は広く分布していたが，現在の自生は少ない。屋久島のヤクスギは自生で，鹿児島県本土のスギ林は植栽である。沖縄島南部にある大量のスギ花粉化石は，更新世始め（200 万〜 100 万年前：大陸からの分離期），琉球列島の北西に高さ 2000 m 近い山脈があった可能性を示唆する。

　冷温帯落葉広葉樹林（夏緑樹林 -2）　ブナが代表種。ブナ属は世界に 16 種あり，北半球中緯度に隔離分布し，最終氷期には九州山地に広がっていた。鹿児島県の紫尾山，霧島山，高隈山が日本列島での分布南限となる。ミズナラは多雪に強く，より広く分布するというが，南限は霧島山と高隈山で，紫尾山にはない。

　暖かさの指数　このような植物の分布は，単なる気温で見るより，「暖かさの指数」で見ると分かりやすい。この指数は，植物が成長していける最低温度を 5 ℃とし，それ以上の気温が月にいくらあるかを積算したものである。240（℃ / 月）以上　熱帯林，180 〜 240　亜熱帯林，85 〜 180　暖温帯常緑

広葉樹林（照葉樹林），45 ～ 85　冷温帯落葉広葉樹林（夏緑樹林），15 ～ 45
亜寒帯常緑針葉樹林。これらをアジアの地図に示すと図 1-11 のようになる。
私が朝鮮半島に行って見た自然が，位置は九州に近いのに，日本の東北地方
の自然だと感じたことが明瞭に示されている。モンゴリナラがあり，ギンボ
シヒョウモンが飛んでいたのに戸惑ったのを思い出す。

3）鹿児島県本土の動植物はどこから侵入したか

　　話を始良カルデラ噴火で壊滅した鹿児島県本土に絞ろう。動植物がどこか
ら来たかと言っても，天から降ってきた“空中プランクトン”（胞子，種子，
細菌，小型の昆虫，クモなど），南方から海流や気流で運ばれたものはとも
かく，地道に陸地伝いで来るなら，入戸火砕流の被害が軽微だった地域，北
の熊本県と東の宮崎県しかない。しかし2万年以上の時間が経過している今，
彼らの痕跡が残っているだろうか。北薩や大隅半島にはやすやすと侵入した
かも知れないが，火山活動が盛んだった薩摩半島の南部まで達するには一苦
労したことだろう。もしかしたら，まだもたついて分布を広げきっていない
植物とチョウがいるかも知れない。それらしい例を探してみた。
　　チョウの食餌植物として気にしているのは，スミナガシとアオバセセリの
食樹アワブキと，ジャコウアゲハの食草ウマノスズクサである。

　　アワブキ（アワブキ科）　　初島（1986）の「改訂鹿児島県植物目録」には，「大
口（青木），霧島山」の2カ所しか出ていないが，志布志市では地元の林悦
子さんらによって，前川沿いや安楽川沿い―志布志水ヶ迫・大性院・志布志
屋敷・安楽曲瀬など―で発見され，私も志布志高校の近くで，これにスミナ
ガシ幼虫の食痕まで付いていることを確認した（図 1-12）。伊佐市のものは
熊本県からの侵入であろう。霧島では霧島神宮付近で見たことがある。スミ
ナガシなどの食樹としてはヤマビワが普通に使われているので，希少なアワ
ブキを探す虫屋の目がないのも記録が少ない原因かもしれない。植物屋さん
にはあまり注目されていないのか？

　　ウマノスズクサ（ウマノスズクサ科）　　同じく初島目録によると，「霧島（大
窪：田代氏），川辺（田上山：山下氏），加治木，大根占，種子島（佐々木氏），
奄美大島（笠利）」とある。私はこのほか，（口絵.1-2）と（図 1-13）に示し
たようにあちこちで発見している。川内川下流域（太平橋～開戸橋の右岸堤
防に 100 m，開戸橋～河口の右岸堤防に 60 mに渡る群落があり，堤防工事

での持ち込み），隼人墓地（個
人の住宅跡？），鹿児島市永
吉墓地と山川の墓地（いず
れも1個人の墓地のみ），鹿
児島市産業道路脇の植え込
みなど。これらがすべてヒ
トの無意識的な持ち込み（土
や他の植物と共に移動）に
よることは明らかである。
しかし，志布志市の近年の
発見例—松山町泰野・田之
崎，有明町下野井倉・豊原・
蓬原小学校付近，志布志町
安楽宮下・志布志2丁目（林
悦子氏による）—は自生の
可能性も強く示唆するもの
と思う。ただし宮崎県での
情報が不足しているので断

図1-12　北と東からの侵入か，アワブキの分布
県北部にはもっとあると思うが，大隅半島では多分，地域限定。

定は出来ない。この蔓性植物は私の庭にも植えているが，花はほとんど見か
けず，したがって種子分散力は弱く，もっぱら地下茎で広がっているが，石
やコンクリートがあるとアウトで，墓地のものは分散が限られている。

　種子島の記録についてはコメントできないが，奄美大島の北部の記録は，
堀田（2013）の「奄美群島植物目録」では，奄美大島の「笠利（耕地整理で
消失），龍郷町大勝に生存している」とあり，堀田（2006）でも自生種のよ
うに扱われているが，南西諸島でここだけに自生というのも説明困難かと思
う。何年か前に笠利，龍郷町あたりで薬草として（？）栽培されたという話
もあり，自生ではない可能性が高い。民間療法で，本種の果実は乾燥して咳
止め，痰とり，根を乾燥して，ヘビや虫の解毒剤，打ち身，炎症止めなどに
薬効ありとされたが，アリストロキア酸など毒性物質の存在が分かり，最
近はあまり使われなくなったらしい。下線部のハブへの対応で一時栽培し
たのだろうか？　2003年までは侵入種ベニモンアゲハが食草としてよく利

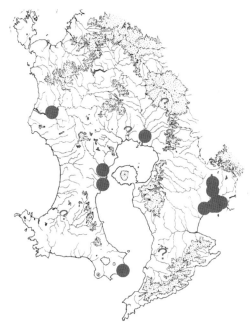

図 1-13　宮崎県側からの侵入か，ウマノスズクサの分布
志布志市以外の記録は，人為的な搬入によるものである。口絵 .1-2 参照。

用しており（福田・森川，2004；福田，2012），確か 2012 年にはまだ赤尾木に僅かに残存していた。

県東半分のミズイロオナガシジミ　本種は日本では北海道～九州に普通に産するし，南九州では年 1 回，5 月～7 月に成虫が見られる。卵で越冬し，幼虫は春から初夏，コナラやクヌギなどの若葉を食べて蛹化，羽化する。本州などではコナラがおもな食樹であるが，鹿児島県ではクヌギ林に生息している。しかし，クヌギは外来種と言われるから，本来はコナラを食樹としていたものであろう。

　鹿児島県最初の記録は，1950 年 7 月 15 日，昆虫採集を始めた頃の私が，志布志市有明町で採集したもので，畑作業に捕虫網を持って行った時の成果である。いも畑の脇のクヌギ並木で古びた 1 頭を得た。その後，志布志市，大隅町，大崎町，鹿屋市のほか，霧島市溝辺や霧島山麓の栗野岳周辺などのクヌギ林でも産地が見つかったが，二つの疑問が残った。第 1 は，大隅半島の南端部の南大隅町佐多の辺塚～川口で，1952 年 5 月 26 日に，九大の江﨑先生が採集したという飛び離れた記録の再確認，第 2 は県本土の西半分で発見されないという不思議である（図 1-14）。南の佐多辺塚では，2004 年 6 月に中峯浩司さんと出向いて，海辺の小さなクヌギ林にほんとに生息していることを確認し，こんな南方の暖地でよくぞ生き延びていたと感激し，どうしてここまで来たのかと疑問を新たにした。県本土の西半部では依然として発見されない。

　この奇妙な分布状況は，本種が姶良カルデラ火山の噴火でリセットされた後，宮崎県から再侵入し，大隅半島には当時，コナラが多く自生していたので定着できたが，県の西側，薩摩半島などにはコナラが少なく，分布を広げることが出来なかった。ヒトがクヌギの植栽を始めると，これにも食性を転換して食樹とするようになり，現在はほとんどクヌギに依存して生活している。もちろん薩摩半島側でもクヌギの植栽は始まったが，もはやヒトの環境撹乱はひどく，本種は分布拡大どころか，衰退，消滅の危機になっている——という仮説はどうか。ただしこれにも難点がある。現在の分布がクヌギとの結びつきが強く，コナラの生育地では発見されないこと，県西部でも化石としてコナラは多く出ていること。この仮説の検証には，まだ別角度（薩摩半島の火山活動など）からの追求が必要かもしれない。

　クヌギの人為的な盛衰は大きい。鹿児島県林業史（1993）によると，藩政時代，霧島山麓の原野採草地の庇陰樹にクヌギを導入したのが産地に発展するもとになった。大正８年，クヌギ造林を奨励，出水町53町，牧園町26町などの記録が残る。戦後，森林復興で霧島山麓ではクヌギ林をマツ林に転換する指導をした。一方，椎茸の人工栽培が定着，産業化すると，原木用クヌ

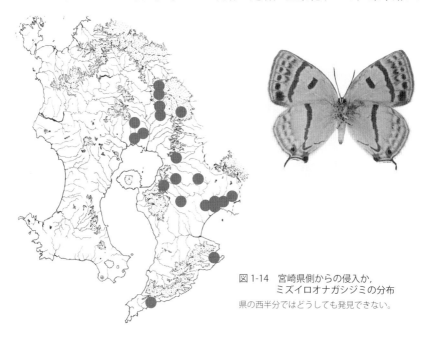

図1-14　宮崎県側からの侵入か，
　　　　ミズイロオナガシジミの分布
県の西半分ではどうしても発見できない。

図1-15　宮崎県側からの侵入か，クロシジミの分布
クロシジミ成虫の分散力とクロオオアリの生息地が関わる分布。口絵.1-3 参照。

ギ造林を奨励。昭和40年代は施肥で肥培が始まり，50年代はそれでも原木不足となって，会社などが関東方面から材の移入を始めたなどとある。クヌギの苗なら私も何本も植えたし，薪用に何本も切り倒した。近年は椎茸原木用だけになったはよいが，大面積の皆伐が多くて，ミズイロオナガシジミの生息地は一瞬で消えることがある。放置，放棄された里山では，照葉樹が繁茂し，クヌギもコナラも衰微して気息奄々の状態となっている。頑張れ，ミズイロオナガシジミ！

　この他，クロシジミも似たような分布を示す（図1-15）。本種は幼虫がクロオオアリの巣の中でアリと共生生活を送ることで有名であるが（口絵.1-3），戦前は1918年8月，栗野で1頭の記録があり，戦後は1957年，高隈山麓で発見され，その後，湧水町，垂水市，鹿屋市，南大隅町と産地が判明したが，この分布も県の東部に限られる。ただし，宮崎県が供給源になり得たか，問題は残る。

　一方，逆の事例，薩摩半島にあって，大隅半島にない植物例がある。アオモジは東南アジアから本州西部に広く分布し，薩摩半島には普通であるが，大隅半島には栽培されたものしかない。ヒメキランソウ，サキシマフヨウは薩摩半島では分布域が著しく北上するが，大隅にはない。原因は不明であるが，分化の程度は低いので，薩摩半島に定着したのは後氷期の出来事かもしれない（堀田，2003）。

熊本県から南下したオオムラサキ—県本土最北端に留まる動物—　国蝶オオム
ラサキは，残念ながら鹿児島県では北部の伊佐市と出水市にしか生息しない
（口絵.1-4）。最初の記録は，1956年以前に伊佐市十層ダム上流で採集したと
いうもので（町田，1956），その後1962年には出水市でも1頭が記録され，
1975年には伊佐市で幼虫も見つかった。これを契機に成虫，幼虫の発見例
が少数報告され，さらに，2004年には菱刈の楠本川渓谷（自然公園）で幼
虫と成虫が採集された。私もこれらの地域で何回も調査したが，成虫は楠本
川渓谷で1雄を見ただけで，ほかは冬に食樹エノキの根元付近の落ち葉に潜
む幼虫を探したものである。そして得た答えは，この分布南限域では，年に
よる変動が大きく，実態の確認には長期の調査が必要ということであった。
　これらの他，霧島山一帯では高千穂峰南麓でそれらしい情報はあるが，さ
らに確認を要する。大隅半島では，肝付町，錦江町などに1970年代から，
複数の目撃の情報（伝聞）があり，志布志湾西岸に近い肝付町荒瀬川では，
2003年に雄1頭を目撃という記録が，環境アセスメントの報告書に出てい
る（しかし，工事は始まりダムは完成した）。私は何人かの仲間と，この確
認のため2003～2004年に入念な調査を実施したが，成虫，越冬幼虫とも発
見出来なかった。2013年には鹿屋市での怪記録の情報もあり，これも調査
したが生息の可能性はないと思われた。したがって，現時点では「大隅半島
には生息していない」と結論づけている。もし成虫が実際に目撃されたので
あれば，誰かが他産地の幼虫を飼育して，羽化成虫を放したものであろう（県
外産の飼育を楽しむ人は少なくない）。筆者らの調査記録の詳細は未発表で
あるが，これはこの話題を知った"変な愛好者"が，他産地の個体を放蝶す
る可能性を危惧してのことであった。
　いずれにせよ，オオムラサキは熊本県から南下し，鹿児島県北部に僅かに
侵入しているものの，生息域がさらに南下しない原因は未詳で，粘り強い野
外調査から仮説を作り，飼育などで検証する作業が期待される。
　このほか，北からの侵入者，北方系の動植物には県本土で分布南限地にな
っているものが多いが，そのほとんどは，薩摩，大隅両半島の南部にまで達
している。

第4章
霧島山の自然史

　霧島山は日本最初の国立公園，近年はジオパークにもなった。東半分は宮崎県に属するが，動植物の分布南限種が多く，垂直分布の違いも実感できて，鹿児島県民にとっては得がたいフィールドである。しかし生物相の実態はどうなのか，クールに見直してみたい。

1. 霧島山の形成史

　霧島山の形成史については，分かりやすく詳細な解説は見つからなかった。少し古いが，1969年に宮崎リンネ会の霧島山総合研究会発行の「霧島山総合調査報告書」にある遠藤ら（1969）の記述，その他の資料を参考にしてまとめると以下のようになる。

　基盤は四万十層群で，これに鮮新世の火山岩が重なり，更新世の87万～60万年前あたりと氷期に入る前に供給源不明の火砕流などがあって，火山活動の歴史は古い。その頃100万～40万年前，大隅，薩摩半島両側に平行した断層，鹿児島地溝が生じ，古鹿児島湾とも言うべき海域が出来た。

　古期火山群（60万～33万年前）　52万年前には小林カルデラが，33万年前に加久藤カルデラが形成される。加久藤カルデラの大噴火による火砕流は，鹿児島県本土の中部以北から，熊本県人吉市，さらに宮崎平野まで達し，溶結凝灰岩の地層をつくって，火山灰は本州中部まで到達している。やがてここは古加久藤湖という湖になり，川内川による浸食で，現在の湧水町からえびの市，小林市に広がる加久藤盆地となる。このカルデラの北縁には外輪山の矢岳高原が残り，南の縁で霧島山を造る火山活動が始まる。

　新期火山群（33万年以降）　加久藤カルデラの南の縁に，30万～13万年前（ミンデル氷期～リス氷期），寄生火山として栗野岳（10万年前），湯の谷岳が形成された（盾状火山）。その後，白鳥安山岩が栗野安山岩類を覆っ

て盾状火山を形成し，その上に寄生火山として蝦野岳，獅子岳などが生じた。丸岡山付近，御池付近にも独立した山体が形成された。その後，小規模火山が次々に噴出したが，これは西の韓国群と東の高千穂群に分けられる。

　韓国群　流動性の溶岩を長期に流出し，後期には塊状溶岩を出してホマーテ型山体をつくる。六観音池，大浪池（5 万年前形成），韓国岳（20 万年前噴火，1 万 7000 年前に大噴火して現在の形となる）が形成された。完新世には甑岳，飯盛山などのコニーデが山麓部にできた。その後の活動は弱い。

　高千穂群　最初は大幡池付近の基盤安山岩が形成され，次に丸岡山が出来，六観音砂礫層相当相（？）の堆積があった。その上に，大幡山外輪と中央火口丘が形成され，その後，夷守岳，二つ石の両火山が生じた。

　現世に入って，中岳外輪山および中央火口丘が生じ，高千穂峰が 7000 年前完成した後，大幡池および御池が 4600 年前大噴火している。新燃岳および御鉢が順次形成された。

　歴史時代の噴火は，742 年（奈良時代）を最古として，9，10，13 〜 14 世紀には 150 年〜 300 年の長い休止期があり，その後は数十年ごとに，主にお鉢と新燃岳で噴火を繰り返している。お鉢はこの山地で最も活動的な火山であったが，788 年に大爆発し，大正 12 年の噴火が最後になっている。近年では，2008 年から新燃岳などで小規模な噴火が続き，2011 年に本格的なマグマ噴火が発生し，植生に影響が及んで，美しかった火口湖も消滅した。

2. チョウを見ながら歩こう

　新旧の火山をもつ霧島山には，裸地から原生林まで変化に富む環境が見られ，大きな火口湖をもつ山々と共に，まさにジオパークに相応しい。遷移途中の植物群落や垂直分布帯を歩きながら，虫たちの様子を覗いてみよう。

1）昔歩いた縦走ルート

　高地の低木帯，大浪池〜韓国岳〜獅子戸岳〜新燃岳〜中岳〜高千穂河原は，昔よく歩いた縦走ルートで，昆虫採集も禁止の特別保護地区が大部分を占める。今は噴火していて歩けないが，ミヤマキリシマの群落が多く，このつぼみ・花などを食餌とするコツバメ（シジミチョウ）はいるものの，概して昆虫相は貧弱である。かつて，クジュウエダシャク（ガ類）の幼虫が大発生し，鹿児島県はあわてて殺虫剤の散布をしたが，宮崎県側は散布せず，ちぐはぐ

な話になって，すぐに散布が中止されたことを思い出す。でも新燃岳が噴火を再開する前のミヤマキリシマの花は美しかった。高千穂峰も裸地から花の多い草地，低木帯に移りつつあったが，近年は火山灰でまた裸地に戻ってしまった。

　横川・堀田（1995）によると，ミヤマキリシマは1000 m以上の開けた斜面に多く，低地から標高800 mまではヤマツツジの世界，その中間にあるキリシマツツジは，両種の自然雑種起原の交雑種で，形はヤマツツジに近いが，花色に変異が著しく多い。花粉媒介をする訪花昆虫は，チョウ，アブ，ハチ，甲虫類が記録されている。チョウをみると，低地のヤマツツジにはジャコウアゲハ，モンキアゲハ，ナミアゲハ，クロアゲハが，ヤマツツジとキリシマツツジにはジャコウアゲハが，高地のミヤマキリシマにはツマグロヒョウモンが訪花し，スジグロシロチョウ，ヒメウラナミジャノメは全域で全種に来ていたという。高地と低地の両ツツジでは訪花昆虫がいくらか異なっているが，全域の花に訪花する種もおり，ツツジ遺伝子の交雑が進行中であると推定している。ツツジに来ているチョウは，私ならもっとたくさんの種を挙げるだろうが，本格的に調べる価値がありそうだ。

2）希少で貴重な火山性草原

　草原は小規模で，阿蘇・久住には及ばず，ヒメシロチョウなどもいない。昭和20年代のえびの高原は，その名の通り“えび色”の茫々とした草原であった。これは単に文学的な表現かと思っていたが，ここではススキなど10数種の植物が赤くなるそうで，原因はアントシアンを含む表皮細胞などが酸性化されるためという（戸田ら，1969）。えびのはその後，キャンプ場や観光施設が出来て草原はほとんどなくなり，近年はさらにシカの食害を受けて昔日の面影はない。もちろん草原性チョウ類も激減したが，発表されたデータが少ないのが惜しい。

　自衛隊が手入れして維持している沢原高原（標高330 ～ 650 m；面積1000㎢）は，全国的に消滅したオオウラギンヒョウモンの生存地として注目され，他にもホソハンミョウなどの草原性昆虫が生息し，植物も注目種が生育する。私は1995 ～ 1996年に，栗野町の依頼を受けてオオウラギンヒョウモンの調査をし，結果は日本蝶類学会誌に出した（福田，1997ab）。なぜ，ここではオオウラギンヒョウモンが激減，消滅しなかったのか。このチョウ

がどの様な生活をしており，この草原をどのように利用しているかを調べた
わけである。結果は意外なことの連続であった（口絵. 2-1）。

　このチョウは雄が 6 月に羽化し，遅れて 7 月に羽化する雌と交尾して，雄
はもう用済みとして 8 月までに死に絶える。交尾済みの雌は，盛夏の 7 月下
旬〜 9 月上旬を，涼しい高地に移るかと思いきや，何とこの高原の丈の高い
ススキ群落内で過ごす。私も同じ場所に寝転んでみたが，涼しい！　でも，
彼女らは夏眠をしているわけでなく，時々飛び出して近くの花で吸蜜する。
だからこの時期にもお好みの花がないといけない。そして 9 月中旬から 10
月に産卵するが，食草のスミレ類に直接産み付けることはなく，近くの枯れ
草や石ころなどに 1 個ずつ産付するのだった。まもなく孵化した幼虫はその
まま越冬し，野焼きのあと（ちゃんと生きている），3 月から摂食を始めて
4 〜 6 月に蛹化する。食草はここで確認したのはツボスミレとフモトスミレ
だったが，飼育ではタチツボスミレ類を除く多種のスミレをよく食う。

　結局，沢原高原が多産地として備えていた条件とは，食草，蜜源となる花，
越夏場所となる高い草の茂み，産卵された卵が野焼きなどに耐えて生き残れ
る丈の低い草地，という一見平凡なものである。しかし，改めて他の草地を
みると，このような環境は少ないことに気付く。もちろんこのチョウが激減，
消滅した原因はこの他にもあるだろうが，少なくとも多様性の高い草原の減
少もその一因であることは確かである。

　あれから 20 年余り，このヒョウモンはなんとか生存を続けているものの，
蜜源となる草花は激減し，草原の様相は変わった。その一因はシカの食害と
見られ，その調査や対応が必要であるが，近年は自衛隊の演習場として一般
人は立ち入り禁止となっている。

3）赤松の林を眺めて

　鹿児島県本土の低地にあるのはクロマツ林で，霧島山のアカマツ林は，特
別なチョウはいないけれど，"霧島山に来たなあ"という感慨を憶える。ク
ロマツ帯とアカマツ帯の推移帯は 500 〜 800 m になるが，ここにはその雑種
としてアイノコマツがあり，これがまた，黒松に近いアイグロマツ，赤松に
近いアイアカマツ，ちょうど中間のアイマツに区別できるという（戸山ら，
1969）。樹皮や葉，核型も違うそうであるが，ハルゼミ（マツゼミ）は多分，
区別せずに止まって鳴く。

4）夏緑樹林（温帯性落葉広葉樹林）の夏

　ゼフィルス（ミドリシジミ類）の生息地となるこの樹林，ブナ，ミズナラを主とする樹林は，えびの周辺，大浪池周辺などにまとまった群落がある。しかし，全体的にはアカマツ―ミヤマキリシマ群集が多く，ブナ―スズタケ群集の発達が悪い。これは阿蘇・久住山地に比べて，盛夏の乾燥気候がないこと，火山灰上にアカマツがよく生育し，ススキ群団を押しのけていること，牧野利用が山地帯に及んでいなかったこと，低地帯からのツガ―ハイノキ群集とモミ―シキミ群集に圧倒されていることによるという（鈴木，1969）。これらのいくつかは，草原が少ない原因でもあろう。改めて，分布南限地帯のブナの木の苦労を思う。

　よい樹林が残る大浪池湖畔は，この火口湖が5万年前，リス氷期と最終氷期の間氷期に出来ているから，相当に寒冷で，温帯性動植物が優勢な時期に形成されたものであろう。阿蘇の草原や樹林もこの頃出来たという。しかし，霧島山ではその後の姶良カルデラの大噴火で，この樹林は壊滅したはずで，最終氷期あたりに再生されたと推定される。1万年前後の時間はあるが，彼らはどこから来たのか。その時，ミドリシジミ類も付いてきたに違いないが，フジミドリシジミはブナに，エゾミドリシジミはミズナラに，メスアカミドリシジミはヤマザクラを食樹とし，今もなんとか健在である。少ないながらアカシジミもいるが，その食樹は霧島山ではまだよく分かっていない。とはいえ，九州山地に比べると，ゼフィルスの種類は少なくて残念だ。でも，新しい火山の多い霧島山にこれを求めるのは酷かもしれない。他の昆虫類についても同様で，セミ類でもキュウシュウエゾゼミ，エゾゼミ，チッチゼミはここにはいない。この劣勢を覆したかに見えたのが，栗野岳山麓のカシワ林で発見されたウスイロオナガシジミとハヤシミドリシジミであったが……。項を変えよう。

3. 栗野岳カシワ林騒動の顛末記（口絵 . 2-3）

　栗野岳山麓部に広がるカシワ林を舞台に，2種のチョウを主役にした一騒動が，今終わろうとしている。ことの起こりは1955年6月27日，鹿大農学部害虫学教室の前原宏さんが，ここで南九州新記録種ハヤシミドリシジミ（雄2頭）を採ってこられたことである。その時，大学4年生だった私は，さっ

そく忘れもしない同年7月10日，前原さんと昆虫少年の中学生，箱崎勝也君を伴ってカシワ林に行き，ハヤシミドリシジミのほか，九州，四国にいないとされていたウスイロオナガシジミ11頭を採集した。ちょうど，九大の白水先生が，ここにはいない種としてあの分布論（31〜32頁参照）を発表された直後のことで，大いに先生を落胆させてしまった事件であったが，栗野岳カシワ林は一躍全国的に有名採集地となった。もちろんすぐに，鹿児島，宮崎県ほか，九州各地のカシワ林で本種の探索が行われたが，どこでも発見されなかった。1975年，藤岡知夫さんは，栗野産ウスイロオナガシジミを固有亜種にした。これには変異の幅をもっと検討すべきだと，賛同者は少なかったが，おおまかには本州産とは少し異なっている。

その後，ここにはテレビアンテナなどができ，牧場は閉鎖されるなど，環境が変わり始めた。そして1995年，栗野町は「町有地内昆虫保護条例」を出して，町有のカシワ林一帯を「昆虫採集禁止区域」にした。私はすぐに南日本新聞に反論を投稿し，他のマスコミも注目し，日本鱗翅学会や日本昆虫協会も再考を促す要望書を町に送った（福田，1995abcd, 1998, 2002；ほか）。

1996年頃，鹿児島県はここに「霧島アートの森」（美術館）を作る計画を発表した。そのアセスメントの内容に私は失望し，反論した。その結果，道路拡張で犠牲になるカシワは移植されて，「よいことをした」という報道もあったが，道路が整備され，公園化が進む一方カシワは放置され雑木が成長し始めた。下草（ササ類）は刈り取られ，ブルーベリー園までできたが，これは今は荒廃している。また，シカの食害が目立つようになる。

愛好者による採集，調査は1955年来続いており，鹿児島昆虫同好会による調査は，町の許可をとって（依頼されてはいない！），2003年から始まったが，すでにハヤシミドリシジミは1972年を最後とし，ウスイロオナガシジミは1990年代頃から衰微し，2010年が最後となっていた。今もこれを知らない昆虫愛好者，写真撮影者も訪れるが，誰も発見していない。DNAを調べようにも生存個体は入手できない。ただ言えることは，ここの個体群は消滅した可能性が高いということである。この間，多くの対応策が提示されたが（髙﨑，2002, 2003；など），関係者の対応はなかった。

私はこの2種を採集したとき，この栗野岳一帯の地史が非常に気になった。何かこれらのチョウをここに侵入，定着させ，1955年まで生存を許した特

殊な経過があるのではないか，他にも同じような分布をしている動植物がいるのではないかと思った。しかし，ハヤシミドリシジミのいる久住高原と栗野岳のみの共通項はなく，まして中国地方のウスイロオナガシジミとの特有の結びつきもあり得なかった。他の虫にも該当種は見つからなかった。いくら地史を調べてもその答えは見つからず，もうひとつの経過，人為的な導入への疑いが強くなった。

　1978年，岩崎郁雄さんは加治木営林署の資料から明治〜大正時代にカシワの種子を栗野牧場周辺に蒔いたこと，昔栗野に住んでいた祖母さんから，カシワの苗木を植えたという話を聞き出した。カシワの用途についても，いくらかの情報があった。しかし，これ以上のことは誰にも分からなかったし，今も分からない。

　そうであれば言えることはひとつ，何年か前に，ハヤシミドリシジミの産地（近いところでは久住高原）と，ウスイロオナガシジミの産地（中国地方？）から，それぞれの越冬卵がついたカシワの苗木か小さな成木が，人為的に持ち込まれた可能性が高いということである。あの1955年に発見した時のカシワ林は若く，高さ数m以下だった。そしてウスイロオナガシジミは，カシワ林のよい状態―若木時代，林内の雑木が成長していない時代―まで，何世代かを繰り返し，環境変化により絶滅した。「珍条令」とまで揶揄された採集禁止条令は，何があったのか，なかったのか，今日までまだ生きている。

　郷土の自然を大事にしたいという意欲は立派なものである。しかし，自然を守るとはどういうことか，十分な勉強と検討が必要なことを教えられた事件でもあった。私としてはあと一歩積極的に町に寄り添って，的確な保護手段を具体化させるべきだったかも知れないという，ほろ苦い体験となった。仮に人為的移住だったにせよ，これらのチョウの変遷，分化の様子を長期に亘って調べられる得がたいフィールドだった。

4. 照葉樹林の危機

　霧島山の照葉樹林帯は中腹から山麓部に，山々を取り囲むように分布している。始良カルデラ噴火による壊滅を免れ，九州南端部の海岸近くに生き残ったシイ・カシなどが，後氷期の温暖期に勢力を盛り返して，霧島山にも攻め込んだものであろう。ここにはいわゆる西部シナ系，ヒマラヤ型分布をす

る古い起源のチョウ，キリシマミドリシジミ，ヒサマツミドリシジミ，ルーミスシジミがいる。

　他の昆虫類も多彩な顔ぶれで，これを示しているのが高千穂峰山頂の天の逆鉾付近に，山麓，山腹から気流によって吹き上げられる昆虫たちである。山頂部はほとんど裸地であるから，ここで発生する虫は少ない。山頂に達した虫たちは，低温のため，石に止まって動けなくなる。昆虫採集のガイドブックには"虫の拾い取り"の名所として紹介されていた（竹村ら，1958）。もちろん特別保護地区で採集禁止であるが，昭和 30 年代，つまり高度成長期で自然保護が問題化する以前は，おおらかというか，国民の楽しみの場としてか，黙認されていた。ここで採集された新種，新記録種はかなりの数にのぼるし，分布記録としても貴重なものも多い。ヒサマツミドリシジミ，キリシマミドリシジミも飛来する。

　数量的なデータがないのは残念であるが，この山頂への虫たちの飛来数は昭和 40 年代を境に激減した。この原因と目されるのは，南麓部の照葉樹林の伐採である。当時，1975 年頃，私たちはミドリシジミ類の越冬卵調査をやっていたが，この伐採地が絶好の採集地になった（図 1-16）。営林署かどこか，伐採者は太い幹だけを運搬して枝葉を山のように残したので，これの冬芽や細枝からヒサマツミドリシジミやキリシマミドリシジミの越冬卵を採集出来たのである。かねてはとても届かない高い枝の調査ができた。もちろん私たちが採集，飼育しなかった卵から孵化した幼虫たちは餓死の運命にある。この広い樹林帯で発生していたであろう多くの虫たちが激減，消滅した結果，高千穂峰山頂への飛来も減ったと言う推定は間違いではなかろう。

　あれから 50 年，樹林はいくらか回復し，チョウ相のいくらかは修復されたかも知れないが，高千穂峰山頂は採集禁止の遵守で，採集は出来なくなり，採集に行かなくなって復元に関する情報はない。あの照葉樹林の林床などにいた微細な種類の多くは戻ってくることはなかったと思う。

　もちろん照葉樹林は他のところにもある。例えば，神宮〜湯之野の霧島川の岸辺などがそうであるけれど，原生林とはほど遠く，樹木が小さくて樹林としては貧弱である。これは宮崎県側の御池湖畔林と比べると一目瞭然で，ここのイチイガシの古木は横綱級で，ヒサマツミドリシジミのよい発生源になっている。御池は高千穂峰が 7000 年前に完成したあと，大幡池と共に

4600年前に大噴火しているから，後氷期の温暖期に侵入，形成された樹林であろう。古いことは確かで，残念ながら鹿児島県側では，もはやそんな地域を見つけることができない。思えば高地のミヤマキリシマ群落だけでなく，低地の照葉樹林のいくつかを特別保護地区に指定すべきであった。噴火活動の調査もさることながら，霧島山の生物相の計画的，総合的な調査を切望したい。

　水生昆虫のメモ：大きな火口湖をもつ火山群はこの山塊の特徴で，水を湛えた大浪池，白紫池，大幡池などがオオルリボシヤンマの分布南限となっている。水生昆虫の調査も一通りは実施されているが，ここで水草，藻類，ヤゴの餌となる小動物の，いかなる食物連鎖が形成されているものか興味深い。渓流域にはムカシトンボなどを産する。沢原高原周辺の池には，今は絶滅種とされるゲンゴロウもいたらしい。

図1-16　高千穂峰山麓の伐採地（1975年12月14日）
原生林ではなかったが，古い照葉樹林だった。今，ミドリシジミ類がもどっているだろうか。

第 5 章
北薩の自然史

　熊本県との県境，北薩山地は，大口の布計を最北端として，奥十層，久七峠と連なり，南部に大口盆地や出水平野をつくる。臼杵―八代構造線はこの北部から南下して長島を横切り，その南部を走る仏像構造線も，出水平野から阿久根市西目で屈曲し串木野へ出る。最高峰紫尾山（1067 m）は貫入した花崗岩よりなり，基盤の四万十層群を周辺に残す。新第三紀以降の火山岩域を川内川が流れて，紫尾山地と八重山山地を分け，四万十層群の上に100万年前に活動した肥薩火山の溶岩が，出水，伊佐，水俣まで覆う。本項ではこれに長島・獅子島，甑島列島を加える。

　植生は照葉樹林帯をベースに，紫尾山頂に温帯性のブナが残り，他にも興味深い動植物が多く，鹿児島県の中では，ひと味違った生物相が見られる。この一帯は私の出水高校在職中の 7 年間（1967 ～ 1973 年）に調査した古戦場であり，その後も問題山積で，探索を継続しているフィールドである。

1.　分布南限種を探索した伊佐地方

　伊佐地方は肥薩山地に囲まれた標高200 m程度の盆地であるが，以前は鹿児島市からは汽車を乗り継いで行く遠方の地で，謎に満ちた秘境であった。高校時代に 2 円のハガキで文通していた虫友達の町田明哲君は，のち母校の生物の教師になったが，当時は開校したばかりのラ・サール高校生であった。大口市出身であり，すでにオオムラサキ（十層ダムの上流約 2kmの地点），ルーミスシジミ（木之氏の上流，笹野の渓畔，十層ダム），サカハチチョウ，ヒオドシチョウなどを採っており，この一帯が“鹿児島の北海道”の異名をとるだけのことはあると認めざるを得なかった。

　私がここ布計を最初に訪れたのは1968 年に出水高校生物部の調査会時であったが，マイカー時代に入ってからは，出水市からも鹿児島市からもアプ

　ローチ容易な魅力ある調査地となった。オオムラサキは簡単には見つからなかったものの，あの頃は布計も奥十層も虫が多く，すばらしい環境で，スギタニルリシジミが多産し，キリシマミドリシジミも生息していた。

　しかし，町田君が記録したルーミスシジミは発見できなかった。本種はイチイガシ，ウラジロガシを主な食樹とし，鹿児島県では上記の2産地のほか，湧水町国見岳（1966年，1975年），紫尾山（1959年），さらに霧島山および屋久島にしか記録がない。そして，現在は霧島山山麓部の一部と，イチイガシは分布しないとされる屋久島でしか発見されない。伊佐地方では消滅したと思われ，その原因はイチイガシの大木が伐採されたからと推定している。国見岳は1966年ラ・サール高校生物部の遠征で発見された産地であったが，その遠征に参加していた大木洋一さんが，その後数回探索しても，当時の樹林の面影はなく，本種は発見できないという。私も何回か探しに行ったが同じであった。

　そして標的は，九州山地に生息しながら，ここまで南下していない数種のチョウ類に絞られた。霧島山で探すよりこちらの可能性が高いので，丹念な調査が実施されたが，いずれも前記の通り未発見である。まだ探索を諦めてはいないが，古い樹林が少ないのが惜しまれる。その後も，奥十層にはキャンプ場ができ，そして撤去されるなど環境は激変した。ミスジチョウは「それらしいのを見た」という話もあるし，エゾスジグロシロチョウは湧水町栗野で迷チョウのような，再確認を要する記録がある。これらのいくらかは，以前は生息していたかも知れないし，今後採れるかもしれないが，何かこの県境一帯に温帯林性のチョウ類の南下，分布を妨げる要因があると思われる。1975年に国の天然記念物，1996年には国内希少野生動植物に指定されたゴイシツバメシジミは，1973年に熊本県市房山で日本初記録が出てから，すぐに本地域でも入念に探索し，食草のシシンランは発見したもののチョウは見つからなかった。

　その他の北からの侵入昆虫としては，大口の井立田川にはグンバイトンボの県内唯一の棲息地がある。アオハダトンボは希少種と思われていたが，2015年大坪修一さんの巧みな調査で，伊佐市と湧水町の多くの支川に産地が発見された（大坪，2016）。

2. 特異な生物相を示す出水平野

　出水扇状地は八代海に面して人里が広がり，ツルの渡来，越冬地としてよく知られるが，それよりもっと注目すべき動植物の分布帯である。まず，チョウ類では欠落種が問題で，なぜか食樹ハルニレがなく，カラスシジミが見られない。竹藪に生息するはずのサトキマダラヒカゲが少ない。年によりオオムラサキが侵入・発生する。河川，水域には，鹿児島県ではここだけに生息し，分布南限地となる3種，アブラボテ（魚類），スナヤツメ（円口類），両生類のカスミサンショウウオ（両生類）が生息する。他にも類似の分布をする生物がいる可能性が高い。

1）ハルニレの欠落地帯

　ハルニレ（ニレ科）は，初島目録（1986）には，産地として大口（布計，山野），伊集院，郡山，鹿児島（吉野），住吉池，川辺，万之瀬川発電所，大鳥峡，志布志，垂水（鹿大演習林），鹿屋，甫与志岳，花瀬，野首岳，大中尾（南限）がある。植物愛好者に聞いても「あちこちにあります」という答えしか返ってこないが，初島先生が「各地」とせず，わざわざこのような産地を列挙されたのは，何か問題があると思われたのかも知れない。

　私たちチョウ屋を動かしたのは，ハルニレを食樹とするカラスシジミが，1974年，鹿児島市で発見されてからで，すぐに徹底した調査が開始されて，細かな分布状況までは判明した（口絵. 1-5）。そのいきさつや結果は，拙著「鹿児島のチョウ」（1992）に詳記し，出水平野から紫尾山にかけてのハルニレ分布空白地帯を指摘した。

　しかし，なぜこのような変な分布をするか。何か特異な地史があるのではと疑う。一応の仮説としては，ハルニレが欠落しているのは，河川が短く，上流域に種子などを供給できるハルニレ群落がなかったこと。ただし，ハルニレは川内川流域には多いのに，なぜこれらの河川上流に産しないかは分からない。

2）アブラボテとスナヤツメの思い出

　タナゴ科の小魚アブラボテは，方名「しびっちょ」で，出水市内を流れていた五万石溝では，子供たちが釣りを楽しんでいた。その後この歴史ある溝は地下の水路となってしまったが，私は出水高校生物部の諸君とこの魚の

アブラボテ

マツカサガイ

図1-17 出水平野のアブラボテの分布
出水高校生物部誌「しびっちょ」2・3・4号,
1969・70・71より作図。

分布調査を試みた。雌魚はマツカサガイ（二枚貝）に産卵し、小魚は貝殻内で孵化して出てくるという生活史も面白かったが、その分布状況は不思議に満ちていた。米ノ津川、江内川、野田川、高松川でしか発見出来なかったという結果が、生物部誌「しびっちょ」（2, 3, 4号：1969, 1970, 1971年）に詳しく報告されている（図1-17）。その後、稲留・山本（2008, 2012）の総括的報文がある。

その副産物がスナヤツメであった。高尾野川だったか、地域も年月日も記録を残していないのが残念だけど、アブラボテ採集用の手網に入った奇妙な姿と鰓の並びで、これは円口類ヤツメウナギの類だと認識してバケツに入れた。しかし、彼は何の苦もなくバケツ壁をするりと這い上がって逃げてしまった。ウナギはこんな芸当はできない。やはり別な動物群だと感心したものの、当時はそれほど貴重なものとは知らなかったので、追加調査も報告もしなかった（種名だけは、「しびっちょ」3号（1970）に残っている）。これは1937年につぐ貴重な記録であったらしい。その後の調査で、スナヤツメ南方型で、米之津川、高尾野川で70年振りに再発見されたとある（松沼ら、2007）。

同じように熊本県西部から出水平野にまで分布している、鹿児島県ではここだけという生物が他にもいるはずだと思っていたら、1986年にカスミサンショウウオが発見された。旧高尾野町・野田村、阿久根市の平地～丘陵地に生息する。

とりあえずの仮説としては、アブラボテなどが生息する河川は、八代海に注ぐが、海退時に北部熊本県の河川と湖水などを通じてつながった時期があり、共通の魚類相があって、その後の海退で隔離され、現在の分布になった

――。これは多くの淡水魚に共通する事象であるが，どうだろう。ちなみに，出水平野は出水礫層と沖積層で，阿久根地区は小原砂礫層になっている。

3. かわいそうな紫尾山！

1500 万年前，九州が大陸から切り離された頃，四万十層群に花崗閃緑岩が貫入して，今は標高 1067 m の紫尾山になった。当時は熱帯・亜熱帯的気候で，南方系動植物が大地と共にやって来たが，最終氷期には温帯性のブナが優勢になり，後氷期の温暖期には照葉樹林が下から攻め上がって，ブナは山頂部の西部（北風が当たり寒冷）にかろうじて生き残った。なぜか林床にタケ・ササ類がない点で，霧島山や高隈山のブナ群落とは異なるが，日本の西側の分布南限地となった。その寒冷期にブナと共に入り込み，後氷期の温暖化の中を生き残ってきたのがフジミドリシジミであり，エゾハルゼミである。しかしここのブナは近年の温暖化で種子が出来にくくなり，若木は少なく，さらにシカの食害が加わって見通しは暗い（米田，2016）。山頂の東部や中腹～山麓は照葉樹林となり，アカガシ，タブノキ，ウラジロガシなどの群落がある。

私はこの山は，大学生時代 1 回，出水高校勤務時に 18 回，その後の分を加えて 61 回調査しており，山麓部を入れると 80 回は超える。とくに 1988 ～ 89 年はアサギマダラ調査のため 26 回登った。もちろん大部分は堀切峠からのマイカー登山であるが，1967 ～ 1972 年，高校生たちとは丸塚や定之段からの徒歩登山も何回かやった。途中の沢で再生実験用のプラナリア（扁形動物）や，葉緑体観察用のチョウチンゴケを採ったりしたのも懐かしい。あの頃はヤマビルも少なく，ほとんど気にならなかったが，1990 年代にはおびただしい数に増加していた。シカやイノシシの激増が原因と言われる。

紫尾山の生物界は 3 つの時期に大別できよう。

第 1 は私も知らない 1950 年ごろまで，森林伐採の少ない時期で，山頂のブナ林はもちろん，アカガシなどの照葉樹も鬱蒼と茂り，キリシマミドリシジミなどはいくらでもいた！と，川内市の昆虫愛好者達から聞いた。アイノミドリシジミも 1957，1964，1966 年に雌 1 頭ずつが採集されているが（二町，2014），その後は誰も発見していない。これは霧島山でも 1958 年に雄 1 頭の記録しなく，カシ類の古木，大木の伐採が絶滅の主因と思われる（口絵

. 2-2)。

　第2は紫尾山の悲劇の始まりで，それが何時であったか確かめていないが，出水高校に赴任した1967年の時点では，すでに山頂部に通信施設などが設置され，車道が整備されていた。1972年に名古屋から来た虫友を山頂に案内したとき，自然公園の看板をみて「これは自然破壊公園だ！」と言われたときは悲しかった。それでもまだ，1989年5月末，アサギマダラ調査に植物の川畑健三先生に同行願った時は，エゾハルゼミの大合唱を聞きながら，教わった草花に希少種が多いことに感動を覚えた。出会いたくないマムシには2回ほど遭遇した。夜の灯火採集も何回かやったが，アカアシクワガタの多い山であった。1989年7月15日の夜は，9合目付近で光るヒメボタルを捕らえた。この陸生ホタルは，低地では5～6月に出現するが，高地では7月に発生することを確認出来た。

　第3，それでも，この山はなんとか踏みとどまっていたように見えたが，2010年代に入ってからであろうか，シカの激増がここの自然に止めをさしそうな勢いである。山頂部の林床，車道周辺の草が食い尽くされ，裸地が広がって雨水の浸食を受け，土壌が崩壊を始めたのである。キョウチクトウ科のツクシガシワは，夏のアサギマダラのよい食草で，毎年夏休みにはアサギマダラのマーキング会を開くほどであったが，その食草が激減した。有毒植物だからシカは食わないだろうという想定は甘かった。アサギマダラがよく訪花していたオオマルバノテンニンソウも同じ運命をたどった。それ以前はヒヨドリバナ類がアサギマダラの大好物であったが，一足先にこれは土手の草刈りで激減した。

　山頂によく飛来していたヒオドシチョウの発生源はどこだったのか。コツバメ（シジミチョウ），ジャノメチョウ，ヤマキマダラヒカゲはなぜ激減・消滅したのか。フジミドリシジミは1968年に私の目の前で中学生が採集したのが初記録で，その後2001年を最後に消滅したのか，卵や成虫を誰も発見できない。エゾハルゼミは5月下旬から6月に特有の鳴き声"ミョーキン，ミョーキン，ケケケケ‥‥"が聞けるが，近年はかなり少なくなった。

　数々の問題を残しながら，紫尾山は受難が続いている。それらを徹底的に調査する企画はないのか。もはや打つ手はないのか。消滅寸前のブナは種子の保存，育苗による保存が図られているのか。衆知を集めた対応を，この山

の神に代わってお願いしたい。

4．川内川を下る―堤防草地と湖沼―

　川内川は北薩山地と八重山地を分けて東シナ海に注ぐ長さ 137km の河川で，鹿児島県では肝属川と共に，国が管理する一級河川である。全体的な生物相調査は国土交通省主導の「河川水辺の国勢調査」が，1994 年，1999 年，2007 年に行われ，私も参加した。鶴田ダム改修工事関連の環境調査などもあったし，もちろん昆虫愛好者による調査も行われている。

1）堤防の草地は県内最大の草原！

　昆虫類の生息地としては堤防草地が面白い。中流域の曽木の滝〜鶴田ダム間の樹林帯で中断されるが，その上流域と下流域に延々と細長く連なる堤防草地は，県内最大の安定した草原地帯と言えよう。洪水防止のほか，草原性昆虫類の生息地として貴重なものである。もちろんこれは残されたというより造成された環境で，草刈りや火入れあるいは植栽など，人手を加えつつ維持されてきた。今やかなりの部分を帰化植物，外来種に占領されているけれど，草地の主役，鳴く虫類も多く，夏〜秋は彼らの鳴き声を楽しめる。

　湧水町などに属する上流部が虫の多様性は高く，以前はオオウラギンヒョウモンなどのヒョウモンチョウ類のよい生息地でもあった。ヒゲコガネが割に多いのもこの一帯である。ギンイチモンジセセリはあちこちで見られ，河川敷の草地まで含めると，カワラケツメイにはツマグロキチョウがおり，年によっては，迷チョウのホシボシキチョウも発生する。草刈りや火入れなどで，環境変化が激しく，希少種については沢原高原に敵わないが，大事にしたい環境である。草地に棲む虫たちにも配慮した管理をして欲しい。

2）樹林は源流域と河畔林がよい

　河畔の樹林は，主流源流域の熊本県白髪岳の南麓森林地帯と曽木の滝から鶴田ダムに至る中流域にあるが，源流域がよい。源流域の白髪岳南麓の照葉樹林には，落葉広葉樹のシオジを食樹とするウラキンシジミ（鹿児島県未発見）が生息し，ハルニレではシータテハの幼虫が見つかる。中流域の照葉樹林はルーミスシジミなどがおりそうと，かなり探したが見つからない。古い樹木が少なく，チョウ相は貧弱な感じをうける。むしろ全域にある河畔のヤナギ林（コムラサキの食樹）やハルニレ（カラスシジミの食樹）などを大事

にしたい。

3) 河川，湖沼の虫たち

　支流，本流部とその周辺の池沼にはトンボ類や水生昆虫に注目すべき種が多い。トンボ類は，2008 年の環境アセスで，鹿児島県新記録種（分布南限），ナゴヤサナエの幼虫 2 頭が中流域（菱刈・江川橋付近）で採集されている。私も 2013 年 8 月に，成虫を狙って調査に行ったが発見できなかった。盛夏時の調査になるが，どなたか頑張って生息を確認して欲しい。他にもレッドデータブック級の種，ハッチョウトンボ，ベニイトトンボ，アオハダトンボ，ニホンカワトンボ，アオイトトンボ，コバネアオイトトンボ，フタスジサナエ，タベサナエなど多士済々である。

　タガメ（カメムシ類；絶滅危惧 I 類）も以前は各地にいたようであるが，確実な記録は少なく実態は不詳である。私は 2002 年 7 月 23 日，曽木の滝の対岸にあった小さな池で幼虫を確認した。ゲンゴロウ（甲虫類：体長 42 ～ 34mm）は鹿児島県では絶滅種にランクされているが，1970 年代かそれ以前までは，県本土各地に生息していた可能性はある。しかし記録も標本も少ない。一回り小さいコガタノゲンゴロウ（体長 29 ～ 24mm）は，逆に激増傾向を示し，よく「ゲンゴロウがいる」という情報が県立博物館などに寄せられる。

5.　藺牟田池の浮島とベッコウトンボ

　50 万年前と言えば，更新世中期，最初の氷期（ギュンツ氷期）が終わった頃の少し温暖な時期だったのか，藺牟田火山の火口湖としてこの池が出来た。ほぼ円形，水面は標高 295 m，周囲約 4km，水深は 1 m 前後，深くても 2 ～ 3 m 程度というこの池を有名にしたのは，南方では珍しい泥炭形成植物群の浮島で，大正 12 年に国の天然記念物となった。冬は暖かく夏は涼しいので，北方系植物の分布南限種（ヒメシダ）と南方系種の北限種（テツホシダ）が同居している。ヨシ，フトイなどのイネ科やカヤツリグサ科草本が完全に腐敗せずに炭化して堆積し，その上に生えた草と共に，何らかの原因でちぎれて浮上したものが浮島である（大野，1992）。昔の写真を見ると，大小多数あったが，今は見る影もない。先年は，この上に白鳥が造巣して踏み荒らしていた。天然記念物というが，浮島の変遷史のデータや水生昆虫との関わりなどを知りたい。

　近年はベッコウトンボの方が有名になったかも知れない。このトンボは，日本では北は宮城県から南の鹿児島県本土まで分布し，以前は県内でも10市町19池沼で見られ，鹿児島市中山の牟田池にも2005年まではいた。しかし，県レッドデータブック第2版が発行された2016年の時点では，蘭牟田池，指宿市の池など4カ所にしかいなくなった。全国的にも同じで，今や静岡，山口，福岡，大分，鹿児島県のみに少数の棲息地があり，この蘭牟田池が最後の砦になるかも知れないという。環境省は本種を希少野生生物に指定し，蘭牟田池でもそれなりの保護増殖の試みが進行中である。

　私は蘭牟田池のほかは，指宿市の魚見岳の南にあるひょうたん池でこのトンボを見ているに過ぎないが，なぜここだけに生き残っているのかと思う。他の県内記録地の中では，例えば，南さつま市加世田では，自然公園ではなくて，皮肉にも隣のゴミ処理場のような水溜まりに発生した。しかし定着はしなかった。県内の池沼をしらみつぶしに調査すれば，このような一時的な発生地はまだいくらか発見されるかもしれない。だが，現在，多くの農業用ため池は「堰き止め湖」で，草地の堤防があり，水辺は樹林で，全体的に水深が深く水草がない。おまけに冬に水抜きをして池底を掘ったりする。これでは水生昆虫もトンボ相も貧弱になろう。山間や平地の小さな池沼は，休耕田，放棄田が増えて不要となり，植生遷移が進んで消滅寸前が多い。さつま湖の近くの正円池はホテイアオイが全面を被って，このトンボはいなくなったという。ある程度広くて，年中水が溜まり，岸辺や水中に水生植物が豊富な池沼，そして周辺部あるいは池の一部に丈の高い草地があること——これが彼らの定住を決める条件のように見える。丈の高い草地は羽化後の若い成虫が成熟するまでを過ごす環境であろうか。そうであれば，指宿市の棲息地は，広い湿原（丈の高い草地）があったので安定発生が続いているが，今後はこの湿原の命運次第となる。まんざら夢ではないと思うけど，鹿児島県庁内の池も周辺に丈の高い草地を造れば，ベッコウトンボが飛来して棲みつくかもしれない。

＊昆虫化石の産地　川薩の中央〜東部の薩摩町永野，薩摩川内市東郷町荒川内と鳥丸，入来町入来峠，鹿児島市郡山町仕明には，鮮新世〜更新世あたりの植物，魚類化石のほか，珍しく昆虫化石も出ている（藤山・岩尾，1975）。カゲロウ，カワゲラ，ハエ，ハチ，カメムシ目などで，チョウ目は

なく，私にはこれらの昆虫類がたどった道筋は分からない。郡山層について
は，内村・大木（2001）の論文がある。

　＊**西海岸の昔**　阿久根から川内平野，串木野海岸にいたる地域には，JR鹿
児島本線の車窓から美しい入り日が見える景勝の海岸線があり，300万年前
の噴火で形成されたという人形岩もある。この一帯は，日本海拡大の前は，
大陸の縁にあった湖だったという（大木，2017）。その時代の生物の名残は
もうないか？

6．恐竜の島，甑島と獅子島

　2018年6月のマスコミは，上甑島で7000万年前の恐竜ハドロサウルスの
化石の発見を伝えた。これまで下甑島鹿島では2008年以来，肉食恐竜や草
食恐竜（ケラトプス，ハドロサウルスなど）の化石が見つかっており，甑島
を「恐竜化石の島」として売り出せるとある。一方，獅子島も「化石の島」で，
魚竜の化石も発見され，フェリーが発着する片側港には恐竜の像が設置され
ている。鹿児島県では珍しく臼杵—八代構造線の北側，西南日本内帯に属す
るが，他に両地域に何か共通点があるのだろうか。

　7000万年前は白亜紀末で，恐竜絶滅の直前にあたる。その頃はまだ日本
列島が大陸の縁にあり，後に甑島や獅子島となる地域は，東シナ海の大陸縁
辺部の河川下流域，内湾の浅海域であった。陸生の恐竜のほか多くの動物が
泥の層に埋もれて化石となり，その後大陸から切り離されて今ここに眠る。
化石とはいえ，長く遠い旅路である。これらを産出するのは白亜紀の地層，
四万十層群の御所浦層群と姫浦層群で，御所浦層群の方が古く，その上に
姫浦層群がある。大陸からの分離は，南西諸島が北・中・南琉球に分離した
200万〜155万年（？）以降で，大陸辺縁部は急速に切り離され，甑島，獅
子島となった。甑島から獅子島，御所浦島は引き裂かれた時の大陸縁の隆起
部に相当する。

1）獅子島

　周囲25kmの小島ながら，鹿児島県の最北端，最高地点は七郎山（393.1 m）で，
島の大部分を占める御所浦層群には，魚竜のほかアンモナイトや貝類の化石
が多い。植物相は照葉樹林の二次林と耕作地である。私は1985年，2009年，
2010年に調査した。チョウ類の注目種，クロツバメシジミ（図1-18）は鹿

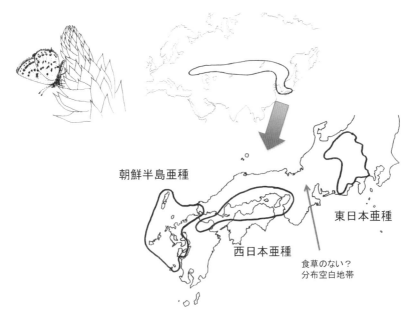

図 1-18　クロツバメシジミの分布　（東城・伊藤，2015 より作図）
ユーラシア大陸の真ん中，乾燥地帯で多肉植物を食草としている。南九州は苦手か。

児島県では獅子島と甑島にしか見られない。

2）長島

　大部分は火山岩であるが，浸食が進んで準平原状になっており，最高地点は矢岳（401.9 m）である。北部と諸浦島には姫浦層群，古第三期の堆積岩が見られる。伊唐島は平坦で，白亜紀の御所浦層群と姫浦層群が堆積している。チョウ類は長島・諸浦島に 63 種（定着種 49 種），伊唐島 20 種（定着種 20 種），獅子島で 52 種（定着種 46 種）となる（守山，2018）。全体的には九州本島の出店的であるが，長島の行人岳で，コナラ，クヌギを食樹とするミヤマセセリを見たという情報があるので，再確認が期待される。

3）甑島列島

　地史　基盤の姫浦層群①は，7000 万年前の大陸沿岸時代に堆積し，厚さ4000 m 以上で，多くの化石を含む。その上を古第三紀の 3000 万年前の上甑層群②が覆い，1300 万年前（中新世）には，厚く堆積した地層の地下 10km の深さにマグマが貫入し，冷えて花崗閃緑岩③になった。そして，完新世に

手打など少数の沖積平野が広がる。下甑島は尾岳（604 m）など③の山が連なる。地表部の状況は，上甑島は②が多く，中甑と下甑の北部は①が，中南部は③が露出している。沖積平野は人の集落や長目の浜などとなる。恐竜化石が出た下甑島西海岸，鹿島断層は高さ170 mの海食崖で最古の①が，強い波の作用によって形成された。沖縄舟状海盆が引き裂かれた際の東側の隆起部と沈降した舟状海盆との境界部にある断層に相当する（大木，2014：他）。

植生の九州西回り要素　植物で注目されるのは，草本の固有種4種（サンコウカンアオイ，コシキギク，コシキジマハギ，コシキチドリ）（初島，1992）と，南方から北上して九州西回りに分布する種である（初島・新，1956）。この特異な分布は，黒潮分流による運搬の他に，鳥による種子の分散種が多いことから，特殊な上層の気流に渡り鳥が乗って移動しているのも一因という。列挙された25種の中には，チョウの食餌植物のハマセンダン，タイトゴメ，クワノハエノキなどを含む。

テングチョウにも西回りがいる?　1971年7月，私は出水高校生物部の諸君と下甑島の調査を行ったが，その折りこの島新記録種としてテングチョウ3頭が採集され，これらが九州にいる本土亜種でなく，種子島・屋久島産，さらには奄美諸島・沖縄諸島産の亜種に極めて近いことに驚いた。この食樹が上記のクワノハエノキである。甑島のクワノハエノキとこの奄美・沖縄亜種に似たテングチョウの分布が，九州西回りに一致することはとても興味深い（福田，1972）。調べた個体数が少なく，季節的変異なども気になるが，種子島・屋久島産および甑島産のテングチョウは，本土亜種の他に，奄美・沖縄亜種に相当するものが混入している可能性がある。

この他に似た分布型としては，テントウムシ科のヤホシテントウとチャイロテントウの例がある（神谷，1962）。

クロツバメシジミの分布南限　（図1-18）　本種はユーラシア大陸中部の乾燥地帯に帯状に分布し，その東側でロシア，中国，朝鮮半島，日本に生息する。食草は多肉植物，ベンケイソウ科のツメレンゲ，タイトゴメなどで，日本では東日本亜種（関東，中部地方），西日本亜種（近畿，中国，四国，九州北東部），朝鮮半島亜種（九州北部・西部，対馬）の3群がいる（東城・伊藤，2015）。このチョウは更新世半ば，ミンデル—リス間氷期（29万年前）に朝鮮半島などから入り，東へ広がり，西日本亜種と東日本亜種に分かれた。両

者の広い中間部は主要食草の分布空白地帯という。九州西部と北西部，対馬の亜種は，その後に朝鮮から侵入したとされる。分布南限の鹿児島県では獅子島と甑島にしか産せず，九州西海岸を南下してきた可能性を示唆する。それにしても，ユーラシア大陸でも日本でも，実に不可解な分布をしている。国外では調査不足だろうか？

　獅子島では各地の海岸に生息しているが，甑島列島では上甑島の長目の浜と中川原の県民自然レクリエーション村の 2 カ所が産地として知られ，中甑島は未発見で，下甑島は北部の小牟田海岸でしか発見されていない。長目の浜（3.6km）は，ほとんど礫よりなる砂州で，内側に海鼠池など 4 つの潟湖がある。私は 2012 年 10 月にここを調査する機会を得たが，小さな礫の脇にはツメレンゲが，土のある隙間にはタイトゴメが生え，全体的にはツメレンゲの方が多かった。ほかにハマナタマメなど草本も多いので，吸蜜植物は不足しない安定した生息地と思われる。島幅が一番狭い吹切峠でもツメレンゲが見られるので，この辺りが分布南限かもしれない。このように，長島や下甑島中南部にこのチョウが生息しない原因は未詳である。

　チョウ類　九州本島との共通種が多く，上・中甑島では 55 種が記録され，そのうち定着種は 37 種，迷チョウが 11 種，下甑島では 48 種，このうち迷チョウ 10 種である。照葉樹林帯の上部にはアカガシもあるが，キリシマミドリシジミは発見できない。他に九州本土では普通種であるのに，本列島で未発見の種として，ダイミョウセセリ，ホソバセセリ，スジグロシロチョウ，ツマキチョウ，ゴイシシジミ，キタテハ，コムラサキ，クロヒカゲなどがある。

　＊甑島産の甲虫類 69 科 883 種については，今坂正一（久留米市在住）の労作が，2019 年 3 月発行の Satsuma162 号（特集号：109 頁，2 プレート）に出ており，各種記録のほか，総説，文献，調査日記などがある。

第 6 章

鹿児島湾と桜島の自然史

　鹿児島湾（錦江湾）は日本でただひとつの火山性海溝で，この形成にはいくつかのカルデラが関わり，桜島もこの産物である。この湾の特徴は，深いこと（平均 117 m，最深 237 m），深さが変化に富むことで，中央部と奥が 200 m を超す。2011 年に，姶良カルデラ域を含めて，霧島錦江湾国立公園となる。チョウの種類によっては，大隅～薩摩半島間の移動の障壁になっているかもしれない。

1．形成史

　以前は湾奥の姶良カルデラと湾口の阿多カルデラの形成後に，湾中央部が陥没して鹿児島湾が形成されたと考えられたが，現在は次のようなことが判明している（大木，2014，他）。

　①530 万～ 160 万年前（鮮新世初期～更新世初期），基盤の四万十層群に，東北―南西方向の断層の動きが始まって，100 万～ 40 万年前，大隅半島と薩摩半島に平行した断層が生じ，その間の部分が陥没して鹿児島地溝が出来た。この古鹿児島湾とも言うべき海域の北は霧島市，姶良市に達して，ここに浅海性の国分層群が堆積する。

　②この地溝帯には，北から南へ，加久藤，姶良，阿多カルデラが並び，これらの活動で薩摩半島と大隅半島は引き裂かれ，相対的には大隅半島が東へ移動した。この移動は現在も継続中であるという。12 万 5000 年前には，大隅半島中央部に浅い海が広がって鹿児島湾と志布志湾がつながっていた。

　③最終氷期の半ば 1 万 4000 年前に，それまで淡水湖であった湾に，桜島東側の瀬戸海峡から海水が流入した。1 万 3000 年前の海水面は今より 45 ～ 50 m 高かったが，7500 年前には現水位になる。古天降川の河口付近は干潟または浅海になり，国分平野の原型が出来る。多数の未固結の火砕流堆積物

がある（森脇ら，2015）。

　④1万3000年前，新島軽石が噴出，若尊カルデラが形成され，その直後に桜島の最大噴火が起こって，桜島が海上に出現した。その後の現世火山活動（霧島，桜島，指宿火山群）によって，湾の形態は変わり現在の形になる。

2. 湾岸と湾内の島の生物相

　湾内の海に棲む動植物は類書にゆずって，昆虫だけに注目すれば，海洋性アメンボについての記録はほとんどないから，沿岸域と湾内の島が対象となる。

　鹿児島市の与次郎浜（鴨池海岸など）は，1966～1970年に埋め立てられるまでは，ルイスハンミョウが生息していたが，今はもちろん生息地ごと消失した。鹿児島湾に流入する河口域の干潟や，国分・隼人の埋め立て海岸など，私も少し探してみたが，薩摩・大隅両半島とも，砂泥質海浜のルイスハンミョウ，岩礁性のシロヘリハンミョウなど，どこも発見出来なかった。人工海岸が多くて，海浜性ハンミョウ類は消滅して，後ほとんど入り込んでいないと思っていたら，2013年6月4日，人工島マリンポート鹿児島で多数のエリザハンミョウが発見された。数年前から調査していたが，この年が始めての発見で，発生地は人工島北側の二期工事の新しい埋立地の広大な裸地，草地らしいという（中峯，2013）。

　湾内の島では，指宿市の知林ヶ島は，市の依頼を受けて鹿児島大学が2000年に生態系の総合調査を実施し，私もこれに参加した。報告書（2001年：108頁）には，地形・地質，植物，海産底生生物，昆虫，クモ，陸産貝，鳥，両生類，爬虫類，哺乳類の記録のほか，環境保全などへの提言もあり，総合調査のよいモデルにもなっている。

　新島（燃島）は1779年（安永8年）11月～1782年1月，桜島の安永噴火時に海底が隆起して出来て，しばらくは人が住んでいたが，2013年に無人島になる。私は1987年9月に調査，近年は博物館の金井ら（2018）の報告もある。霧島市神造島（辺田小島・弁天島）も金井ら（2013）が2012年8月の記録を報告している。沖小島は私も学生時代に渡島したことはあるが，昆虫の記録は残っていない。これらの小島には珍しい虫はいないが，昆虫の移動や昆虫相の変遷を調べるには格好のフィールドで，長期間の継続的調査

が期待される。

　蛇足ながら，湾奥のたぎり（海底噴気孔群）付近に生息するサツマハオリムシは，ムシの名がつくが昆虫ではなくゴカイの仲間（環形動物）である。消化器内に硫黄酸化細菌が共生し，これが硫化水素を分解して得た化学エネルギーで栄養を作る。1977年に発見され，1993年に新種として記載された。1万4000年前，湾奥に海水が流入し始め，ハオリムシの幼生も，遠い旅を経てここに侵入できたのであろう。

3. 桜島

　ひとつに見えるが，北岳，南岳の二つの火山よりなる。姶良カルデラ噴火の後，2万6000年前にまず北岳が姶良カルカルデラの南部海域に火山島として誕生し，5000年前まで活動した。南岳は4500年前から活動を始め，現在まで継続している。特筆すべきは1万3000年前の水蒸気爆発。火砕流は海を渡り，鹿児島市の吉野台地，東の斜面を駆け上がり台地を走った。この時の薩摩火山灰は，50キロ離れた加世田でも数十センチの降下軽石層が残り，これで栫ノ原遺跡は埋まった。桜島はその後高くなり，今は標高1117mで，その後の大きな噴火は17回起こっている。

　有史時代には，708年（和銅元年）から昭和21年3月まで，海底噴火，山腹・山頂噴火が42回記録されている。このうち溶岩流出の多かった文明3〜8年(1471〜1476年)，安永8〜9年(1779〜1780年)，大正3〜4年(1914〜1915年)，昭和21年（1946年）の噴火は特筆される。最後の昭和21年3月の噴火は，終戦の翌年の旧制中学入学前の頃の記憶で，私は志布志市の台地にある畑から，噴煙が上がるのを遠望した。その後も小爆発，噴煙活動は続いたものの，登山は可能であったが，昆虫採集には魅力のない山で，私は登ったことがなかった。大学4年生時，昭和30年10月13日南岳火口で大噴火が起こり，鹿大生1人が死亡，8人が負傷した。これが現在までの山頂噴火の始まりで，以来登山禁止となり，私は山頂部までの登山は果たさないままとなった。

1）植生変遷

　有史時代の天平，文明，安永，大正，昭和に噴火した溶岩地帯が地表に残っており，裸地からの植物群落の遷移が観察できる。出発点の裸地は荒々し

い溶岩地帯であるが，降水量が多いから変遷が速く，おおまかには，①地衣類・コケ類群落→②草本群落（ススキ，イタドリ，タマシダなど）→③クロマツ林→④照葉樹林（アラカシ，タブノキ，ナナメノキ，ハクサンボク，ヤブツバキ，ネズミモチ，ヒサカキなど）と進む。天平，文明はすでに④，安永は③〜④，大正は③，昭和もすでに②〜③の段階に至っている（大野，1992）。そして，現在はこれにヒトの撹乱（農業など）が入って，生物多様性がやや高くなっている。

　安山岩質溶岩流の上に侵入した植物は，700 年を超すとタブノキ林になる。すなわち，最初は地衣・コケ植物期 20 年→第 2 は草本期 50 年（タマシダ，イタドリ，ススキなど）→第 3 は低木林期 100 年（ヤシャブシ，ノリウツギ，ヒサカキ，ススキなど）→第 4 期はクロマツ林期（クロマツ，ネズミモチ，シャリンバイなど）→第 5 がアラカシ林期 150 年〜 200 年（アラカシ，ネズミモチ，ナワシログミ，ヒサカキ）→第 6 が極相のタブノキ林期 500 〜 700 年（タブノキ，アラカシ，コガクウツギ，テイカカズラ）。

　袴腰港から南回りの観光ルート，大正と昭和の溶岩地帯は，1950 年代は見事な溶岩原で，県外から来た友人たちを感激させたものであるが，草原の過程を省略して，数十年後にはクロマツの幼木林になり，地元の観光関係者からはマツを伐採して溶岩風景を残せないか，という話もでたほど様変わりした。その後松食い虫の被害もひどくなったものの，いずれ見事な松林になり，これが照葉樹林までいくであろうか。大隅半島に近い大正溶岩地帯もマツの幼木地帯になった。これが成木林になり，照葉樹林になると，今は大隅半島の繋がり付近まで出没するニホンザルの侵入も心配だ。桜島ではすでにイノシシによる農業被害が問題になっている。

2）松食い虫の他にも虫はいる

　昆虫類についても調査は行われており，私も自分のチョウ類調査のほか，国土交通省の調査や，土地改良連合会の調査などに参加した。しかし，当然なことながら新しい侵入種ばかりで，特筆すべきものはない。それでも，彼らがこの貧しい環境でどう生きていくかは，もっと知りたいものだ。

　チョウ類では，鹿大農学部の標本の中から私が見出したサカハチチョウ 1 頭（1944 年 8 月 26 日採集）が注目される。1944 年（昭和 19 年）8 月といえば，太平洋戦争の最中で，鹿児島高農の学生でも採集に行ったものか。その採集

地は桜島では最も古い樹林，照葉樹林で湿っぽい場所であったことや，当時
は桜島を取り巻く地域に，供給源としてのこのチョウの生息地があったこと
も想像させる。本種の食草コアカソ（イラクサ科）は桜島を含む各地に普通
であるが，このチョウは鹿児島県では絶滅危惧II類で，鹿児島市の吉野な
どでも戦後の記録があるものの，近年は県本土各地で減少，消滅傾向にある。
現在，桜島に生息している可能性はない。

　昭和20年代後半，私の大学生時代は，袴腰港のすぐ後のちょっとした丘が，
当時増え始めたヤクシマルリシジミの安定した産地であった。なぜここがそ
のような産地になったのかは不明のままであるが，植生遷移の激しい，ある
意味では多様性の高い桜島の昆虫相は興味深い。

　アリについては，形成年代の異なる4つの溶岩地帯に生息する種群につい
て，鹿児島大学理学部の山根正気先生と学生らの興味深い研究例がある（山
根ら，1994）。これらの地域では33種のアリがいて，これは鹿児島県本土産
約100種の1/3に当たること，植生の進んだ古い地域に多いこと，巣に持ち
帰った食物を調べると，なんと同種，異種のアリが一番多いこと（共食い），
アブラムシのほか花の蜜もよく利用することなど，環境にうまく適応したア
リたちのしたたかな生き方が解明されている。それにしても，彼らはこの新
しい火山に，いつ，どこから，歩いて！　あるいは飛んで（有翅虫がいるか
ら），やってきたのだろう。

第 7 章
大隅半島の自然史

　大隅半島は私の故郷，小学～高校時代を（現）志布志市で，青年教師時代
を鹿屋市で過ごした。もちろんその後もたびたび訪れた問題山積のフィール
ドである。チョウに関する 1949 ～ 1962 年，志布志高校生時代から鹿屋農高
教師時代の記録は，1962 年に出した「鹿児島県の蝶類」（福田・田中：355 頁）
に総括してある。

　本項の範囲は，北は霧島市南部から南端の佐多岬（南大隅町）までとする
が，生物相は始良カルデラ噴火でリセットされ，その後宮崎県からの侵入者
と，南方からの侵入者によって再構成された。最終氷期には照葉樹林が南部
に残存し，後氷期の現在は温帯林がかろうじて高隈山頂部に残って，多くは
照葉樹林帯となり南端部にわずかな亜熱帯林という世界になった。その後ヒ
トの撹乱を受けたが，ヒト以前の状況がまだ読み取りやすい状況で残ってい
る地域ともいえる。

1. 地形とその形成史

　大隅半島の基盤は四万十層群が大部分で，その後 3000 万年前頃（漸新世
～始新世末）に堆積した日南層群が，宮崎県の海岸線から志布志を経て佐多
岬に見られる。これらを覆う広いシラス台地が二つあり，曽於台地群は非溶
結で，風雨に浸食されて台地原面はあまり残らず，肝属台地の北半はシラ
ス，南半は溶結凝灰岩で平地面が残る。これらのシラス台地が分断している
山地は，北から白髪山地，高隈山地，肝属山地，および東部の日南山地で，
基盤岩に貫入した花崗岩域が高隈山と南部山地にある。活火山はないが，鹿
児島湾域や薩摩半島の火山活動の洗礼を受け，30 万年前に鳥浜火砕流堆積
物，10 万年前に阿多カルデラの火砕流と軽石（花瀬の河川敷はこの溶結凝
灰岩），5 万 3000 年前の指宿火山群による火山灰，軽石，スコリア，そし

て2万9000年前はあの姶良カルデラのシラス，軽石などが堆積した（大川原峡はこの溶結凝灰岩）（西健・桑水流，1997）。その後も，1万3000年前，桜島起原噴出物（軽石），7300年前の鬼界カルデラ（火山灰，火砕流，軽石），5500年前は池田カルデラ（火山灰，軽石，スコリア），4000～1000年前の開聞岳（火山灰，スコリア）と貰い災害が続いた。姶良カルデラ，桜島，霧島山などから噴出した降下軽石層が，半島中北部に広く分布し，「ボラ」と呼ばれる農耕には厄介者となっていた。新しい軽石礫層は骨材，園芸用などに利用されるが，戦後「ボラ抜き」が大規模に実施された。以下に地域別に生物相を概観しよう。

2.　悠久の森と白髪山地

　曽於市の北端，瓶臺山（びんてんやま）（543 m）から流下する瓶臺川（大淀川上流）沿いに「悠久の森」が設定され，永久に伐採しないと市の条令に明記される（平成17年7月）。私は1977年8月の県立博物館の自然観察会を最初として，1979年8月は鹿児島中央高校生物部採集会，その後2004～2007年は毎年4～5月に調査した。原生林ではないが，古い照葉樹林が残り，スギタニルリシジミ（食樹：キハダ），サカハチチョウ（食草：コアカソ）などが見られた。イチイガシもあったが，ルーミスシジミは発見できない。「今後は伐採しない」とはいえ，林道（車道，遊歩道）が整備され，ご当地の産物，スギを大事にする傾向があるようにも見える。しかし，この地域のこの設定はよい覚悟と評価し，まずは現時点での植物目録，動物目録作成，そのための徹底調査を希望したい。白髪岳（604 m）は山頂部にアカガシは残るが，キリシマミドリシジミは発見できない。旧福山町の低地一帯のチョウ類は，橋元（1967）により40種が記録されている。

3.　高隈山

　山頂も山麓も魅力的な山である。山頂近くまで林道（車道）がないのもよい。最高峰の大箆柄岳（1237 m）から南部稜線域（花崗岩域）にブナ群落がある。少し南の御岳（1182 m：堆積岩域）にはブナはなく，ミズナラ，マンサクなどが自生する。ブナは分布南限でありながら標高850 mまで下降，アカガシ，シキミなどの照葉樹林に混生し，場所によっては林床にスズタケが

群生する（紫尾山との相違点）。しかしながら，1950 年代から気温が高まり，2000 年からブナ林が成立できる暖かさの指数値 85℃ を超えて，結実はするが“しいな”（殻ばかりで中身のない種子）で，若木は育っていない（米田，2016）。

　この山の植物は昔からよく調べてあり，「タカクマ」の名のつく種が，初島（1986）の植物目録では 7 種（タカクマガンピ，タカクマザサ，タカクマソウ，タカクマヒキオコシ，タカクマホトトギス，タカクマミツバツツジ，タカクマムラサキ）あるが，高隈山固有種ではない。むしろ，分布南限種のブナ，ミズナラ，マンサク，ミヤマキリシマなどに注目したい。

　私が鹿屋にいた時代，1962 年までは中腹を横切る林道もなかったが，山頂に行くには現在でも歩いて登らねばならない。従って，天然の樹林はかなり残っているのはよいが，霧島山や紫尾山に比べると，チョウ相は貧弱で，ブナはあるがフジミドリシジミもエゾハルゼミも産せず，エゾミドリシジミ，メスアカミドリシジミ，アイノミドリシジミもいない。照葉樹林性では，アカガシにつくキリシマミドリシジミはいるが，ヒサマツミドリシジミ，ルーミスシジミもいない。ただし，山麓部にはカラスシジミを産し，クロシジミが生息していた。

　この山の昆虫目録（チョウ，ガ，甲虫，トンボ，セミ類）は，1967 年に「高隈山コース現地研修資料・高隈の山河」（鹿児島県高等学校教育連合会理科部会編・発行：77 頁）の中で，私と成見和総，上宮健吉氏共著のもの（36 〜 66 頁）だけかもしれない。もちろん，断片的な報文は他に若干あるが，灯火採集などを含む本格的な調査と文献記録の総括が欲しい。

1）正体不明のミドリシジミ

　私は鹿屋時代（1956 〜 1963 年）に 50 回近く御岳に登っているが，心残りがひとつだけある。それは 1957 年 7 月 21 日，御岳南部の稜線部（標高 1000 m 付近）で，低木葉上に止まったミドリシジミ類の 1 種を目撃しながら，ネットを構えた時には飛び去ってしまって，採集出来なかったことである。翅裏の色や斑紋，あるいは霧島山産の状況から，一番可能性があるのはアイノミドリシジミか？　もちろんその後も，1958 年 7 月に 2 回，1960 年 7 月に 3 回，8 月にも 1 回登って探索したが，目撃すらできなかった。1972 年 7 月 14 日には鹿屋市の森田純一も，同じ場所で 1 頭目撃している。1960

年7月17日以後は，樹林に降り積む桜島噴火の火山灰が増加し調査は困難になった。

2) 重田渓谷 (高隈渓谷) の変遷

　高隈川の上流域，重田渓谷は，早春のチョウ，スギタニルリシジミ，コツバメなどの調査によく行った。古い樹林が渓畔に残っていた 1957 ～ 1962 年の話である。その後，キャンプ場や砂防ダムが出来，さらにキャンプ場は閉鎖され，すっかり変わってしまった。2011 年 5 月，スギタニルリシジミの食樹，キハダを探しに久しぶりに訪れたが，成虫も発見できず，もうひとつの食樹ミズキにも卵，幼虫はついていなかった。絶滅していないことを祈る。

3) 消えた草原性ジャノメチョウ

　高隈山にはもともと草原は乏しいが，垂水市の大野原で 1958 年 7 月 10 日に，ジャノメチョウの雄 1 頭が採れている（福田・田中，1962）。しかし，その後の探索ではまったく発見されず，消滅したとみられる。草原の維持は難しい。

4. 肝属山地 (南隅山地)

　日南層群を基盤に貫入した花崗閃緑岩の山地が，半島南部の太平洋側に，国見岳（887 m），甫与志岳（968 m），荒西山（834 m），稲尾岳（959 m），木場岳（891 m）と並ぶ。この山地の南部海岸地帯は亜熱帯林の様相を漂わせるが，多くの山地では伐採により古い照葉樹林はほとんど残っていない。チョウ相は高隈山とほぼ同じで，キリシマミドリシジミ（本土亜種）とスギタニルリシジミの分布南限となる。樹林性甲虫類は，マテバシイを食樹とするオオスミヒゲナガカミキリの産地として知られる。一方，屋久島の特産といわれたカミキリムシ 3 種（ヤクシマミドリカミキリほか）を産するが，ヤクシマエゾゼミは生息しない。県外からもかなりの採集者が来ているが，記録として報告されたものは少なく，なお"未調査地域の秘境感"を残す。

5. "日本の台湾"と言われた佐多岬　(口絵 . 3-1)

　戦後（1952 年）いち早く昆虫調査に来た日本昆虫学会のメンバーから"日本の台湾"と言われたほど，多くの南方系昆虫が発見された一帯である（江﨑ら，1953）。私は 1953 年以降，毎年のように調査しているが，旧道時代を

知るものにとって，今は台湾と言えるような昔日の面影はない。思えば，伊座敷から歩いた時代，大泊への途中までバスが通うようになった時代，大泊に 1 軒の民宿風旅館があった時代，大泊から岬のトンネル前まで車道が出来て観光地になった時代，それが一旦廃れる時代，そして今，新しく整備される時代という変遷であった。すっかり変わってしまったが，最後の佐多岬一帯の樹林は，人為を最小限にして，特有な自然を残したいものである。

　九州最南端という観光地としての魅力は変わらないだろうが，亜熱帯林が作る風景も見物となろう。"佐多チョウ"の方名で呼ばれていたツマベニチョウや，"変な鳴き声"のセミ，クロイワツクツク（8 月〜 10 月）も異国情緒を高める。ツマベニチョウは古くは 1920 年に記録があり，1949 年に再確認され，発生の証拠となる幼虫は 1953 年に確認した。

1）タイワンツバメシジミの不思議

　南大隅町の南部一帯は，年に 2 〜 3 回発生するタイワンツバメシジミの生息圏である。この小さなシジミチョウは紀伊半島以南に分布していたが，多くの産地が消滅し今は絶滅危惧種 I 類である。これらの地域では年 1 回 9 〜 10 月にしか出現しない。食草はマメ科シバハギで，この頃開花するから，これに産卵し幼虫はその豆などを食べて成長したあと，ススキの枯れ茎・葉などに潜んで越冬，春，夏と何も食べずに過ごし，8 月に蛹になり，秋に羽化する。こんな幼虫期を経過のチョウは他にはいない。だから，食草シバハギの盛衰が本種の命運を握る（口絵 . 3-1）。

　ところが，この佐多岬を含む南部一帯では，シバハギの中に早咲き系統があり，7 〜 8 月に開花，結実する。そしてこれに合わせてタイワンツバメシジミも発生回数を増やしている。何らかの原因でこの一帯にシバハギの早咲き系統が出来て，これにタイワンツバメシジミが乗ったというストーリーである。もちろん普通咲きのシバハギもあるからこれも利用する。

　しかし，悲しいことに，ここの早咲きシバハギも減少し，このドラマも消滅が危惧される。これへの対策は簡単で，あちこちに裸地を造成すればよい。ここにシバハギが生えてくる可能性大だから。つい先年までは，道路工事に伴って生じた土砂捨て場（裸地）に早咲きシバハギ群落ができ，タイワンツバメシジミの発生が何年か続いたが，今は植生の遷移が進み，薮になって消滅寸前である。有志が公園の一角に早咲きシバハギを植えたが，さて，どう

なるか。

2）早期水田で大発生したタテハモドキ

1958年9月，佐多伊座敷の早期水稲の刈り後で，当時種子島が北限とされていたタテハモドキの大発生に遭遇したのも，懐かしい思い出である。この話は，学会誌に報告したあと，いろんな本に書いたけれど，要は稲刈り後の田んぼに，雑草として食草スズメノトウガラシが繁茂したことがその原因であった。つまり農業の変化が，小さな環境撹乱を生じ，チョウの分布を変えたという一例である。その後このチョウは，休耕田，耕作放棄地などで自生種オギノツメなども利用し，九州北部まで分布を拡大した。

6．志布志湾沿岸の砂丘と松林

柏原から志布志港までの15kmに，幅1km，高さ20mの砂浜がある。これは形成時期により縄文時代以降4期に分けられ，現在の砂浜は小規模であるが一番新しい。砂粒は石英，長石，輝石，鉄などで，シラス層を水が浸食して川が運んだ砂が選択されたことを示す。黒潮の影響を受けて，志布志湾の海水が上下左右に動くことで砂粒が堆積した。西部に石油備蓄基地が出来てから，弓なりの美しい海岸線が，浸食される場所と堆積する場所が交互に出現して鋸状になり，防砂堤を建設した後も，台風による部分的浸食が続いている。川から供給される砂の量も減っているのではないか。

1）砂浜のイカリモンハンミョウ

このような砂地には，イカリモンハンミョウが生息する。本種は1952年に大泊と田尻の海岸で発見され，私もたくさんの生息を確認していたが，漁港の整備で砂浜が礫の浜に変わり，佐多の本種は姿を消した。九州では他に日南海岸に産地が点在し，志布志湾でも埋め立て前は，旧志布志駅の下の浜とか枇榔島でも発見された。その後多くの産地が消えたが，石油備蓄基地が出来たら，その内側の浜が気に入ったらしく，安定した棲息地となった。ここの個体群は中峯浩司さんが詳しく調査している（未発表）。波打ち際の散策時に，ちょっと目をこらすと見つかるだろう。薩摩半島側では吹上浜があるのに，まったく発見されず，本州の石川県には古くから知られる飛び地的棲息地がある。

2）沿岸のクロマツ林

第三期の砂丘に形成されたもので，天然のものと，防風，防砂，防潮のため植栽されたものがある。以前は松の落ち葉を家庭用の燃料などにするため，松葉掻きが行われて林床に裸地が見られたが，それが廃れてからは，照葉樹が入り込み，雑木林化が進行中である。くにの松原の林床に生えるススキにはホソバセセリがつく。

7. 志布志湾に注ぐ河川

　志布志湾には，宮崎県では本城川，福島川，鹿児島県では前川，安楽川，菱田川，田原川，肝属川が流入する。

1）小鮒釣りし故郷の川

　前川は私が少年時代に親しんだ川で，泳ぎをおぼえ，稚鮎やテナガエビを捕った。安楽川下流域では1951年にアオハダトンボ，1973年にギンイチモンジセセリが発生したことがあった。このセセリの発生は，根占の小川滝の1957年，1973年の記録と共に謎である。

　菱田川と田原川は，シラス台地を削って少し濁りがあり，志布志湾への砂を供給している。菱田川は私にとっては故郷の歌の「小鮒釣りしかの川」そのもので，今でも釣り糸を垂れる川であるが，よく行く中流域では，釣れる魚の顔ぶれに変化があった。体験的データであるが，全体的にはフナが激減し，コイが増えた。遡上してくるウグイがいなくなった。1990年代にはカマツカが普通種となり，やがて減少した。2010年代はナマズが増えて，オイカワ，カワムツが激減している。これには二つのダムの改修や堤防工事が関わっている可能性が大きい。生物多様性に配慮した川づくりへの道は遠い——では困る。

2）肝属川のシルビアシジミ

　ここは一級河川で，環境省の定期的な生物調査，河川水辺の国勢調査は1993年と1998年に行われ私も参加した。川内川と同じく，中流域の堤防草地にヒョウモンチョウ類がいるのではと，調査したこともあったが発見できなかった。しかし，下流域の堤防の草地に絶滅危惧I類のシルビアシジミが生息する。最初は上記の国勢調査時に発見したものであるが，2005年にさらに詳しく調査できた（福田・中峯，2005）。食草ミヤコグサは草刈り後に何年か繁茂し，草が茂って薮になると消えるが，途中で草刈りがあれば生き

延びる。ここに付近の残った産地からシルビアシジミが侵入する。草刈り，火入れ，放置の細分化，時期のバラツキが大事で，広範囲な一斉作業では消滅する可能性が大きい。鹿屋体育大学構内の芝生でも安定した棲息地であったが，草刈りを徹底しすぎたのか，近年は見られないか激減しているらしい。ミヤコグサは各地にあるのに，このチョウは1970年代から減少が著しい。その原因は未詳。

3）カワゴケソウを食う蛾の話

　前川と安楽川は日南山地に源流をもつ清流で，ウスカワゴロモの生育地がある。この水中で開花，結実するコケのような種子植物，カワゴケソウ科は東南アジア，インド，アフリカ，南アメリカなどの熱帯から，北アメリカの北緯50度まで分布し，43属200種があるという。日本の近くでは中国福建省にあるだけで，台湾，フィリピンでは知られていない。日本では鹿児島県と宮崎県のみである（図1-19）。カワゴケソウ属は，根が蘚苔類のように岩を覆い，カワゴロモ属は根が地衣状で固着する。大隅半島にはカワゴロモ属が，薩摩半島にはカワゴケソウ属が棲み分けるように分布している。

　実はこの希少種を幼虫が食うカワゴケミズメイガという小さな蛾がいる。もちろんこれはカワゴケソウ類の生育地の近くにもいるが，遠く離れた地域でも灯火採集でよく発見され，―カワゴケソウが近くにある？　カワゴケソウ以外の未発見の食草がある？　この蛾は羽化地を離れての移動性が大きい？　―などと

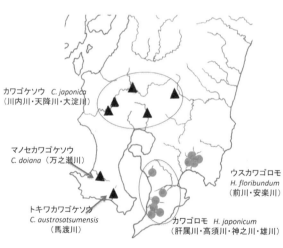

カワゴケソウ　C. japonica
（川内川・天降川・大淀川）

マノセカワゴケソウ
C. doiana（万之瀬川）

トキワカワゴケソウ
C. austrosatsumensis
（馬渡川）

ウスカワゴロモ
H. floribundum
（前川・安楽川）

カワゴロモ　H. japonicum
（肝属川・高須川・神之川・雄川）

屋久島：ヤクシマカワゴロモ
H. puncticulatum　（一奏川）

図1-19　カワゴケソウ科2属の分布
▲（カワゴケソウ属 Cladopsis）と●（カワゴロモ属 Hydrobryum）の棲み分けのような分布状況が分かる。分布図は堀田（2001）などにもあるが，現地調査に基づく野呂ら（1993）より作図。オオヨドカワゴロモはカワゴロモとし，志布志市のカワゴロモは要確認として保留。

話題になっている。

　鹿児島湾奥に流入する天降川のカワゴケソウは，1997 年 8 月 7 日，ガ類の研究家，福田輝彦さんが，中流域の塩浸でカワゴケミズメイガ 1 頭を採集したことがこの植物の新産地の発見につながった。彼は同年 10 月にそれらしい植物を発見，植物の専門家により同種と確認され，新しい生育地が判明した（福田，2019）。

　私は高校生時代に生物部顧問だった向原先生のお供で何回か安楽川の現地に行ったし，加世田高校では佐方先生にマノセカワゴケソウを見せて貰った。でも天降川での近年の発見で，まことに失礼ながら，植物の分布調査不足を思った。国内でもこれなら，国外の調査はなお困難であろう。台湾，中国，フィリピンなどにもっと産地がないと，この不思議な分布が説明困難ではないか。この植物が川の上流に分布を広げていることから，種子を魚が運ぶ（食べて，糞として出す？）というが，それは分かるとして，どうして海を越えて志布志湾や鹿児島湾，北薩の川内川まで到達したのか。諸説があって定説はないらしいが，私はまだその“諸説”の文献を見ていない。鹿児島県の川で，その種子生産と分散の実態をしっかり調査すれば，その答えが出そうな気がする。ただ，どうしてこんな変な植物が誕生したかは片山（2015）の解説で一応納得した。

4）タガメはいずこ

　昔は「どこにでもいた」と言われるが，今は鹿児島県の絶滅危惧 I 類で，大隅半島では 1979 〜 1980 年ごろ，鹿屋市細山田，大崎町小能，肝付町たたら池という記録がある。私は近年，土地改良連合会主導の田んぼの調査で，これらを含む多くの地域を調査したが見つからない。話としては，菱田川上流の有明大橋の電灯に飛来したとか，湧水量の豊富な普現堂池にいたなどがある。確かに好適そうな湖沼，河川は減ったが，本気で徹底調査をやればまだ見つかる可能性あり。

8．枇榔島

　日南層群の岩石からなる丘陵性の島で，周囲 4km，標高 83 m，植物群落が特別天然記念物となっている。昆虫調査は 1951 年 8 月の宮崎大学による調査が最初であろう（松沢ら，1952）。私もここでベニモンコノハやアマミ

ウラナミシジミを採ったが，1982年にはツマベニチョウが発生した。確か
にギョボクもあるが，現在も発生を続けているかは分からない。

　チョウは下記の22種が記録されているが，セセリチョウの下線3種のよ
うに草地，ササ原の生息種が，一時的にせよ発生していたものか？　元来は
亜熱帯性の樹林の小島で，相当に人の撹乱が入らないと草地にはならないは
ずである。シルビアシジミのようなその後に絶滅危惧，絶滅種になるような
チョウも，昭和20年代には多産し，こんなところにまで飛来していたとは
驚きである。いっぽう，中型のタテハチョウ類が乏しいのも気になる。最新
の情報を知りたい。

　アオバセセリ，キマダラセセリ，コチャバネセセリ，オオチャバネセセリ，
クロセセリ：アオスジアゲハ，アゲハチョウ，クロアゲハ，ナガサキアゲハ，
モンキアゲハ；キタキチョウ，ツマベニチョウ；ムラサキシジミ，ムラサキ
ツバメ，ウラナミシジミ，アマミウラナミシジミ，ヤマトシジミ，シルビア
シジミ，ルリシジミ，ウラギンシジミ；アサギマダラ，コミスジ。

　1993年6月17日には，産卵中だったか，イシガメ1頭と卵2個を発見した。
河川の洪水時に多くの流木と共に運ばれたものと推定したが，黒潮による動
植物の分散もかなりあると実感した。ちなみに，この島は戦争中は軍の基地
で，志布志中学の教師だった父は，生徒たちとその穴掘り作業に宿泊してお
り，漁船で帰る途中，米軍機が上空を飛んで怖かったと言っていた。その時
持ち帰ったビロウの若葉で私は草履を編んだ。

　＊志布志湾については，昭和46〜47年頃の志布志湾開発計画関連で，資
源科学研究所，地域開発コンサルタンツ環境調査の数編のレポートがある。

第8章
薩摩半島の自然史

　私は6年余り過ごした大隅半島の鹿屋市から，薩摩半島の南さつま市に移り，4年間（1963〜66年），自転車をバイクに換えて，薩摩半島西部と南部を走り回った。迷チョウを追い，湖沼のトンボを探し，特色ある山々に登った。加世田高校に植物に詳しい佐方敏男先生がおられたのを幸いとして，この一帯の自然のあらましを知ることが出来た。生物部の諸君と多彩な調査活動を展開し，創刊した部誌「まのせ」にその結果を残したのも懐かしい思い出である。

1. 地形・地質
　本稿の範囲はいちき串木野市，日置市，鹿児島市以南の地域で，周辺部は西の吹上浜，南のリアス式海岸線，開聞岳を回って鹿児島湾沿岸となる。高地は北部の八重山（677 m），南部に開聞岳（924 m）のほか，500 m台の山地が数カ所ある南薩山地で，これは万之瀬川によって金峰山地（金峰山，636 m）と野間山地（野間岳，591 m）に分かれる。
　大隅半島に比べて火山地形が多い。北半は非溶結の凝灰岩とシラス台地の鹿児島・日置台地で，原面の平地面はあまりよく残っていない。南半は溶結凝灰岩で台地平面がよく残る（肝属台地と同じ）。野間山地には四万十帯に属する川辺層群（後期白亜紀）を覆って，古期の火山岩類，南薩層群（後期中新世）が多くみられる（早坂，1991；他）。

2. 火山活動の歴史
　1400〜1200万年前：九州が大陸から分離して間もなくの頃，四万十層群に花崗岩が貫入し，錫山，金峰山，加世田，野間岬に残る。
　760〜590万年前：半島南部にあった湖または内湾に火山性堆積物が溜ま

る。植物，貝の化石あり。

　460 〜 200 万年前：枕崎―知覧―頴娃で火山活動，のち頴娃―喜入で火山活動。千貫平などが形成された。

　200 〜 155 万年前（異説あり）：沖縄トラフの拡大で，南西諸島が大陸から切り離される。

　100 〜 10 万年前：頴娃―開聞―指宿で火山活動。大野岳（成層火山），矢筈岳などできる。指宿市は海だったが（貝化石あり），60 万年前に湾内で噴出した火山によって陸地になった（大木，2015）。

　13 〜 12.5 万年前：阿多カルデラ形成（東西 26km，南北 12km，面積 325k㎡）。阿多火砕流が南薩に溶結凝灰岩の広い台地をつくる。知林ヶ島もこの火砕流で出来ている。近年この火砕流の噴出地点が，湾口部より少し北にあるという説が出た。

　このほか，湾口部付近では 24 万年前の阿多鳥浜火砕流，噴出年代未詳の今泉火砕流，田代火砕流などもある。

　9 〜 2.2 万年前：火山活動。山川，長崎鼻，鷲尾岳など形成。

　5.3 万年前：清見岳噴火。

　2.9 万年前：始良カルデラ火山の噴火。シラスが薄く覆う。

　2.5 〜 1.05 万年前：最終氷期

　7300 年前：鬼界カルデラ火山が噴火し，幸屋火砕流が薩摩半島の南部に達する。

　5500 年前：縄文時代，池田カルデラ（東西 4km，南北 3km）火山が噴火し，カルデラ湖の池田湖ができる。これは最大水深 233m で，深さは日本で第 4 位，水面下 42 m に湖底火口丘がある。湖の北側の断崖はもとの海岸線で，馬渡川より東は池田火砕流の台地となる。鰻池，山川港もこの時代に噴火した火山の産物である。

　4000 〜 1100 年前：開聞岳が噴火し噴出物のコラ層が一帯を覆う。最後の噴火は西暦 814 年。コラは亀の甲羅のように硬い塊の意で，地下 20 〜 50cm のところに厚さ 20 〜 60cm で水平に分布し，作物の根が貫通出来ず，昭和 30 年代前半までは「コラ抜き」（排除）作業が進められた。現在は耕作地にはほとんどなくなり，灌漑用水として池田湖の水が使われている。火山の恩返しか！

3. 山地，台地の生物たち

　熊本県から入るにしても，宮崎県から入るにしても，薩摩半島は再侵入に
一番遠い陸地であり，火山の噴火で激変する地域で，植物や動物たちの生活
条件は良くなかったと思われる。それでも南薩まで達して分布南限となった
種類もかなりいるし，南方からの侵入にはよい位置にあって迷チョウも多い。
また湖沼が多くトンボ類の多様性は高い。

1）欠落する樹林のチョウ

　大隅半島にいて，薩摩半島に見られないチョウはかなりある。アカガシを
含む高地のやや古い樹林は，八重岳，金峰山，野間岳などに残るが，キリシ
マミドリシジミは北部の八重山に生息するのみである。落葉広葉樹のハルニ
レは各地に残存し，これにカラスシジミがつく。南部に亜熱帯林が少しあ
り，ツマベニチョウなどを産するが，佐多には多いセミ，クロイワツクツク
は定着していない。春に1回だけ出現する北方系のチョウ，スギタニルリシ
ジミも，食樹はキハダ（ミカン科）がなく生息していない。同じく春だけ出
現するミヤマセセリはコナラ，クヌギを食樹とするが，1935 年には錫山に，
1946 年にも金峰の大坂にいたという記録があるので，入念に調べたが発見
されない。同じ食樹につくミズイロオナガシジミも欠落する。コツバメはア
セビを主食樹として，鹿児島市南部までかろうじて生存している。

2）千貫平で消えた草原性のチョウ（口絵 . 3-2）

　古くから牧として残されていた千貫平の草地は，ジャノメチョウの分布南
限地であったが，1970 年代に絶滅した。同じくウラギンスジヒョウモンは
2012 年を最後に姿を消した。樹林の混じる草地に生息するメスグロヒョウ
モンは，知覧の水田付近に多産地があったが，近年は水田の耕作放棄で激減
している。一方，千貫平では，ウラギンスジヒョウモンと入れ替わるように
比較的よく見られるようになった。

3）南や西から飛来する迷チョウ

　南方からの侵入種は賑やかである。すでに定着してしまった例としては，
ツマベニチョウがいる。本種は後氷期に南西諸島伝いに北上，九州南端部ま
で定着圏を広げた種であろう。近年は食樹ギョボクの植栽で，鹿児島市内で
も一時的に発生することも珍しくない。

　薩摩半島西部と南部は迷チョウのメッカで，夏〜秋はその探索で忙しくなる。彼らは南西諸島のほか，フィリピン，台湾，大陸南東部からも，夏の季節風（南西風）や台風に乗って飛来するから，地理的に薩摩半島西・南部は，飛来個体そのものを見るチャンスが多い。ほとんどは飛来個体が産卵，発生した次世代であるが，メスアカムラサキのように山頂占有性の強い種は，広い台地のなかで孤立山として目立つ大野岳，千貫平などの山頂によく飛来する。このほかリュウキュウムラサキ，アオタテハモドキ，アマミウラナミシジミなどの常連がおり，カワカミシロチョウ，ルリウラナミシジミ，ウスイロコノマチョウなどもそれほど珍しくない。ウスキシロチョウは指宿市などに食樹ナンバンサイカチ（ゴールデンシャワー）が植えられて，毎年発生するようになった。秋になってから北西風に乗って飛来するトンボ，スナアカネなどもいる。

4.　吹上浜砂丘と松林の虫たち（口絵 . 3-3）

　吹上浜は長さ約45km幅500〜1000 m，高さ50 m内外の砂丘で，その底には完新世に形成された標高4〜6 mの海岸段丘が埋没している。日本三大砂丘のひとつで，1953年県立自然公園に指定。この砂丘は，流入する8河川が背後の山地やシラス台地を浸食して土砂を運搬し，これらが北西の季節風で飛砂となって堆積したものである。背後には日置市神之川から南さつま市万世にわたってクロマツ林が続く。

1）松林にもチョウがいる

　松林の昆虫相は貧弱で，わざわざ昆虫採集に出向くことは少ない。たしかに種類は少ないが，照葉樹林とは違って面白いこともある。ハルゼミ（マツゼミ）はその筆頭であるが，明るい林間，林床にはオオバウマノスズクサ（蔓性）が繁茂し，これを食草とするジャコウアゲハが多い。年によっては春におびただしい数が発生し，ハリエンジュなどの花に群がる。林床の下草（イネ科）ではウラナミジャノメも安定した発生を続けている。

　アブラナ科のハタザオでは，春の女神ツマキチョウが発生する。この年1回，春にしか発生しない可憐なシロチョウは，よほどこの草が好きらしく，私の庭に種子を蒔いておくと，毎春どこからともなく現れて，いつの間にか産卵し，晩春には青虫（幼虫）が見られる。2008年には吹上浜一帯でハタ

ザオの分布を調べたが，日吉の大川右岸が南限で，ここ以南では発見出来なかった（福田・塚田，2008）。しかし，年による盛衰が大きいらしく，ほとんど見られない年もある。その原因はまだつかめない。その欠乏時には，ツマキチョウは近くの畑の菜の花やイヌガラシなどを利用して細々と命を継いでいることだろう。旗竿よ，永遠なれ！

2) ホソバセセリはススキを選ぶ

　林床のススキではホソバセセリが発生する。成虫は茶色のセセリチョウとしては，後翅裏面に銀白紋を散りばめたお洒落なチョウである。幼虫はひょろ長い青虫で，体長3cmの終齢幼虫が，ススキの葉を巻いて9〜26cmの長い巣を作る。もちろん松林に限らず，照葉樹林でも杉林でも，田畑の脇の薮でも，車道の路傍でも，好適なススキがあれば各地で発生する。しかし長続きする棲息地は少なく，このチョウも苦労が絶えない風である。ところが，あまりよくない環境と見られるここの松林は，なぜか安定した生息地になっているようだ。それどころか，霧島山麓などでは年に1回7月にしか発生しないのに，ここでは年2回，6〜7月と8〜9月に発生している。おかしい？　このからくりを解明すべく，私は熊谷信晴さんと2015年から調査を始めた。

　ススキの選り好みが厳しい。木漏れ日程度の陽当たりで，少しひょろひょろした感じのススキで，出来れば葉の幅が広く，長いものがよい。これは長い巣を作るのに必須の条件らしい。ほどよいススキの表面に止まったメスは，腹端で葉の幅を測定するかのように葉先に向かって後退し，適当な位置と判断すれば1卵を産んで飛び立つ。母親の過保護とも見える産卵行動である。時にはこれを簡単にしてやや適当に産む親もいるから，人間と似たものかもしれない。幼虫がなぜ難儀してこんな長い巣を作るようになったかは，進化の過程の問題で今すぐには分からない。いずれにしても，細いススキでは体を隠すほどの大きな巣が作れない。

　松林を出て改めて見渡す風景，それは普通の農村風景であるが，ホソバセセリのお眼鏡にかなうススキがない！　ススキは多いが，草刈り，除草剤などで，あるいは木陰で暗すぎて，このセセリが住みやすいものは見つからない。これがホソバセセリが普通種でない証拠であろう。もちろん吹上浜の松林も安泰ではない。照葉樹が入り込んできているし，林内の作業道路も草刈りが多すぎたり，少なすぎたりで，いろいろある。これに松食い虫防除の殺

虫剤撒布もある。吹上浜の面積が広いから，救われているのかもしれない。南薩の開聞の入野海岸では照葉樹林化が進み，このセセリは見られなくなった。

3）吹上浜のハンミョウ

　砂浜や河口域はハンミョウ類（"道教え"虫）の生息地である。鹿児島県の絶滅危惧Ｉ類のカワラハンミョウ，ヨドシロヘリハンミョウ，同じくⅡ類のルイスハンミョウ，ハラビロハンミョウがおり，他にもエリザハンミョウ，シロヘリハンミョウなどと多彩であるが，種子島や志布志湾にいるイカリモンハンミョウは見られない（榎戸，2014；他）。

　しかし，この美しい海域も意外に変化しており，今のところハンミョウ類の異変は確認されていないが，潮干狩りの獲物や，魚釣りの成果に影響しているようである。沖の海底の表層に堆積している層の粒度組成（含泥率など）は，1981年，1984年に比べると，1995年にはかなり変化しており，これには海砂の採取が一因と推定されるという（大木，2001）。

5.　湖沼，河川のトンボたち

　トンボは"飛ぶ棒"がその名の由来という説もあるように，飛翔力にかけてはチョウより一枚上手と認めよう。相当に広い範囲を飛び回っていると思われるが，産卵し子孫を残す環境は水辺に限定されるから定着域は限られる。流水の河川に棲む種と止水性の池沼を好む種に大別される。薩摩半島は山間地の人為的な堰き止め湖は少なく，平地の池沼が多い。池田湖，鰻池などは火口湖，薩摩湖，正円池，亀原池は，伊作川の下流部が吹上浜砂丘の形成で堰き止められたものである。トンボの楽園と言えるか？　万之瀬川にマノセカワゴケソウ，馬渡川にトキワカワゴケソウはあるが，ここに特有の水生昆虫は知られていない。八瀬尾滝付近はムカシトンボの分布南限である。ほかに，流水性のトンボでは，万之瀬川上流，川辺の清水磨崖仏付近には，アオサナエなどが生息する。

　鰻池のベニトンボ　1955年の発見当初は，鰻池（水深56.5～13.5 mの火口湖）や池田湖などが，沖縄県を含めてこのトンボの唯一の生息地として不思議がられていた。その後，1980年代後半から別な個体群が南西諸島で北上を開始，薩摩半島にも1990年代末に侵入して，前からいた個体群と混ざってしまっ

たようである。両者の間で交雑が起こったか，その子孫らしいものが出たのか詳しくは分からない。現在は本州まで北上している。

　似たような例は，南さつま市加世田の竹田神社の池にいるオオハラビロトンボで，1960 年ごろは分布北限地の九州でも，大分・宮崎・鹿児島県に数カ所しか産地がない希少種と言われたが，その後，県内各地で，池の周辺が樹林で少し薄暗い環境を探すと発見される可能性が高いことが分かり産地も増えた。

6.　開聞岳の昆虫

　開聞岳（924 m）は成層火山で，鉢窪の上に溶岩円頂丘（硬い輝石安山岩）をもつ複式火山である。山麓は池田火砕流堆積物の台地で，これを開聞岳の溶岩が覆う。4000 年〜 1100 年（平安時代初期）までの間に，5 回の大噴火と十数回の小噴火があり，住民が被害し，堆積物の “コラ” が農耕の障害となった。

　植生も単純で特筆すべき昆虫はいないが，アリ類について興味深い調査例がある（山根，1994）。ここでは数回の調査で 20 種が確認された。これは鹿児島県本土産 100 種からみれば貧弱なもので，普通種のアギトアリがいないし（大隅半島でも見つからない），ハリアリも 4 種と少ない。高標高に固有なアリは 1 種も採れておらず山地性の種も少ない。これは土壌が十分発達していないことなどがその原因であろう。いずれにしても，このようなデータは今後の環境とアリ相の変遷を知るには見逃せないものである。

　チョウもあまり多くない。将来この山のアカガシに，キリシマミドリシジミが舞う日は来ないであろう。とはいえ，現在も多くの虫たちが侵入，発生，消滅を繰り返している舞台であるから，小さな記録も大切に残していきたい。

7.　宇治群島と草垣群島
1）宇治群島

　四万十層群の北西限，仏像構造線が甑島・宇治・草垣群島と屋久島の間を通り，宇治群島は西南日本内帯に属する。宇治島（家島）と宇治向島よりなり，両島は旧期火山帯，海底火山の島で，新第三紀中新世 800 万年前の安山岩で覆われており，この頃海上に島として現れたか。向島の南西部には堆積

岩がある。

　家島　最高地点 95 m，面積 0.5km²の小島。この島は明治中期にカツオ漁や珊瑚採取のために人が定住したことがあり，避難港としての短期滞在用のコンクリート平屋もあった。私は 1983 年に宿泊したが現在は廃屋状態らしい。牛 50 頭も放牧されたことがあり，飼いウサギが 1984 年に放されて繁殖している。このようなヒトの撹乱の影響を調べる島としても面白いかもしれない。

　向島　最高点 319 mと 218 mの山をもつ，面積 1.09km²で平地は少ない。無人島でヤギが繁殖している。樹木ではモクタチバナが多く，チョウの食餌植物としてはマテバシイ，リュウキュウエノキなどもある。スダジイ群落があり，林床にはハラン（黒島，諏訪之瀬島にもある）が自生するという。

　生物・地学的調査は 1953 年の鹿児島大学を始めとして，鹿児島県や鹿児島県立博物館などが実施しており，無人島故の短期間の調査に留まっているものの，一通りのデータは集積されている。昆虫類については 1981 年以降の記録がある。その中でも特筆しておきたいのは，檜物正美の記録である。彼は薩摩半島西岸の日吉町出身で，中学，高校生時代から地元のチョウ類の貴重な記録を昆虫同好会誌に報告しており，漁夫になってからは宇治群島にも立ち寄る機会が増えて，この島のチョウについて多くの情報を提供していたが，2002 年不慮の漁船事故で他界した。このようにフィールドから得た情報は，しかるべき印刷物にして残しさえすれば，誰のものであろうと永遠に価値を失わない。

　私は 1983 年 5 月 10 〜 12 日に家島を調査し，21 頭のアサギマダラにマークして放蝶した（再捕獲なし）。卵や幼虫がクロバナイヨカズラに多かった。この時に確認したイチモンジセセリ，モンシロチョウ，ウスバキトンボは，いずれも海を渡る移動性の大きな虫たちであった。チョウは 13 種が記録されており，そのうち定着種は 8 種，定着不明種 4 種，非定着種 1 種と見られるが，定着か一時的な発生かの区別はかなり困難であろう。

　南方系のセミ，クロイワツクツクは注目される。本種は大隅半島南端部を分布北限とし，薩摩半島には定着していない。ところが宇治家島で 1993 年に初記録が出て，2002 年，2003 年には多数の生息が確認された。最も近い生息地は黒島，硫黄島，竹島，口永良部島であるが，ヒトが樹木と共に運んだか，自力で何らかの手段で海を渡って定着したか未詳である。ここが定着

地であるなら，薩摩半島南部に定着しない原因が分からない。

　動物では，シマヘビ，ニホントカゲ，カナヘビ，ミナミヤモリがおり，陸産貝（27 種中 6 種は固有種）の記録があり，鳥類は渡り鳥の中継地として利用されるが，たぶん食物不足で多くの餓死がでて，渡り鳥の墓場と言われる。

2）草垣群島

　第三紀の安山岩よりなる島々で，上ノ島，中ノ島，下ノ島を主要 3 島としている。最高点は下ノ島の 151 m，植生はこの島だけでモクタチバナを主とする風衝低木林があり，草地はハチジョウススキが優占する。縄文時代〜古墳時代の遺跡もあるという。1932 年から灯台が設置されている。

　チョウは次の 11 種の記録がある。

　ウスキシロチョウ，キタキチョウ，モンシロチョウ：ヤマトシジミ：テングチョウ，アサギマダラ，リュウキュウアサギマダラ，ヒメアカタテハ，ルリタテハ，リュウキュウムラサキ，ウスイロコノマチョウ。

　並みいる移動チョウの中に小さなヤマトシジミが加わっている。本種は“ゴミのように？”風で吹き飛ばされてたどり着いたと思われるが，そこに食草のカタバミが先着していたはずで，ここはカタバミの分散力に敬意を表すべきかもしれない。私はとうとう行けなかった島となったが，ヒトはもっと凄い動物だとも思う。

第 2 部
南西諸島

序　章
クマゼミのいない島

1）これは変だ

　あの南方系の虫,クマゼミがなんと奄美大島と徳之島,喜界島にいない（図2-1）。盛夏の朝から午前中にやかましいほど鳴き立てるあのセミの声が聞こえない——。まさか,変だ,と私が思ったのは,1984年の徳之島の調査時であった。半信半疑で自分の調査ノートをみると,奄美大島も喜界島でも記

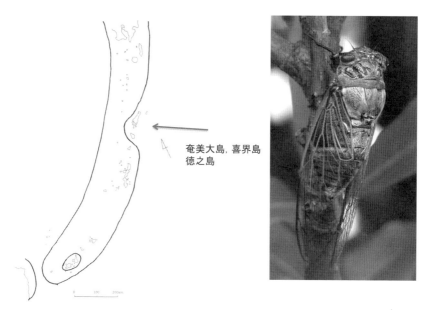

奄美大島,喜界島
徳之島

図 2-1　クマゼミの分布
もとは八重山諸島の固有種で（？）,ある時期に北上したというが,
徳之島,奄美大島,喜界島をなぜ避けた？

録していない。私はチョウ以外の虫も好きで，とくにセミは 1968 年に「鹿児島県のセミ」を鹿児島昆虫同好会誌（SATSUMA）50 号にまとめてから，蝉の "semi - プロ" と自称し，「日本セミの会」は発足当時からの会員である。
　と言うわけで，すぐに文献もチェックしたが，奄美大島のクマゼミについて 1928 年から記録があるものの，あまりに普通種である（と思っていた？）ためか，この 3 島では具体的なデータを示した記録はほとんどなく，分布地域も引用，孫引きと思われるものが多い。そこで，まず 1987 年にセミの会会誌 Cicada 7 巻 2·3 号に「クマゼミのいない島」なる一文を出して，会員諸氏のご教示も依頼した。これはセミ愛好者たちにも衝撃的な情報であったらしい。
　とはいえ，自分のノートだけでは心許ないので，一計を案じて，1990 年夏休み前の 7 月 6 日付けで，トカラ列島と奄美諸島の小中学校 150 校に，「クマゼミが今いるか，いないか」というアンケート調査を実施した。当時，私は鹿児島県立博物館に勤務していたから，教育委員会や地元新聞社の協力もあって，高率の回答が得られた。学校の教職員は県本土での勤務経験者が多く，クマゼミを知らない人はいないから，回答はかなり正確である。結果は，トカラ列島や沖永良部島，与論島にはいるのに，やはりこの 3 島にはいない，いなかったらしい——となった。もちろん "例外的な" 情報もあり，奄美大島龍郷町で「去年は 7 月頃，子供が死骸を持って来たが，今年は見ていない」とか，「普通にいます」という情報もあった。後者は採集個体も送ってもらったが，それらは別種であり，確実なものではなかった。

2）自分で調べてみた

　アンケートの後，1990 年代から奄美大島や徳之島で「今，いる」という情報が入るようになった。そこで，本格的に調査に出向いたのであるが，その結果の詳細は，前記の Cicada，SATSUMA，および鹿児島県立博物館研究報告に出したので，概要だけを記すことをお許し頂きたい。
　奄美大島では 1991 ～ 1993 年頃に奄美市浦上や小宿（埋立地を含む地域），および南部の瀬戸内町古仁屋の清水公園などで発生が確認されるようになり，私は地元同好者の協力も得て 2003, 2004, 2005 年 7 月に調査した。そして，発生の中心は清水公園など新しい公園であることから，役場や業者の作業記録もチェックし，沖縄本島や鹿児島市から持ち込んだ公園木と一緒に棲みつ

いた可能性が高いことを示唆した。

　徳之島では1997年に初記録が出て，その後同島在住の昆虫愛好者により，2003〜2005年の少数の確認例が報告された。私は地元の方々と共に，2006，2008，2009，2012年の7月に調査し，徳之島町の総合運動公園などに，沖縄本島から移植されたデイゴと共にクマゼミが入って，大発生地になっていると推定した。その後，全島の海岸域に散発的に広がったものの，これらの地域では安定した発生地は少なく，大発生には至っていない。

　喜界島は2008年6月下旬に自分で調査したが，まったく発見できなかった。しかし，その後同年に湾小学校で1頭の死骸が収得され，2012年，同地で複数個体が確認された。

　これら3島で，今はどうなっているか。残念ながら，その後の追加調査記録がない！　私はトシのせいで聴力が少し落ち，効率的調査が困難ということで出向いていない。地元にも追加調査をやってくれる人がいないのである。もちろん島外からこれを目的に来る人もいない。昆虫少年の減少，自然への無関心層の増加などが，こんなところにも影響し始めているのだろうか。

3）なぜ，いなかったのか

　このような3島の分布欠落の原因も，ずっと考えてきたが，正直に言って仮説が立てられない。地史，気候変動，植物相，天敵や競争種，微生物のいたずら，そしてヒトの撹乱——どれをとってみても，うまく説明ができそうにない。

　謎解きの鍵になるか，DNAの出番となった。遅沢壮一先生（東北大）の要請もあって，ニイニイゼミ属やクロイワツクツクなどを研究素材としてお送りしているうちに，クマゼミも加えて頂いた。その結果から何が出てくるか，それはまた新しい難問の誕生になるか。

　DNAはこのセミの故郷が中国大陸の東縁にあって，155万年前，南西諸島が大陸から分離した時，クマゼミは八重山諸島の固有種になり，宮古諸島，沖縄諸島にも分布を広げる一方，八重山諸島に棲む個体（沖縄諸島ではなくて）の一部が，何らかの方法でトカラ列島以北の西日本に侵入，定着して現在の状況になった可能性を示唆していた。

　でも，途中の徳之島，奄美大島，喜界島は飛び越えて行ったのか？　そうかも知れない。それにしても，八重山諸島からトカラ列島以北の西日本の"ど

こか"までは，クマゼミにとっては遠すぎる。かといって，これはヒトが日本に侵入した以前の，割に新しい地質時代の出来事であることをDNA変異は示唆している。風や海流の助けを借りたにしても可能性が低すぎる。どこか，間違っているかもしれない。

　その原因は未詳ながら，この3島には初めから，まだこの地域が大陸の東縁にあった時代からクマゼミは棲んでいなかった——と言う仮説を立てた。それとも，やはり昔は棲んでいたのに，何らかの原因で絶滅したのか——というかすかな疑いも残る。

　そうであっても，それはまたフィールドでの確認調査を必要とするだろう。こんな問題は野外調査を得意とするアマチュアにとっても難問ではあるが，私は丹念な生活史調査の中から何らかのヒントが見いだせると思う。

　しかし，改めて他の昆虫，例えばチョウをみると，南西諸島では不可思議な分布欠落種の例は少なくない。そして，これらの原因はほとんど未詳である。ヒトの目には何不足ない環境なのに，侵入個体はいるはずなのに，棲みつかない虫がいる。それは"よくあることだ"と片付けては面白くない。面積が小さいとか，生態系がどうのこうのという推定は可能かもしれないが，実証は大変だ。これからチョウを題材にして，多くの問題を取り上げてみよう。

第1章
南西諸島の生い立ち

1．南西諸島というところ

1）南西諸島の島々

　南西諸島は，九州と台湾間の約 1200km にわたる琉球列島と，東の大東諸島，西の尖閣諸島よりなる。琉球列島には大小 150 余りの島々があり，3 地区（北琉球，中琉球，南琉球）に大別されるが，日本本土よりかなり遅れて大陸から切り離された。東側には平均水深 6000 ～ 7000 m の琉球海溝があって，太平洋側の海底からみると南西諸島は高さ数千 m 級の山が連なり，その一部が海面より上に出ている部分にあたる。

　九州を南北に分ける臼杵―八代構造線は，北薩で南に曲がってトカラ列島の西を通り，奄美大島，沖縄に達しており，途中の悪石島と宝島間のトカラ海峡で大きく食い違い，左ずれ断層を生じていると推定される。この断層の海深は 1000 m を超え，沖縄諸島と宮古諸島の間の慶良間海裂と共に，生物地理学上の境界線（渡瀬線，蜂須賀線）として知られている。

　プレートの沈み込み帯では，海のプレートが深さ 110km 付近まで沈み込んだ時マグマが生じて，海溝に平行した火山前線が出来る。これにより琉球列島では，西側に旧期琉球火山帯（宇治群島，草垣群島，黒島，臥蛇島，平島，宝島，小宝島）と新期琉球火山帯（硫黄島，竹島，口永良部島，口之島，中之島，諏訪之瀬島，悪石島，横当島）が並び，南は硫黄鳥島で消える。後は海底火山となり台湾付近に至る。非火山地帯は古期岩帯で，奄美大島，徳之島，沖永良部島，与論島から沖縄島に連なる。

2）生物の環境としての特徴

　南西諸島は，本土に比べると孤島時代は短く，島の面積が小さく，より南方にあって高温多湿で，黒潮，季節風，台風による影響が大きい。島々は，古い島と新しい島，大陸島系と海洋島系，高島と低島，火山島と非火山島な

どと多様で，これらがほぼ一列に，大陸の縁に沿うように飛び石状に並ぶ。そして生物地理学上の国境線，渡瀬線があり，生物相が日本人によってよく調査されていることも付け加えよう。

　生物群は，大陸から分離した時から島にいた最古参種と，孤島になってから侵入した種との新旧 2 群に大別され，固有種，固有亜種に分化しているものも多い。ヒトの撹乱による影響も大きいが，動植物の侵入と定着，分化の舞台を見るには得がたいフィールドになっており，これらが屋久島および奄美大島，徳之島，沖縄北部，西表島を世界自然遺産やその候補とした所以であろう。

　日本人によってよく調査されていることは，当然なことのように見えるが，世界を見渡すと必ずしもそうではないことが了解される。少なくとも昆虫類に関しては，アマチュアの愛好者の業績が大きいことを特筆しておきたい。「いつ，どこに，何がいた」という基本データがきちんと印刷物として報告されてきた。これは島外の人だけでなく，島内にそういう人がいた。しかし後述するように，近年はそのような人が激減して，情報収集が著しく困難になっている。" 調べる " とはどんなことか。これも本稿で考えたい重要なテーマである。

3）種類数の問題

　本論に入る前のお勉強をひとつ。生物の種数は，固有種の存在などと共に自然の豊かさ，多様性の大きさの目安になるが，使うなら調査の精度が高いという前提が必要である。その種類数は「これだけいます」なのか，「これだけ分かっています」なのか，「他所に比べてこんなに多い」なのか，「こんなに少ない」なのか。2002 年の「琉球列島産昆虫目録」（沖縄生物学会発行）には約 7500 種が出ているが，「日本産昆虫類総目録」（1989）（九大農学部昆虫学教室・日本野生生物研究センター編）では，約 3 万種が記録されながら，解明度は 30 〜 40％というから，南西諸島も似たものであろう。しかし，これは全昆虫の話で，チョウはもちろん，セミ，トンボ，甲虫の一部（カミキリムシ，コガネムシなど），その他，いくつかのグループの解明度は 100％に近いと言える。これは報告された論文数，調査者の専門性，調査の方法や精度，期間，回数などなどを総合的に勘案した結果である。このこと，つまり調査の精度は，島嶼の生物相を評価する時にとても大事なことであるが，

しばしば忘れられている。

　新種発見！の可能性は？　微小な昆虫なら大ありといえるが，陸生の大型動植物では“見たこともないような新種”は，たぶんもういない。ただし，形や色では同種と見えるが，遺伝子は違う“別種”は「隠蔽種」「同胞種」と呼ばれ，他の昆虫でも，動物でも，今後多数発見される可能性がある。これまでは同じ種類とされていたが，調べて見たら２〜３種に分かれるという例が，チョウではキチョウ，ウラギンヒョウモンなどにある。

　島に棲む生物の種類数は，その面積，大陸などの供給源との距離，そこの環境状態などに大きな影響を受けるが，これ以上増えないという飽和状態になることがある。島が小さいとそうなるまでの時間が短いだろう。例えば，種子島の場合，最終氷期に九州とつながって昆虫相が飽和状態になっていたとすれば，後氷期に孤島になった時から，新しい飽和状態への動きが始まる。それは多分，種数が減少して新しい飽和状態になる。一方，トカラの島々は，海面から顔を出して島になった時点から，種数は増加に向かい，やがて飽和状態になる。実際には，これらが火砕流やヒトの撹乱などでリセットされたりして，様々な現状になっているはずである。島の生物の種類数はよく動く。こんなことも念頭に置いて島の生物相を検討しよう。

2.　南西諸島の形成史
1）形成史の諸説（年表４）

　島々の形成史は自然史の最も基本的な事項であるが，実はこれがまだよく分かっていないらしい。いろいろな動植物でそれぞれの仮説が提示されているが，南西諸島全体を総括したものは多くない。最初の画期的な解説は，2002年に出た「琉球弧の成立と生物の渡来」（木村政昭編著；沖縄タイムス社）であろう。近年は生物の遺伝子情報と地史の新知見を駆使した多くの論文が出て問題点がかなりはっきりして来た。それでもまだ定説がないのか，私は混迷の度を深める。

　昔の考え方は，といってもそう古い話ではないが，ある時期に南西諸島の島々が海面に顔を出して，そこに生物がどのようにして移り棲んだか，つまり，ハブやクロウサギはどうして大陸から来たかの答えとして，大陸から島々をつなぐ陸橋が問題になり諸説が出た。もっとも有名なものは更新世初期

（150 万年前），大陸から台湾，八重山諸島，沖縄諸島を経て奄美諸島まで連なる陸橋を伝ってやって来た。そして，トカラ列島の渡瀬線で北上が遮られて，今がある，というものであった。

　しかし，それにしては中琉球（奄美・沖縄諸島）の固有種の多さを説明できないし，地史的な裏付けも弱い——。南西諸島も日本本土と同じく，大陸から切り離されたものであるとして，根本的な見直しがなされた。それはよいとして，ここにまた新しい問題が残る。第 1 は大陸から切り離された時期はいつか，第 2 は孤島になったあと，島々を繋ぐ陸橋があったか，という問題である。

　諸説が出ているが，本稿では，大塚裕之らが 2014 年の鹿児島大学総合研究博物館の第 14 回特別展「現代によみがえる生き物たち—種子島にゾウがいた頃—」の解説書（同館 News Letter（36））で，「陸生脊椎動物化石と渡瀬線」と題して古地理を整理して解説したものを柱として記してみたい。これは木村説（2002）に新知見を加えて記述したものという。このほか鹿児島県の地史に詳しい大木公彦，地質学者で昆虫 DNA の解析データを駆使した遅沢壮一の多くの論文，新城（2014）の沖縄島を例にした分かりやすい解説，陸生脊椎動物の豊富なデータによる太田英利の論説，植物分布から多くの仮説を提示した堀田満の論文などなど，私の理解出来た範囲で活用させて頂いた。

　注目される中琉球が大陸から分離して孤島となった時期については，木村（2002）以来，約 200 万年前とすることが多い。遅沢（2012）の 155 万年 ±15 万年前（170 万〜 140 万年前）説もこれに近い。しかるに，本稿の執筆中，Okamoto（京大・岡本卓：2017）は，日本産爬虫類（はちゅうるい）のデータをもとに，これらよりずっと古く 1200 万〜 500 万年前であるという説を出し，2019 年，環境省が作成した琉球地区の世界自然遺産推薦書にはこの岡本説も加えて，生物地理学的な見地からの諸説あり，十分に解明されていないと結ぶ。

　もう一つの陸橋の問題は，大陸から分離した中琉球は，以後どことも繋がらず孤島状態を続けて来たから，多くの固有種が生まれたという点では，異論はなくなった——と思っていたが，岩波の雑誌「科学」88（6）は昨年（2018年）これを「見直される琉球列島の陸橋化」として特集した（詳細は後記）。

　たしかに，後記のハブ論議のように，生物の分布論からの示唆や問題点の

指摘も多く，生物分布の成立過程を解明するには，まだ仮説すら作れないものも多いし，南西諸島の島々の成立史を明快に地図に示した総括はまだ見られず，動植物の分布も，問題点のいくつかは明らかになったものの決して十分ではない。研究者にとっては当然なことであるが，読者の皆様は，決して"もう分かっている"と思わないで欲しい。

2) 琉球列島の形成史

このように，かなり内容の異なる琉球列島形成史を，私なりに総括してみよう。それは次の7つの時代に大別され，問題は②と⑤がいつ起こったかである。図1〜5・7・9は大塚・鹿野（2014）から作成，図6・8・10は木崎・大城（1997）を修正したという Ota（1998）から作成した。

①大陸辺縁時代　中生代三畳紀（2億5千万年〜2億年前），超大陸が分裂し，揚子地塊と中朝地塊が合体して南アジア大陸地塊が形成され，ジュラ紀（2億年〜1億4千600万年前）に，ここに太平洋プレートが沈み込み，白亜紀（1億4千600万年〜6千550万年前）には，ここの東縁に付加体の四万十層群の山脈が形成された。この頃北琉球と中琉球は大陸の一部，南琉球も一部は陸地で周囲に浅海が広がっていた。陸地には熱帯・亜熱帯気候下で多くの動植物が棲みついていた。

②沖縄トラフ拡大開始期　大陸からの分離始まる（図2-2）　900〜800万年前（中新世），沖縄トラフが形成されて，南西諸島域が大陸から少しずつ切り離され始めた。これはフィリピン海プレートが，アジアプレートに深く潜り込んで引き起こした熱が上昇して，海底を押し開いて拡大する海の溝で，大陸地殻が引き裂かれて薄くなり陥没したものである。トラフとは深さ6000m以下の海の凹みを示す呼称で，6000m以上は海溝という。

沖縄トラフは台湾北方から九州西

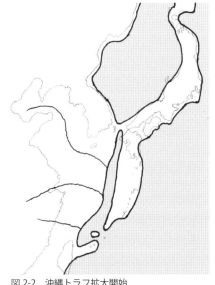

図2-2　沖縄トラフ拡大開始
（900〜800万年前）

方まで，琉球弧に平行に伸びる水深700〜2000m，幅100km，長さ1000kmを超す海底の凹みである。このトラフの拡大によって，琉球弧の島々の沈降と東進は現在も続き，琉球列島は年に数cmずつ南東〜南南東方向へ移動している。この速度が場所によって多少異なると，トカラ，慶良間のような横ずれ断層が起こる。

800万年前と言えば，本土ではそれまで多島海状況だった東北地方が隆起を始めて，日本本土の原型ができ始めた時期で，琉球海溝の南側では，プレートの衝突による造山運動，フィリピン海プレートの移動で，北北西に押しやられた台湾島ができ始める。その過程で南琉球と一時的に接触し，与那国島の西の海峡が形成されて大陸と分離した。

③**島尻海時代**（図2-3）　500万〜300万年前（鮮新世），沖縄トラフの沈降は一時停止し，広い海（半深海）であった東シナ海あたりは，大陸から多量の砂泥が流入して"泥の海"となり，島尻層が堆積した。九州〜沖縄は半島状につながり，この区域の動植物の往来の最後の機会となる（異論あり：後述）。ミカドアゲハの沖縄産が本土産と同亜種であるとすれば，この機会か？　キマダラセセリがトカラ中之島まで南下した時代

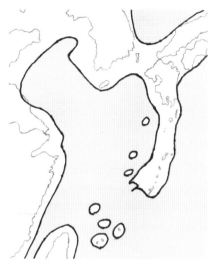

図 2-3　島尻海時代（500 万〜 300 万年前）
沖縄トラフの沈降は一時停止し，東シナ海あたりは広く海になり，島尻層が堆積する。500 万年前から九州ートカラ，奄美ー沖縄，宮古ー八重山諸島の 3 つの大きな陸域ができた。

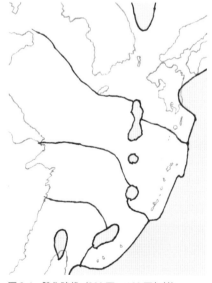

図 2-4　陸化時代（300 万〜 180 万年前）
再び広範囲に陸化，南西諸島域はドーム状に隆起し広く陸化，高さ 2000 m 級の山脈が形成された。再び大陸とつながった。

か？

　④広く陸化した時代（図 2-4）300 万〜 180 万年前（鮮新世末期〜更新世初期），南西諸島域はドーム状に隆起して再び広範囲に陸化，高さ 2000 m 級の山脈が形成された（琉球海嶺）。再び大陸とつながって，長江付近にいた多数の陸生生物が渡来した。化石は沖縄北部に残り，今泊―赤木又脊椎動物化石群はリュウキュウジカ，キョン属，ハブ，ケナガネズミ？，スギの化石（材，花粉）を含む。当時は高温期であったが，これらは高地では生育できた。種子島にもいたアマミイシカワガエルの祖先は，1000 m 級の山の渓流部にいたのかもしれない。

　⑤大陸から北・中・南琉球が分離した時代（図 2-5）　200 万年前または 155 万年前（170 万〜 140 万年前）（更新世前期）（異説あり），沖縄トラフが再び急激に沈降し，大陸縁にあった山脈も島になり始め，沖縄トラフから枝分かれした海峡（水深 1000 m 以上）によって，南西諸島が北琉球，中琉球，南琉球に分離した。

　九州と本州，四国，朝鮮半島さらに種子島，屋久島も繋がっており，中琉球の奄美と沖縄諸島がひとつの島で，南琉球は宮古島まで台湾，大陸と陸続きである。その後，海面の上下はあったが，琉球弧の主要部では著しい隆起，沈降はなくなった（南部の海溝側を除く）。以後とくに中琉球（奄美域，沖縄域）は孤島状態が続き，多くの固有種を産むことになる。さらにもう一つ大事な問題は，これで黒潮の流れが変わったことである（後記）。

　⑥琉球サンゴ海時代―サンゴ礁形成期―　130 万年前（更新世前期），島尻海時代の"泥の海"は，前記の地殻変動（島尻変動）を経て，この時代にはきれいな"サンゴの海"に変わり，大サンゴ礁地帯が形成される。サンゴ礁は日光のよく当たる浅い海（水深 30 m 以内），25 〜 30℃の暖かい海，塩分濃度の高い海，濁りのない透明な海水でないと出来ない。泥の海をきれいにしたのは，深くなった沖縄トラフ（海底に泥を溜める）や黒潮（微生物が少なく透明度高い）の流れであった。かくて，広くなった東シナ海に，黄河と長江からの流出物が流れ込んでも，亜熱帯の海に囲まれた各島の周りにはサンゴ礁が出来始めた。石灰岩中の化石は，古くは 170 万年前（沖縄本島南部），140 万年前（与論島など）のものであるが，大部分は 70 万〜 20 万年前であり，その頃が琉球サンゴ最盛期であったことを示唆する。

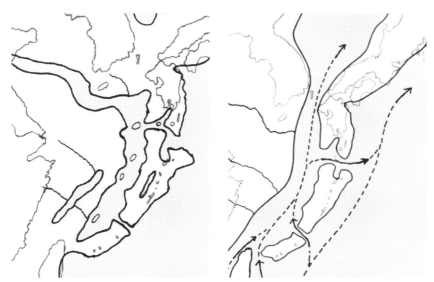

図 2-5　北・中・南琉球に分離した時代（155 ～ 200 万年前）―分離年代には異説あり―
沖縄トラフが再び急激に拡大し，南西諸島が，北琉球―（トカラ海峡）―中琉球―（ケラマ海峡）―南琉球―に分離し，（与那国海峡）を経て台湾と連なる。それに伴い，黒潮がケラマ海峡から列島の西側を北上して，トカラ海峡から東へ出るようになる。支流は日本海へも北上。

その後，中琉球は孤島のまま，このサンゴ礁地帯が海面変動と断層，いわゆる「うるま変動」で，宮古島や 沖永良部島などの島を生む。琉球石灰岩が堆積されたとき，各島は現在よりずっと小さく，互いに連なっていなかった。海水面は今よりやや高く，島々はリーフの成長より低い率で沈下する。数十万年前，北トカラの島々が形成される。

⑦ **最終氷期**（図 2-6）　大陸から分離した後，島々の大きな移動はなく，第四紀の氷河時代，氷期，間氷期の変化で海面が上下し，島々が繋がったり離れたりした時代（更新世：200

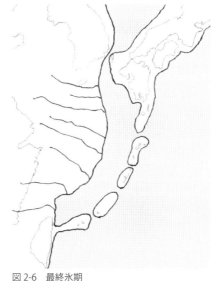

図 2-6　最終氷期
以前は朝鮮半島と繋がったとされたが，そうではないらしい。でも，この程度ならチョウは飛んだ？

万～1万2000年前）に入り，最終氷期（2.5万～1.65万年前：更新世後期）
の寒冷期を迎える。この時期の最暖温度は現在より2℃高く，最低温度は5
～6℃低かった。しかし朝鮮半島と九州は繋がらず，奄美大島，徳之島，沖
縄本島も繋がることはなかった。そして，7300年前鬼界カルデラ噴火を経
て現在に至る。南琉球には，大陸でベンガルヤマネコと分化したイリオモテ
ヤマネコが9万年前に，ベトナム産と分化したリュウキュウイノシシが5万
年前に，氷期の浅くなった海を越えて渡来し，1.8万～1.4万年前にイシガ
キトカゲとクチノシマトカゲも海を越えてやってきた。

3）異説あり

大陸から北・中・南琉球が分離した時代　問題の時期は，前記のように155
万年説，200万年説という近似の時代であったが，Okamoto（2017）は，
爬虫類（はちゅうるい）などの情報から，南西諸島とくに中琉球が大陸から分離したのはもっ
と古く，後期中新世（1200万～500万年前）には，大陸，北琉球，南琉球
からの隔離が成立，その後どことも繋がらなかったという。この1200万～
500万年説には700万年間という長い期間があり，どの時点かは特定できな
いが，証拠として次のようなことを挙げている。

　アマミノクロウサギ（ウサギ科：1属1種）が他属と944±115万年前に
分岐した。これは祖先種の化石が揚子江流域でも見つかっているし，中新世
には大陸の一部であった奄美大島と徳之島が，鮮新世には大陸から隔離され
ていたとする古地理説と矛盾しない。トゲネズミ属では，250万年前にオキ
ナワトゲネズミが分かれ，100万年前にアマミトゲネズミとトクノシマトゲ
ネズミが分化した。アマミハナサキガエルとハナサキガエル（沖縄）が分化
したのは，240万～110万年前で，ヤマガメ類やトカゲモドキ類の分岐はこ
れらより更に古い暁新世の8000万年前ごろまで遡ることなど。

　地史からの裏付けデータはよく理解できず，前記のセキツイ動物からの推
定で，その時期が絞り込めないことが気になる。分かっていないと言えばそ
れまでの話になるが，昆虫のデータでどこまで議論ができるか。

　もうひとつ私が気にしている問題は，大陸から分離したときの琉球列島と
くに中琉球の状況である。すなわち，①最初から奄美大島域，徳之島域，沖
縄本島域の3つに分かれていた。②奄美・徳之島域と沖縄本島域に二分され，
のち前者が奄美大島域と徳之島域に分かれた。③最初はひとつの地塊で孤島

で，のち3島域に分離した，の3つの考え方が想定される。

　荒谷・細谷（2016）は，奄美群島固有のクワガタムシ類をもとに，170万年前にトカラ海峡が出来，台湾から奄美まで半島となって，のち150万年前にケラマ海峡の成立で琉球列島の島嶼化が進んだとして，この甲虫相の形成史を論じているが，裏付けとなる地史の記録はどうか。私はチョウのデータを使って，これらの検証を試みたが，後述のとおりうまくいかない。他の動植物ではかなり突っ込んだ議論ができているが，完全正解には至っていないようだ。

　黒潮　ケラマ海峡とトカラ海峡の成立は，黒潮の流れにも大きな関わりを持つ。この黒潮暖流は，幅約100km，流速時速4～5km（ほぼヒトの歩く速度）で貧栄養，プランクトンは少なく透明度が高くて青黒色に見えるが，これにより海生生物のみならず，島々の陸生生物は移動・分散や気候変化などで多大な影響を受けている。そして，この流れもいくつかの異説がある。

　一般的には，黒潮は赤道海流がフィリピン沖で北に向きを変えるあたりで誕生し，台湾～与那国島の与那国海峡を通って南西諸島の西を北上，対馬海峡から日本海に入る分流もあるが，主流はトカラ海峡を通って太平洋に戻るとされる。しかし，与那国海峡，ケラマ海峡，トカラ海峡が開いた時期が問題で，一説では，400万年前にトカラ海峡がまず開き，黒潮はここから西側に入った，その後180万年前に与那国海峡が開いてから現在の流れになったという。また，155万年前にケラマ海峡とトカラ海峡が同時に開き，黒潮はケラマ海峡から入り，トカラ海峡から東へ出たとする説もある。いずれにしても，現在の流れになったのは後氷期に入ってからと言われる。本村（2015）によると，琉球列島を取り巻く海流は複雑で，まだ完全には解明されていないものの，トカラ海峡を通過する幅100m，最大流速2m以上の強大な暖流黒潮が，琉球列島を二分する魚類相（147頁参照）に大きな影響を与えていることは間違いないという。

第 2 章
鬼界カルデラと三島村

1.　鬼界カルデラ火山の噴火

　これは 7300 年前，縄文時代中期の温暖な時期に起こった，完新世では国内最大の噴火である。カルデラの大部分は最大水深 500m の海面下にあり，大規模な火砕流を伴う噴火が少なくとも 4 回発生したが，最近の 7300 年前の噴火による幸屋火砕流は，海面を走って薩摩・大隅両半島の南部にまで達し，ここにいた縄文人は全滅した可能性が大きい。屋久島も大部分が焼き尽くされた。この堆積物は火口から 40 〜 60km に分布し，多量に軽石を含む非溶結の軽石流堆積物で，面積に比し層の厚さが薄いのが特徴である。火山灰（アカホヤ）は南九州一帯に 60 cm，大分県でも 50cm の厚さで残っており，当時は場所によっては数 m も降り積もったと推定される。かくて，南北 17 km，東西 20 km のカルデラが形成され，カルデラ壁に新火山島の竹島，硫黄島が誕生した（図 2-7）（下司，2009；他）。

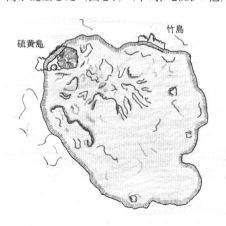

　この竹島，硫黄島（薩摩硫黄島）に黒島を加えたのが三島村で，種子島・屋久島，口永良部島を入れて薩南諸島となる。この諸島の生物相は九州本島の出店とも言われるが，果たしてそうか。新しい島の竹島と硫黄島，古い島の黒島ではどうなっているだろう。

図 2-7　鬼界カルデラと竹島，硫黄島
NHKTV，2019 年 4 月 20 日放映より作図。海底のカルデラ。

2. 三島をめぐる

竹島：カルデラ壁の北東部にあり，現在は名の通り，ほとんどをリュウキュウチク群落が占め，わずかにマルバニッケイやガジュマルが優占する常緑広葉樹林がある。面積 4.2㎢，周囲 13km，最高地点 220 m。

　7300 年前は火山性の裸地であったこの島に，最初に侵入したのは，風で飛んできたハチジョウススキの種子だったろうか。ヒトが渡ってきた縄文時代後期には，すでに照葉樹林が形成されており，焼畑農耕後の放棄された畑地にリュウキュウチクが侵入，繁茂したと言われる。今はその筍を特産品として出してはいるが，この風景はヒトの撹乱によるものが大きい。

　チョウ類は 27 種が記録され，内 17 種が定着と思われる。私は 2002 年 4 月，アサギマダラの調査で訪れ，路傍のイヨカズラに産卵を確認した。このカズラの子孫は今も我が家で繁茂している。

硫黄島（薩摩硫黄島）：カルデラ壁の北西部に誕生した。カルデラ外壁をなす安山岩と溶結凝灰岩の台地に流紋岩の急峻な成層火山，硫黄岳，稲村岳の火山がある。硫黄岳は 15 〜 16 世紀にも噴火して火砕流が発生したが，1934 〜 35 年の噴火では，近くに昭和硫黄島を作った。現在も活発な火山活動を続けており，海底からアルミニウムや鉄などが溶け出し，港の近海は乳白色，錆色に濁っている。面積 12㎢，周囲 15km，最高地点 704 m。

　植生は火山性の荒原，草原，風衝低木林が多く，裸地からの変遷は，マルバサツキ・ハチジョウススキ群落→ハチジョウススキ群落→リュウキュウチク群落→クロキ・シャリンバイ群落というパターンである（寺田，1998）。マルバニッケイ，クロマツ（植林），アコウ，ガジュマルもある。産物としての油を採るためにヤブツバキの植林が多い。

　チョウは 29 種の記録のうち，17 種が定着種と推定される。私は 2015 年 10 月，イチモンジセセリの移動などの調査に行き，ちょうど島外から飛来したと思われる一群に出くわした。本種はイネが大好物で，イネの害虫でもあるが，この島には水田はない。そこで，その後イチモンジセセリはどうしたか？

黒島：カルデラの少し西側にあり，200 万〜 500 万年前（鮮新世）に形成された旧期琉球火山帯に属し，安山岩や玄武岩よりなる古い火山である。同じ系列の島には，宇治群島，草垣群島，トカラの臥蛇島，平島，宝島などが

ある。照葉樹林や竹で覆われて，海上からは黒く見えたことでこの名がある。面積16㎢，周囲18km，最高地点620.4 m。私は2001年6月に県立博物館の依頼で調査した。

　初島（2007）によると，中央山地，標高500〜620 mの山頂付近は雲霧帯となり，主要樹アカガシには着生植物が多い。ここに大群落をなすハランは，中国原産でなく，トカラ列島から宇治群島あたりが原産地と想定される。同じく山頂付近に多いスズタケ（南限）の結実はまれで，カンアオイ類と同じく，薩摩半島との陸続き時代の名残と思われる。アカガシ，ヒロハハイノキも同類であろう。大陸的な陸地と接続していたことは，カンアオイ類，シイ類，ウバメガシなどの分布から疑えないという。トカラ地域の固有種，トカラカンアオイ，オオモクセイ，ヒロハハイノキ，トカラタマアジサイなどがある。

　簡単に海を渡れない植物や動物がいるということは，大陸から分離した200万年前から残存しているか，その後陸地伝いに侵入したに違いない。そして，そのチャンスは最終氷期が最有力であると思ったが，この時，大隅半島は種子島，屋久島とは繋がっているが，黒島や宇治群島などが陸続きになったという地図は見当たらない。昆虫類については次項で考える。

3. 三島の昆虫

　移動性の大きなチョウ類と，そうでないクワガタムシ類を例に，動物たちの様子を見よう。

　チョウ相は，7000年前に出来た竹島・硫黄島と，200万年の歴史をもつ黒島を比較すると，種類数は，竹島27種，硫黄島29種と新しい島はほぼ同じで，これらがすべて新入種であるのに対し，黒島は九州との繋がりを示唆する種がいるからか41種と多い。3島の共通種は15種，定着種の割合は，竹島17/27（63％）と硫黄島17/29（59％），黒島は29/41（71％）。いずれの島も30〜40％は迷チョウ，非定着種であることが分かる。固有亜種はいない。黒島にはアカガシがあるが，キリシマミドリシジミは発見されない。

　黒島だけにいて，竹島，硫黄島に生息しないチョウは7種で，中にはモンキチョウ，タテハモドキのようにいずれ発見される可能性が高い種がいる一方，ミカドアゲハのように食樹（オガタマノキ）が黒島にしかないものもいる。オガタマノキがなぜここにあるのか？　また，キアゲハ（食草：セリ科），

クロセセリ（食草：ショウガ科）のように 3 島に食草はあるが，黒島にしか
生息しない種がいる。これらは分散力が弱いが，いずれ侵入するかもしれな
い。ことによったら，古い時代の生存者かもしれない。スジグロシロチョウ
も同じだろうか。ただし，同じアゲハチョウ属でも，カラスアゲハは時に海
を渡るらしく，トカラ亜種 1 雌が 2005 年 8 月竹島で採れている。ジャノメ
チョウ類は，クロコノマチョウが硫黄島と黒島にいるだけで，ウラナミジャ
ノメ属もヒメジャノメ属もいない。これはトカラ列島も似たものではあるが，
欠落種の問題は見逃せない。そういえば，ニホンミツバチ，セイヨウミツバ
チもいないのだった。これは島の昆虫相はまだ飽和状態に達していないのか，
それともヒトの撹乱で植生や環境が不安定なことが関係しているのか。

　甲虫類のクワガタムシ類は，コクワガタ，ヒラタクワガタ，ネブトクワガ
タ，ルイスツノヒョウタンクワガタが 3 島に共通，

　ミヤマクワガタ，マメクワガタは黒島のみ，そしてノコギリクワガタは，
黒島産が亜種クロシマノコギリクワガタで，暗赤色のきれいな個体が多く，
雄の大顎も形が違うという（清水・村山，2002）。竹島では未発見，硫黄島
産はミシマイオウノコギリクワガタ，口之永良部島産はクチノエラブノコギ
リクワガタなる亜種とされる。

　これは，旧北区のノコギリクワガタが南下し，東洋区系のリュウキュウノ
コギリクワガタが北上して，両者が三島村で混生，混交，隔離されて，両系
の特徴を兼ね備えた個体群になったという（清水，2002）。これらは大顎の形，
大きさ，体色の光沢などが異なる。これは本種が海流に運ばれ朽ち木などで
分布を拡大した結果であるらしい。硫黄島のノコギリクワガタが生息する樹
林はとても狭い。三島村は「昆虫保護条例」（平成 18 年 6 月 29 日）により，
これらを含む全昆虫を採集禁止にしているが，他にも注目種は多いから，経
年変化が検討できるような標本の集積が切望される。虫ではないが，キク科
のヨメナは，朝鮮から九州に入ったオオユウガギクと，南西諸島から北上し
たコヨメナが交雑して出来たという（堀田ら，2003ab）。

　このような新しい小さな島で，特有の形質をもつ個体群が形成されつつあ
るということは，むしろ当然で，今後の推移を含めて興味深い課題である。

第3章

種子島 —低地の多様性が高い島—

　鉄砲の伝来遠し花ダチュラ　　加世田高校の岩尾厳角校長（俳人）が，職員旅行で詠まれた一句を思い出す。屋久島とは対照的に低地の島で，高地帯の生物相を欠くが，成立史も屋久島とは異なり，低地一帯の地形，生物の多様性は高い。最高地点は標高282.3 mに過ぎないのに，垂直分布帯が見られる。化石が多く，九州本島低地帯との関わりを示唆する生物の情報は見逃せない。私は1954年以来15回調査した。

1．島の形成史

　この島の地史や化石は，前記の鹿児島大学総合研究博物館の News letter No. 36 (2014) に詳しい。著者は大塚裕之，小笠原憲四郎，植村和彦，藪本美孝，鹿野和彦，内村公大の諸氏で，特別展の展示解説書になっている。これをもとに私流にまとめてみよう。地史の略歴は，基盤岩の上を海であった時代の二つの堆積物が覆い，陸地になってからその上にカルデラ，火山の噴出物が堆積したというものである。

1）大陸の縁にあった時代

　4800万〜2800万年前（始新世〜漸新世）：大陸の縁で四万十層の変成岩，熊毛層群（日南層群）ができた時代。地質図を見ると基盤としての熊毛層群が，島の北半分と南西部に分布している。

　1600万〜1400万年前（中新世）：日本海拡大がほぼ終わったころ，島の南東部では茎永層群（砂岩・泥岩）が基盤の上に堆積した。有孔虫，貝類，ウニ類，カニ類，イシガメ，スッポンなど，大陸時代とみられる化石が多く，ここが外洋浅海性の内湾性であったことを示す。

　530万〜258万年前（鮮新世）：島尻海拡大期で，中琉球がドーム状に隆起し，種子島相当地域は九州と繋がっていた。

２）種子島の原型ができた時代

　140万〜100万年（更新世）：海が広がった時代，琉球サンゴ海期であったが，琉球列島地域の陸化が始まり，海岸段丘が発達している現在の種子島の原型が出来はじめる。気候は寒冷化に向かっていたから，亜熱帯，暖帯系の動植物たちが衰退し始め，温帯系生物が元気を得た時代であろう。中種子町一帯では，茎永層群の上に増田層群が堆積し，熊毛層群の浸食を防いで平坦な丘陵地帯を作っている。当時は島の中部を北北東から南南西に横切る海（沿岸流）があった。増田層には外洋沿海性の貝類，腕足類（シャミセンガイなど）の化石が含まれる。これは西之表市南西部の形之山にも広がっており多くの化石が発掘された。

　形之山化石群　増田層群のひとつ形之山部層は，130万年前の海面上昇によって形成された内湾，細長く（幅数km）南北に延びた入り江で，河口は水深50 m以下の汽水域になっていた。内湾の両岸にはタブノキ，ウバメガシ，クロマツなどの樹林があり，とくに東側は標高1000 m以上の山で，照葉樹林の中に針葉樹，落葉樹も含み，ランダイスギ，タイワンスギ，タイワンブナなどが生えていた。

　化石の多い地層であったが，1987年，鹿屋高校地学部が旧像化石を発見して注目された。この旧像はナウマンゾウに近い種らしいが，この島に氷河期以前にはゾウが生活した自然があったことを示す。その後の詳細な発掘調査により，同じ頃繁栄していたニホンムカシジカ（宮崎県西都市などでも発見，種子島が南限となる）などの哺乳類，タネガシマニシン（1929年種子島で発見，命名された）などの魚類，貝類，ウニ類，甲殻類，そして甲虫類の化石まで発見されている。この他，現在は奄美大島に生息するアマミイシカワガエルの化石も出た。当時の高山の渓流域にいたのであろうか，いつ，どのようにしてここに来たのか謎は深い。沖縄には姉妹種のイシカワガエルがいる。

　植物は暖温帯性植物化石28種が発掘されており，針葉樹6属7種，単子葉植物1属1種，ほかは双子葉植物で，とくにタブノキ，シラカシ，クロマツの3種が多く全産出量の2/3を占める。チョウの食餌植物としては，クスノキ科のタブノキ，ブナ科シラカシ近縁種（以下「近」と略），アカガシ属，タイワンブナ近，ブナ属ウバメガシ近，アベマキ近のほか，ツツジ科，カエ

デ科，モチノキ科，クロウメモドキ科，ウコギ科ハリギリ，サルトリイバラ科が含まれる。

3）その後

40万年前（更新世）：鬼界カルデラの古い噴出物が降下，堆積。

24万年前（更新世）：阿多カルデラの噴出物が降下，堆積。

2.9万年前（更新世）：姶良カルデラの噴出物が北部に少し堆積した。

2.5〜1.05万年前（最終氷期）：大隅半島〜種子島の海峡は，現在深さ約120〜100 mであるが，この時期には大隅半島とつながっていた。寒冷期とはいえ照葉樹林がまだ繁茂し，亜熱帯林がかろうじて生き残ったであろうか。九州から南下した温帯系のチョウたちがいたことは確かで，今はその残党がいる。

後氷期：7300年前の鬼界カルデラ噴火による幸屋火砕流は，種子島の北東部には及んでいないらしいが，アカホヤ火山灰（あかほっこ）は厚さ20〜40cmで覆っている。温暖化が進行し，温帯系の生物は消滅したもの，僅かな高地に逃れたもの，がんばって今も低地で暮らしているものがいる。南方から熱帯系，亜熱帯系の動植物が北上し，現在に至る。

2．植物相の寸描

初島（2007）は，鮮新世の地層（200万〜500万年前）に，植物遺体ヤナギの1種，カラスザンショウなどがあることから，当時高い山があったと推定していた。更新世の地層（200万年前まで）から，植物遺体としてオニグルミ，ヤマザクラ，アセビ，ミズキが出たという。

現在のこの島の植物種類数は，2007年の時点で帰化種も含めて1071種あるが（初島2007），同島在住の尾形之善氏のご教示によると，2013年までに主に初島先生に標本を確認してもらったものが，亜種，変種，帰化植物を含めて1065種ある。このほか目録に載っていて未採集のものが290種ほど残っており，それを合わせると少なくとも1350種になる。ただし，これから同定に疑問のある50種前後を差し引くと約1300種になり，毎年のように新記録種が出ているという。

固有種は，初島（2007）ではゲンケイチク1種のみであるが，これはクリオザサと同一とする説があり，これについて初島先生は，本州の標本を見て

いないので分からないとされた。その後県レッドデータブックでは，固有種としてムラクモアオイ，タネガシマアザミ，タネガシマツツジの3種を挙げているが，鏑木紘一氏によるとムラクモアオイはクワイバカンアオイと区別しにくいものもあり（個体変異？），初島先生は両種を一括してヤクシマアオイとしている。

　これに対し，屋久島は総数1472種あり，固有種はヤクシマダケなど31種，種子島と屋久島の共通固有種は，カンツワブキ，ヤクシマサルスベリ，ヤクシマアザミ，ヤクタネゴヨウの4種である（初島，1991）。しかし，その後，初島先生はヤクシマアザミから種子島産を独立の別種とされ，タネガシマアザミが固有種になった（尾形之善・私信）。

　この島の森林植生は，シイ群団が優占し，スダジイ（イタジイ）群集とコジイ群集がある（初島，2007）。平地に多いスダジイ林では，チョウの食樹を拾うと，高木層にはタブノキ，ヤマビワ，イスノキ，ウラジロガシ，アラカシ，アカガシ，オガタマノキ，マテバシイ，バクチノキなど，第二層にはモクタチバナ，クロキ，イヌビワ，蔓植物のサツマサンキライなど，第3層はクチナシ，草本層はアオノクマタケランなどがある。

3．変わるチョウ相

　チョウ相は基本的には大隅半島と同じで，その出店的な性格が強いが，この亜熱帯低地域でのチョウ相の変遷は，大隅半島では見られない現象も多い。氷期には暖帯，亜熱帯性チョウ類の避難場所にもなり，後氷期の温暖期にはここからも北方へ分布を広げたチョウ群もいたであろう。もちろん南方からの北上群もいる。記録の残る明治時代から今日までを見ても，興味深い動きがあった。

1）消えたヒョウモンチョウ類

　鹿児島県には，スミレ類を食草とするヒョウモンチョウ類が8種おり，普通種で暖地に分布しているツマグロヒョウモンを除く7種は，北方系，温帯系の草原や疎林の生活者である。

　種子島には，おそらく氷河時代にも生息していたウラギンヒョウモンが，1917年の報文で「熊毛郡」として記録されており，1934年（私が1歳の時！）には，"6月，草原で可なり認められる"という報告がある（酒井，1934）。

ヒョウモンチョウ類は，5〜7月に羽化して越夏し，秋に分散して産卵する
ものが多いから，この6月の記録はここで発生（羽化）したことを示してい
る。また，オオウラギンヒョウモンは，全国的に激減した種であるが，1928
年には種子島の海岸で1頭，屋久島花ノ江河で1雌という記録もあり（酒井，
1934），国立科学博物館には種子島の標本が残っているという。メスグロヒ
ョウモンも戦前には種子島，屋久島の記録があるが，これらのヒョウモンチ
ョウ類はその後発見されない。

　これら戦前の記録は，私は何かの間違いではないかと疑っていたが，近年，
薩摩，大隅両半島で同じような現象が起こっており，種子島にも昔は生息し
ていたが，その後に絶滅したと考える方がよいらしい。低地の亜熱帯気候化
について行けなかったのか，ヒトの環境撹乱のせいなのか，消滅の原因は不
明である。他にホソバセセリ，オオチャバネセセリ，ゴイシシジミ，シルビ
アシジミも近年の記録がなく，消滅しているかその過程にあるかも知れない。

　前記した昔の動植物の化石もさることながら，氷期の低温期にここまで南
下し，後氷期の温暖化で減少，あるいは生息範囲が狭められた動物たちは少
なくないと思う。哺乳類では，船越（2013）によると，現在は見られないキ
ツネは明治初期まで，サルとタヌキは昭和初期まで生息しており，イノシシ
は縄文，弥生時代の遺跡から骨が出るという。

2）高標高地に踏みとどまったウラナミジャノメ

　本種も温帯系の草原性チョウであるが，温暖化時代に生き延びるには，北
上するか，高い山に避難するしかない。屋久島ならともかく，最高地は標高
282.3 m，海岸は無霜地帯で亜熱帯的植物群落の種子島では，こんなチョウ
はいないだろうと思っていたが，本種はこの予想を裏切り，種子島の低地，
亜熱帯域を避けて，標高200〜282 mの照葉樹林帯の草地に生存している（図
2-8）。温暖化が進行する中，ここに閉じ込められたように見えるが，これには，
気象条件のほか，ヒトの開拓による草地の変遷も関係するらしいことを私た
ちは報告した（福田ら，2015）。

　ちなみに，屋久島には高地性の3種，ルーミスシジミと，キリシマミドリ
シジミ（亜種），ヤマキマダラヒカゲ（亜種）を産するが，種子島にはいない。
アカガシにつくキリシマミドリシジミは標高が足りずに生存できなかったら
しい。チョウには種子島の固有種はいない。

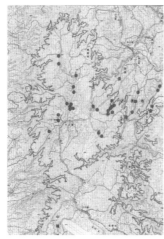

図 2-8　種子島のウラナミジャノメの分布（福田ら，2015）

この島でも標高 200 m 以上の草地にしか見られない。

3）他の分布南限種も要注意

　ジャコウアゲハは屋久島産と共に，雌の翅の色が強く暗化する（黒っぽい）ことで別亜種にされている。なぜそうなったかは分からないが，九州南部などと違って，両島では低地の普通種ではないことも注目される。もっとも，これは食草オオバウマノスズクサが低地に少ないということも一因であろうが，このように個体数が少ないということは，翅が黒いことが生存競争上有利でなくても，たまたまこのような系統だけが残ったということかも知れない。

　種子島・屋久島で現在も低地に生息し，分布南限としているチョウにミヤマカラスアゲハ，ツマキチョウ，コミスジ，ヒメジャノメがおり，これらの分布や個体数変動からも目が離せない。このように，僅かな高地に避難している例，低地でしぶとく生きている例は，ほかの動植物にもかなりあると思われる。

4）この温暖化の時代に南下したベニシジミ

　昨今の温暖化進行中の時代は，南方系種の北上ばかりが目につくが，北方系のチョウ，ベニシジミは鹿児島県本土から，種子島を経由して屋久島まで南下した。これは屋久島在住の久保田義則さんとの共同調査で確認した（福田・久保田，2017）。本種は代表的なシベリア型，旧北区系のチョウで，日

本列島では北海道から九州まで普通に見られるが，薩摩・大隅両半島でも田んぼや川の堤防などに生息しており，近年とくに変わった様子は見られない。それが，種子島では1972年の初記録以来すこしずつ増えて，現在は全島の普通種になっている。屋久島では2006年以降に（おそらく種子島から）飛来，定着している。しかし，この南下の原因は未詳である。このような風変わりな南下種が，他の動植物にもいるだろうか。

＊馬毛島　種子島の西12km，面積8.20km²，周囲16.5km，高さ71.7m，種子島と同じ堆積岩の小島である。古来，漁業基地であったが，1873年（明治6年）「種子島の人2人，試みに馬毛島に種子島の牛3頭を放牧し，成績佳良なり」という記録が残る。戦後1951年にヒトが入り，1980年無人となっている。その後2015年は15人の有人島となり現在に至る。私は渡島していない。

この島は基地問題で注目されているが，1986年のトノサマバッタ大発生も大きな事件だった。原因は前年の山火事などによる草地環境の変化だったらしい。チョウは18種の記録があり，ほとんどが人里にいる種，移動性の強い種である。タイワンツバメシジミの記録もある。マゲジカの糞に糞虫がいるだろう――と思っていたら，大阪市立自然史博物館友の会会誌のNature Study 47巻1号（2001年）に，馬毛島の昆虫目録が出ており，その中にカドマルエンマコガネの記録があった（河本・立澤，2001）。これはマゲジカ調査の折に採集したという昆虫の新記録種22種の中の1種である。

尾形之善氏によると，開発前には常時流水のある小川が4本あり，メダカやドジョウが生息していたとの報告もある。また小さな湿地も多く，未発表ながら同氏は2000年にヒメゲンゴロウ，シマゲンゴロウ，コガタノゲンゴロウ，ミズスマシを複数個体，他に数十頭のコハンミョウを採集している。特記すべきは，種子島にいないリュウキュウツヤハナムグリが生息することで，種子島で採れないのが不思議だという。

第4章
屋久島―花崗岩の森の島―

　いつ来ても，山の奥深さと森林の迫力を感じる島である。この中からチョウもシカもサルも，はみ出すように現れる。チョウは森林性の種が主役ではあるが，種類は多くない。むしろ少ない草地に棲む草原性チョウ類が，しぶとく生きている島かもしれない。これにはヒトが造った環境が大きく関わる。私は1954年以来2018年までに42回調査に来ている。

1.　島の成立史
　大陸辺縁時代：基盤は種子島の熊毛層群（砂岩・頁岩層）と同じで，形成期は四万十層群の中では遅い時期（古第三期：6000万年前）である。
　花崗岩が貫入した九州島の南端時代：1500万年前，屋久島も九州島の一部として大陸から切り離された。その頃，地下10kmのマグマ溜まりで固まった花崗岩が，巨大な貫入岩体，底盤（バソリス）として熊毛層群に貫入し，海面に姿を現して島の山岳地帯をつくる。これは多雨によって削られるが，100年に10cmの割で隆起も続いているので，今も九州本島より高い宮之浦岳（1935m）が存在する。花崗岩体の頭部は円筒状に陥没しており，山頂部の凹凸は少ないのに，1000mを超す山が45座以上もある。ただし，最近までは，花崗岩貫入時に形成された硬いホルンフェルスのお陰で侵食が少なかったが，ホルンフェルスがなくなり，今後は急速に削られるだろうという。低地海岸線は基盤が残っており，ホルンフェルスの硬い砂岩，頁岩の互層が上向きに鋸の刃のように連なり極めて歩きにくい。私がよい釣り場に行く時に困った。
　最初の孤島時代：その後，130万年前に九州本島から分離し，種子島とも分かれて孤島となる。当時，奄美以南の南西諸島は，すでに大陸から分離して弧状列島の原型を形成していた。島の東部と南部には更新世に出来たと見

られる海岸段丘（4〜5段）があり，今は人里や耕作地となっている。やがて気候は低温時代に向かい，47万年前からは氷期に入る。ミンデル氷期（48〜38万年前）にはシカが，その後の間氷期（33〜30万年前）にはニホンザルが，大陸から日本に入ったという。そして，屋久島まで南下し，20万年前にアフリカで誕生し，日本に渡来したヒトと，やがてこの島で共存することになる。

九州と繋がった最後の時代： 最終氷期（2.5〜1.65万年前）には種子島と共に九州と繋がり，温帯系の生物が南下して優勢な時代であった。熱帯，亜熱帯性の生物は消滅あるいは南方や低地に退いた。約1万年間ではあるが，現在の生物相の一つ前の骨組みが形成された時期である。

後氷期，孤島にもどる： 1万6000年前，本州・四国・九州も分離し，日本列島はほぼ現在の形になり，屋久島もまた孤島にもどった。氷河時代が終わり，温暖化の時代に入って，今度は温帯性の生物が低地で激減，消滅し，あるいは高地に退き，暖帯，亜熱帯系の生物が北上して優勢になった。しかし，その始めの頃次の大事件が起こる。

鬼界カルデラ噴火で生物相壊滅： 7300年前の鬼界カルデラ火山の噴火では，火口に近い屋久島北部などは幸屋火砕流が高さ3mにも達し，全島がアカホヤ火山灰に覆われた。山岳地帯の堆積物は，その後崩落して谷を埋め，花之江河のような湿地帯も出来た。現在の地形になったのは2700年前頃である。一方，これで全島の生物相は壊滅し，裸地状態までリセットされた――といわれた。しかし，この島の固有種，固有亜種の多さ，その顔ぶれからみて，少数がどこかで生き残っていたとしなければ，説明がつかない，という疑問が多くの動植物研究者から提示されていた。

これに明快なヒントを示したのが，南部に火砕流が来なかった地域の確認である（下司，2009）（図2-9）。屋久島では，火砕流層の厚さが薄く，島の北西部で2〜3m，大部分の地域は1m以下（谷筋では深く2m以上），稜線部ではさらに薄い（0.5m以下）。そして，南部ではこれが完全に欠如している。この地域でもアカホヤ火山灰層は残っているので，侵食によって失われたものではないという。壊滅を免れた生物相がここにあった。現在の生物相の原型が形成され始めた時期は，7000〜6000年前，縄文海進の温暖期である。最初のヒトの侵入は未詳であるが，数カ所に縄文時代，弥生時代の遺

跡があるので，少なくともこの噴火後の7000年前にはヒトが住んでいたらしい。

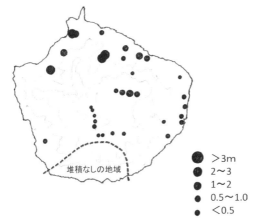

図2-9　屋久島の幸屋火砕流分布図

下司（2009）より作図。南部の火砕流ゼロ地帯が，ノアの箱舟になったか。

2. 植物とチョウの垂直分布

　この島の魅力は照葉樹林と屋久杉の迫力であるが，これをもたらす条件の一つが多雨で，年平均降水量は気象庁の観測地（屋久島空港内）では，宮崎県えびの（4500㎜）に次いで全国2位の4300㎜で，鹿児島市，種子島の約2倍になる。10〜4月は北西風，5〜9月は南よりの風に交替するから，雨量も地域による差があり，南東部が一番多く西部が最少である。

　これにより花崗岩が風化されて今の森林があるものの，同じく豪雨や台風により生じた裸地に草が入り，低木やスギも間髪を入れずに発芽する。樹林性の虫たちにはよいが，草原性，草地に棲む昆虫類には棲みにくいところである。しかし，現実はヒトの撹乱，森林伐採と耕作地，人里の出現で，多様な虫たちが生息している。

　この多様性には山の高さによる垂直分布も関わるから，標高別に概観しよう。諸説あるが植物群落については初島（1991）による。

0〜100m　海岸地帯（岩隙地，砂礫地，湿原，マングローブ，海浜硬葉植物群落）：セリ科のボタンボウフウなどでキアゲハが発生するはずなのに，な

ぜかこのチョウは少ない。花之江河から宮之浦岳の山頂部まで食草のツクシ
ゼリはあり，成虫は飛んでいるけれど，まだ幼生期など生活史は調べていな
い。

0〜200m　亜熱帯常緑広葉樹林帯：海岸地帯から低山地はヒトの撹乱で
裸地，草地，耕作地，伐採地，樹林，人里など環境の多様性が高く，温帯系
の残留種のツマキチョウ，コミスジ，ヒメウラナミジャノメほか，暖帯系の
照葉樹林帯に棲むアオスジアゲハほか，亜熱帯系のツマベニチョウなど，屋
久島のほとんどの種がここにいる。もちろん迷チョウもしかり。

100〜800m　暖帯常緑広葉樹林帯：九州南部の照葉樹林帯とほとんど同
じで，ヒトの撹乱がなかったら陰鬱な樹林帯となり，チョウはあまり多くな
いだろう。照葉樹のイスノキ，ウラジロガシ，イタジイ，タブノキなどが優占，
所々に崩壊，倒木などによる空き地が出来て，カラスザンショウなどの先駆
樹種が生えたり，草地になる。現実には車道や登山路があって，低地性のチ
ョウたちもよく侵入している。小杉谷（700m），屋久杉ランドもここにある。
ヤクシマミドリシジミの生活圏は樹冠で，摂食，縄張り行動，休止，交尾，
産卵などの行動は下からは見にくい。卵は樹冠部分にも多いが，低い位置の
ひこばえの休眠芽でもよく見つかる。

　ここから次の一帯までは，ルーミスシジミの生息圏と見られる。本種は大
正15年に小杉谷から楠川に下る途中，「シイノキの葉で6匹とる」（川平，
1928）という初記録のあと，1927年，1928年に少数が，戦後は1958年に1
頭が採集され，その後広域な伐採で生息地が消滅したのか，小杉谷などでも
若干の記録はあるものの，消滅かと言われたほど少ない。現在もごく一部に
生息していることは確かで，2018年には白谷林道で撮影された1頭の記録
がでた（有田，2019）。食樹は未確認で，イチイガシはこの島にはないので，
ウラジロガシか？

600〜1800m　針広混交林帯：下限は毎日雲のかかる高湿度帯，九州本
土では照葉樹林帯の上部にはアカガシがあって，ここがキリシマミドリシジ
ミの生息帯であるが，屋久島では樹木はスギが優占し，ツガ，モミなど針葉
樹が目立つ。ちなみに，スギ科植物は白亜紀に出現し，スギ属はその後鮮新
世に日本〜ヨーロッパに広がったものの，氷期の低温，乾燥で大部分は消滅
した。日本では屋久島で生き残り，後氷期に北上して本州にまで達したとい

う（宮島，1989：田川，2007）。この一帯には照葉樹のアカガシ，ウラジロガシ，イスノキも交じる。土層の更新は，豪雨による表層崩壊（山崩れ）が大部分で，出現した裸地にはすぐにスギが生える。サクラツツジ，ヒサカキ，アセビなども入るが，ここのスギは強い！

標高 800 〜 1800m 付近のヤクスギ帯は，固有種ヤクシマエゾゼミの生息圏で出現期は6月下旬〜9月上旬（最盛期7月下旬），

図 2-10　屋久島のウラナミジャノメの分布（福田・久保田，2012）
森林地帯の不安定な草地に生息する。分布南限。

「ギ………，ギッ，ギッ，ギッ…」と，鳴き声はすれども姿は見えず——が多い。それでも宮之浦岳山頂にも飛来した。ヤクスギの細い枯れ枝に産卵し，ヤクスギの樹幹などで抜け殻はよく見つかる。幼虫時代の年数は不詳である。

草地は分布南限種ウラナミジャノメなどの生息地となる（図 2-10）。樹林の島の僅かな草地を渡り歩いてこのチョウは生きてきた。屋久島ではおもに標高 200 m 〜 300 m 程度の照葉樹林帯の草地のほか，標高 1300 m 程度の内陸部（林道 63 支線など）に入り込んでいる。しかし 2017 年の調査では，高地の食草イトススキなどが，シカによってほとんど食い尽くされ，本種成虫は発見出来なかった（口絵．4-1-1 〜 5）。低地の人里に多い草地も草刈りなどで安定せず，このチョウの生息地は限られる（福田・久保田，2012）。

花之江河（1600 m）は，1967 年にテントで一泊して，湿原や水溜まりの調査ができて，屋久島新記録のネキトンボや蛾類5種は採れたが，期待した水溜まりでの採集品は普通種のコセアカアメンボとマメゲンゴロウで，改めて幸屋火砕流の凄さを思い知らされた（福田ら，1971）。

1700 〜 1935 m　高地帯（ヤクシマダケ群落，岩隙植物群落）：ヤクシマダケの群落にヤマキマダラヒカゲ（屋久島亜種）が生息する。ただし，本種は中腹域のススキでも発生しており，これが別の個体群であるかは未詳である。成虫の低地での記録は千尋滝付近で（240 m），その発生地はモッチョム岳

（940 m）と推定される。

3.　幸屋火砕流を生き残った

　屋久島の南部に生き残って，再び広がった例，南部にかろうじて留まって
いる例は，ヤクスギを始めとして，かなりの動植物にその可能性があるが，
これをいちいち確認した例は多くない。

1）固有亜種ヤクシマミドリシジミの誕生仮説

　ヤクシマミドリシジミは，キリシマミドリシジミの屋久島亜種で，雌雄と
も後翅の尾状突起が短く（短尾型；無尾型とも言う），雌の前翅表の青色斑
が広い。では，屋久島産はなぜ短尾型の集団なのか？

　南部地域に食樹アカガシ，ウラジロガシと共に生き残った短尾型の個体群
が，その後の樹林の回復と共に島全域に広がったという仮説はどうか。短尾
型は分布の辺縁部で出現率が高い傾向があり（分布北限，神奈川県丹沢産は
ほとんど短尾型），分布南限の大隅半島産での確認が欲しいところだが，す
こし北部の湧水町国見岳に短尾型がいることが報告されている（浅野・金子，
2012）。分布最南端の屋久島にも，短尾型の割合が多い集団がいた可能性は
高い。現在この島ではほぼすべて短尾型であり，長尾型は飼育で羽化した 1
雄の記録しかない（藤岡，1975）。

　分布南限種のツマキチョウもそうかもしれない。北部の永田，西部の安房
で記録はあるが，近年の筆者らの調査では，現在の分布域は島の南部に限ら
れ，これは主食草ジャニンジンの分布に一致する（福田・久保田，2008）。
このほか調べてみたい種としては，キアゲハ，ルーミスシジミ，コミスジな
どがある。キアゲハは県本土などではニンジンやパセリでよく幼虫が見つか
る普通種であるが，北方系（亜寒帯）の広域分布種で，日本には更新世（80
万年前）にサハリン経由で北海道に入り，南下して種子島，屋久島まで来た。
遺伝子構成には宗谷海峡と津軽海峡を境に若干の差異があるが，斑紋の変異
はない（八木，2018）。屋久島では意外に個体数が少なく，私はその原因探
索に着手したばかりであるが，どなたか挑戦していただけば有り難い。

2）ツクツクボウシも同例か

　生息地拡大力が弱い昆虫，セミを例にとると，おそらく固有種ヤクシマエ
ゾゼミもそうであろうが，普通種のツクツクボウシも面白い。屋久島産ツク

ツクボウシは屋久島方言で鳴き，これは口永良部島，硫黄島，黒島でも同じだという（青山，1995）。もちろん九州本島での鳴き声は，「（序奏）ジージュクジュク … （本鳴き）ツクツクボーシ，ツクツクボーシ，ツクツクボーシ ………，（後奏）ウイーヨーシ，ウイーヨーシ，…　ウイー」であるが，屋久島方言では後奏を省略して鳴かない。近年，国分高校サイエンス部のツクツク班は，小溝克己先生指導のもと，遺伝子解析の結果などから，これらが屋久島南部の火砕流生き残り個体群から，屋久島全土→口永良部島→硫黄島→竹島と分布を広げたことを明らかにした。黒島産はさらに要検討という（有馬ら，2017）。彼らは，飛翔筋が退化して飛べないヤクシマエンマコガネも，幸屋火砕流を免れた島の南部だけに生き延びたことも確認し，2018年度の全国ＳＳＨ（スーパーサイエンスハイスクール）発表会で最高賞をとり，2019年は中国マカオでその成果を発表し，最高賞の「グランド・アワード」に選出された。

3）固有種と固有亜種の起源

　屋久島固有の動植物は多く，これらもほとんどは生き残り個体群と思われるが，それ以外にも，それぞれの事情で分化したものもいるだろう。その探索はこれからの楽しみか。甲虫類では固有種よりひとつ格上の固有属が，ハナムグリ，ゴミムシ，カミキリムシ，ゾウムシ類に5つもある。チョウでは固有種はおらず，亜種レベルに分化した種は，高地性のヤマキマダラヒカゲと中間山地のキリシマミドリシジミ，低山地性のジャコウアゲハのみである。負け惜しみではないが，分布南限種のキアゲハ，ミヤマカラスアゲハ，ツマキチョウ，ルーミスシジミ，コミスジ，ウラナミジャノメ，ヒメジャノメなどが九州産と変わらないことに注目しておきたい。その原因は分からない。

4．分布欠落種のこと

　島の生物相でよく問題になる欠落種とは，いてもおかしくないのに，当然いてよいのに，いない種のことである。なぜいないか？という問いへの回答は意外に困難である。屋久島では幸屋火砕流で消えた種もその例になるが，その前からいなかった種，一時期はいたが消えた種が問題になろう。

1）イチイガシがない

　植物では，チョウの食樹が多いブナ科の欠落種が問題である。落葉性ブ

ナ科のブナ，イヌブナ，ミズナラ，コナラの自然木がない。当然これらに
つくミドリシジミ類もいない。クヌギ，クリもないという。常緑ブナ科は
南九州に12種あるが，屋久島にあるのはスダジイ，マテバシイ，ウバメガ
シ，ウラジロガシ，アカガシで，アラカシは自生か疑わしいという（堀田，
2006a）。欠落しているのはツブラジイ，イチイガシ，シリブカガシ，ツクバ
ネガシ，シラカシ，ハナガガシ。中でも，イチイガシがない！　これはルー
ミスシジミ，南九州のヒサマツミドリシジミの主要食樹である。屋久島では
本州での主要食樹ウラジロガシはあるが，ヒサマツミドリシジミは発見され
ないのはこのせいか？

　このようなブナ科の種の欠落原因を，田川（1999）は，最終氷期でもドン
グリが鳥などによって，この島には運ばれなかったようであるとしている。
種子島には運ばれたにしても，気温が高く生育出来なかった，また田川（2007）
は，途中に高い山岳がなかったからとした。堀田（2006a）は，温度も水分
も十分であるから，常緑広葉樹との競争に敗れたかもしれないという。

2）タヌキがいない

　哺乳類ではタヌキ，キツネ，アナグマ，テン，ムササビ，ヤマネ，ニホン
ノウサギ，イノシシがいない。これらには消滅したと推定される種もおり，
その原因は，島になったこと，亜熱帯気候，巣穴の適地が少ない，幸屋火砕
流，ヒトの撹乱などが考えられる（船越，2013）。

3）チョウの欠落種

　ヒメキマダラセセリ，カラスアゲハ，ヒサマツミドリシジミ，コツバメ，
スギタニルリシジミ，イチモンジチョウ，ゴマダラチョウ，コムラサキ，コ
ジャノメあたりだろうか。これらは種子島にもいない。ということは，一時
期生息していたが，幸屋火砕流で死滅したものではないことを示唆する。九
州と繋がっていた時代に侵入しなかった，侵入しても定着出来なかった，定
着したが消滅した――のいずれかであろうが，食餌植物も欠如しているのは，
スギタニルリシジミ（キハダ，ミズキ）とコムラサキ（ヤナギ科：ヤマヤナ
ギは種子島にはあるが）で，他は問題ないはずである。

4）カラスアゲハはなぜいない？（図2-11）

　日本産のカラスアゲハ類は，遺伝子情報からの1種4グループ9亜種説
（Osozawa ら，2013；八木，2018）をとると以下のようになる。

　①カラスアゲハ *Papilio bianor* は中国南部産が最初に命名されて名義タイプ亜種 *bianor* となる。

　②これが 200 万年前か，その前かの琉球列島分離時に，中琉球に奄美亜種（オキナワカラスアゲハ；*amamiensis*），沖縄亜種（オキナワカラスアゲハ；*ryukyuensis*）の祖先種が，南琉球に八重山亜種（ヤエヤマカラスアゲハ；*okinawensis*）の祖先種が入った。

　③一方，朝鮮半島経由で氷河時代に九州に入った個体群は，北は北海道まで，南はトカラ列島，東は八丈島まで分布を広げて，日本・朝鮮亜種（カラスアゲハ；*dehaanii*），トカラ亜種（トカラカラスアゲハ；*tokaraensis*）と八丈島亜種（*hachijonis*）に分化した。また大陸との陸橋を経て台湾に入り，亜種（タカサゴカラスアゲハ *thrasymedes*），蘭嶼亜種（コウトウカラスアゲハ；*kotoensis*）に分化した個体群もいた。

　でもなぜか朝鮮経由で入って南下した個体群は，三島，種子島，屋久島にいなくて（分布空白地帯として），トカラ列島の 4 島（口之島，中之島，諏訪之瀬島，悪石島）に入って固有亜種になった。新しい三島はともかく，種子島と屋久島にいない原因が分からない。薩摩・大隅半島南部まではカラスアゲハもミヤマカラスアゲハもいるのに，種子島，屋久島にはミヤマカラスアゲハのみを産する。ただし，2009 年 5 月 24 日に南部でカラスアゲハ 1 雄が採集されている（岩橋，2009）。これは迷チョウと思うが，ごく少数のカラスアゲハが，ミヤマカラスアゲハに隠れるように生活しているのか？　本種

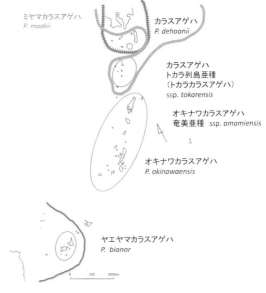

図 2-11　南西諸島のカラスアゲハとミヤマカラスアゲハの分布
どうみても，カラスアゲハが種子島と屋久島にいないのは不思議である。

137

第2部　南西諸島

が海を渡る能力を持つことは，小宝島でカラスアゲハとオキナワカラスアゲ
ハの両種が，年によって発見され，発生するという例が示唆している（岩下
秀行氏私信）。

ミヤマカラスアゲハの DNA を調べた八木（2002）の推定は，日本産亜種
tutanus は大陸から更新世後期に，対馬海峡または間宮海峡経由で複数回日
本に入って屋久島まで南下し，それ以南はトカラ海峡を越えられなかった。
屋久島，種子島における不思議な分布は，「更新世後期に海面上下による陸
地化が場所や時期によって異なり，カラスとミヤマの分布拡大時期が一致し
ていなかったため」というものである。しかし具体的な時期，年代が分から
ないので完全正解ではない。カラスアゲハがなぜ種子島，屋久島にいないか
は不詳のままである。

＊口永良部島　50 万年よりも前（氷河時代に入るころ）から火山体が形成
され，現在まで 10 個の火山が溶岩やテフラを噴出して出来てきた薩南諸島
最大の火山島。面積 36km²，最高地は 657 m。新岳は 1000 年前から活動を始め，
現在も継続。1933 年の噴火では，山麓の集落が消滅している。

チョウ類は 44 種の記録があり，28 種が定着と見られる。カラスアゲハで
なく，ミヤマカラスアゲハを産することなどから，屋久島の低地とほぼ同じ
チョウ相であると思われる。ソメモノカズラ（アサギマダラの食草）はここ
が北限となる。

第 5 章
トカラ列島の自然史

1. 吐噶喇という島々

　トカラ列島，十島村は，南北 320km，7 つの有人島（口之島，中之島，平島，諏訪之瀬島，悪石島，小宝島，宝島）と，4 つの無人島（臥蛇島（1982 年以降），小臥蛇島，上ノ根島，横当島）の計 11 島よりなる。「十島村」の名は現在の「三島村」とトカラ有人 7 島を加えた昔の十島村の名残である（昭和 27 年分村）。地史的には北トカラ（口之島〜悪石島）と南トカラ（小宝島，宝島）に分かれ，後者は中琉球に属する。渡瀬線のある生物分布上の重要地域であるから，生物調査は比較的よく行われている。私は短期間ながら有人島すべてで調査でき，昆虫相の概要を「十島村誌」（1995 年）にまとめたことがある。昆虫は平成 16 年 6 月以降，十島村昆虫保護条例で採集禁止になっている。

1）島はいつ出来たか

　トカラ列島は地史的には琉球弧の内帯（西側）で，フィリピン海プレートが潜り込んで生じた火山前線に島々が並ぶ。東側の口之島，中之島，諏訪之瀬島，悪石島，上ノ根島，横当島は新しい（後期更新世〜現世）火山岩（安山岩）をベースにしており，島々は海底から成長したものである。一般にサンゴ礁地形はない。ここがカラスアゲハの生息地となっている。西側の臥蛇島，小臥蛇島，平島は中新世〜前期更新世，200 万年前の古い火山の島であり，トカラハブのいる小宝島，宝島はさらに古い 1000 万年前の火山岩を基盤とした島で，火山噴出物の海底堆積層を主とし，平坦な地形でサンゴ礁地形が多い。

　90 万年前トカラ海峡で中琉球の奄美域から南トカラが分離，49 万年前に北トカラが屋久島以北の本土から分離した（Osozawa ら，2012）。ただし，島として海上に姿を現した時期は未詳の島が多く，現時点では数十万年前に出現した新しい島としか言えないらしい。

　そうであれば，動植物はその繋がっていた時代に侵入した種と，海を渡って来た種類の2群がいることになる。遅沢説では155万年前から黒潮は流れ始めており，それは氷河時代の始まるやや寒冷な気候で，温帯系の動植物が生息可能な時代ではあった。後氷期に入ると高温期に向かい，多くの南方系動植物が北上して来たであろう。しかし海を渡れそうにない生物もおり，渡瀬線の問題と共にことはそう簡単ではない。

2. 渡瀬線の由来

　渡瀬線は昔の高校生物の教科書にも出ていた。渡瀬庄三郎が提唱し，1927年に岡田弥一郎が命名した——という程度のことは承知していたが，少し気になったので原典を見ようと，北九州市自然史・歴史博物館の上田恭一郎館長に文献のコピーを依頼した。これはてっきり和文のきちんとした論文かと思っていたが，次のように意外まったく想定外のものであった。

1）最初の提唱者

　1912年（大正元年），Nils Holmgren（スウェーデン人）が「日本のシロアリ類」という論文（ドイツ語）を，日本動物学彙報8巻107-136頁に書いた。その中の1頁目（107頁）に20行，3頁目（109頁）に11行の脚注（解説）を渡瀬庄三郎（東京帝大教授）が英文で入れている。このうち後者109頁に，問題の境界線の存在を，以下のように示唆しているがまだ渡瀬線の呼称はない。

　オオシロアリが奄美大島で発見された。この島は日本列島の半熱帯区にあって，種子島，屋久島とは七島灘という海域で隔てられている。オオシロアリは明瞭な南方系，東洋区系を代表する種であることから，旧北区と東洋区の境界が種子島，屋久島と奄美大島の間にあると思われる。奄美大島は東洋区の北東域にあたる。

　＊福田注：オオシロアリは，その後，トカラ（中之島），屋久島，種子島，九州，四国でも発見されている。

　1927年（昭和2年），岡田彌一郎（東京帝大助手）は「日本産蛙の分布についての研究」（英文）を，日本動物学彙報11巻137-144頁に出した。この中にカエル59種（亜種含む）の分布表があり，その地域はシベリア，満州から日本本土，琉球，台湾からフィリピン，インドまで広がる。この表では，

渡瀬線の北は「薩南諸島」，南は「奄美大島」が出ており，「トカラ列島」の欄はない。岡田は日本産を旧北区群（北朝鮮，サハリン，北海道），東洋区群（台湾，琉球，奄美大島），混生群（旧北区系が主；本州，四国，九州，南朝鮮）に分け，これらを主要な2区に分けるなら，ヌマガエルのように奄美と本土の両域にいる例外はあるが，渡瀬教授が1912年に示唆したように屋久島・種子島と奄美大島間に境界があり，これは他の動物，哺乳類や鳥類などにも通用するだろうとして，これを渡瀬線（Watase's line）と呼ぶことを提示した。ただし，口頭では1925年の日本動物学会で講演していたらしい。

　その後，いろいろな動植物で検討されたのであろうが，渡瀬線は悪石島と宝島・小宝島の間にあると最初に言ったのは誰か。まだ私はそこまで調べていない。いずれにせよ，ここは深いトカラ海峡で北トカラと南トカラを分けると言う地学的な裏付けもあって，今や鹿児島県の自然の特徴を誇らしく述べる素材のひとつとなった。

2）生物地理学のこと

　それにしても，渡瀬や岡田が旧北区とか東洋区などを問題視したように，当時，動物地理学がかなり進んでおり，日本人もそれを承知していたことは，ちょっとした驚きである。これはその前の時代に世界各地に進出して植民地政策を進めたヨーロッパ人たちの知見によるものであろうが，世界の動物地理区は今見ても実によく出来ている。

　アフリカは猛獣王国，オーストラリアはカンガルーなど有袋類の国，南米はあのモルフォチョウのいる国という具合で，動物園もこうした区分けになっているところもある。日本本土は旧北区でヨーロッパ，イギリスまで同じ区，つまり同じような動物たちがいるということであるが，これはイソップ物語に登場するキツネやオオカミなどが日本にもいるから，物語は何の抵抗もなく日本で愛読されることを見れば分かる。もっともタヌキはイギリスにはいないから，旧北区系をさらに幾つかの小区画に分ける試みもなされた。植物も多少違うが似たような区分けがされている。

　しかし，渡瀬線もそうであるが，動物の種群によって境界線が違うという物言いがついた。ワラス線（ウォーレス線）は東洋区とオーストラリア区の境界で，インドネシアのバリ島とロンボック島の間にあるが，新ワラス線はフィリピンの北に提唱されている。私は1997年，バリ島からすぐ近くのロ

ンボック島に渡ってみたが，草も木も虫も風景も一変するような印象は受け
なかった。もちろん詳細に見れば違いが分かったはずであるが，ヒトによる
撹乱が邪魔をしたようだ。

　渡瀬線は動物地理学上の旧北区と東洋区の日本列島における境界線であ
る。簡単に言えば，この線を境にして，動物では北ではマムシが（屋久島が
南限だが），南はハブがおり，植物では北はクロマツ，南はリュウキュウマ
ツの林になるように，生物相も風景もがらっと変わる。これはトカラ海峡（ト
カラギャップ）に一致し，155万年前（異説あり）に悪石島と小宝島間に形
成された断層で，深さ1500mの海峡になっているが，この辺りに大陸時代
は黄河の河口があった。断層の形成はフィリピン海プレートの沈み込みに起
因するらしい。ただし，渡瀬線は日本国内だけの呼称で，この延長線は中国
南部からヒマラヤ，アラビア半島の南を通ってアフリカの北部を横切ってい
る。渡瀬線は国境線と言えるが，本州―北海道間のブラキストン線，北海道
―サハリン間の八田線など多くの境界線は，いわば県境線だろうか。

3.　チョウの三宅線と渡瀬線

　チョウには，渡瀬線を挟んで，悪石島を分布南限とする種も，小宝島・宝
島を北限とする種もいない。だからといって，渡瀬線が無意味だということ
にはならないのだが，いろいろな生物で渡瀬線を論じた後に，申し訳程度に
「チョウでは種子島・屋久島と九州の間にある三宅線が設定されている」と
いう記述がよく見られる。これはあたかもチョウだけが例外であるかのよう
な印象を与える。実際はチョウの分布論では，三宅線はほとんど問題にされ
ない，誰もこれを本気で論じたこともないと気づいたので，まずは三宅線の
問題，南九州～南西諸島のチョウの分布南限の問題を見ておこう。以下の文
献はまた，上田恭一郎館長のご厚意による。

1）三宅線の提唱

　三宅恒方は1919年（大正8年）に出した彼の著書「昆蟲學汎論」（下巻）の「分
布」の項に，次のように述べている。（下線は福田による）

　九州ト琉球トノ間ニ於テ旧北区ト東洋区ノ境界ガ何レノ点ニ位スルヤハ甚
ダ，興味アル問題ニシテ，嘗テ筆者ハ此目的ノ為ニ<u>屋久・種子二島ノ昆虫相
ヲ調査シ，甚ダシク東洋区系ナルヲ知リ，或イハ九州トコノ二島トノ間ニ境</u>

界線ヲ設クルモ不可ナカラント考ヘタルコトアリシモ，大島ノ昆虫相ヲ知ラ
ザリシヲ以テ十分ナル研究不可能ナリキ。然ルニ鹿児島在住ノ熱心家岩田氏
ノ如キハ蝶類ノ分布上ヨリ見ルトキハ大島ト屋久島トノ間ニ境界ヲ設クルヲ
至当ナリトセリ。

　この後，江﨑（1921）は「日本に於ける昆虫の地理的分布とその境界線に
就いて」なる論文で詳細な検討を行い，「（三宅）博士はかくの如く決定はし
て居られないが，余は之を「三宅線」と呼ぶ。」と記している。さらに江﨑
（1929）は「余の提唱せる如く（1921），屋久島と九州本島との間に存するも
のと認むべきである……」などと記す。当時，昆虫分類学の権威であった江
﨑悌三の論で，その後はとくに反対も賛成もなく今日に至っている。もちろ
ん江﨑（1921）は，区系分布論について「余の考えでは絶対的にそれを求め

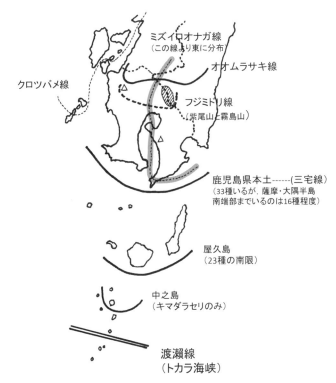

図 2-12　鹿児島県のチョウの分布南限─三宅線
九州本島を分布南限とするチョウは多いが，これはほかの動植物も同じ。

ることは全く不可能であり，従って価値の少ないことであると思ふ。」とも
記していることを付記しておく。では，今のデータから見直すとどうなるか。

2）三宅線の検証—チョウの分布南限と北限—

　三宅線だけでなく，渡瀬線でも問題になる南九州以南のチョウの分布南限
・北限地は，次のように分けられる。

　分布南限種（図2-12）　これらは旧北区系，温帯系，チョウで言えばシベ
リア型分布種を主とし，始良カルデラで壊滅後の寒冷期に侵入して来て，最
終氷期を経て後氷期にそこに留まった種ということになる。暖帯系—照葉樹
林系，ヒマラヤ型チョウ群もこれに属するだろう。

　①温帯林系の種が，高地に残存する温帯林に生息する（霧島山，紫尾山の
ブナ林にいるフジミドリシジミなど）。

　②温帯林系の種が平地に残存し，鹿児島県北部から宮崎県にかけて北限線
がある（オオムラサキ線）。

　③温帯系の種の生息地が，大隅・薩摩半島の各地に点在するが，両半島の
南端部までいるものは少ない。以下の31種が三宅線の北側にいる種である
が，各地で激減，消滅傾向にあるものが多い。（　）内の6種は，島嶼部に
記録はあるが現在は見られない種である。

　ミヤマセセリ，ダイミョウセセリ，ギンイチモンジセセリ，（ホソバセセリ），
ヒメキマダラセセリ，コチャバネセセリ，（オオチャバネセセリ），ミヤマチ
ャバネセセリ；オナガアゲハ；ミズイロオナガシジミ，トラフシジミ，カラ
スシジミ，コツバメ，クロシジミ，スギタニルリシジミ；ウラギンスジヒョ
ウモン，オオウラギンスジヒョウモン，（ミドリヒョウモン），クモガタヒョ
ウモン，（メスグロヒョウモン），（ウラギンヒョウモン），（オオウラギンヒ
ョウモン），イチモンジチョウ，サカハチチョウ，シータテハ，ヒオドシチ
ョウ，コムラサキ，ゴマダラチョウ，ジャノメチョウ，コジャノメ，サトキ
マダラヒカゲ。(31種)

　④種子島・屋久島を南限とする16種。三島には南限種はいないので，こ
れらが三宅線を越えて南までいる種となる。

　キアゲハ，ミヤマカラスアゲハ；ツマキチョウ，スジグロシロチョウ；ル
ーミスシジミ，キリシマミドリシジミ，ベニシジミ（近年南下），ゴイシシジミ，
シルビアシジミ（種子島；消滅），サツマシジミ，ツバメシジミ；コミスジ，

ヒメウラナミジャノメ，ウラナミジャノメ，ヒメジャノメ，ヤマキマダラヒカゲ。

　⑤トカラ列島に南限地をもつもの。キマダラセセリ（口之島，中之島）

　奄美諸島に分布南限をもつ種はいない。

　分布北限種（図 2-13）　これらは東洋区系，亜熱帯系のマレー型チョウ群とヒマラヤ型チョウ群で，氷期には南下し，後氷期に北上して来たが，多くはトカラの島々を越えて，九州，本州まで北上している。九州には宮崎・熊本県の山地に生息するゴイシツバメシジミ（紀伊半島が北限），1950 年代から北上して今は北九州までいるタテハモドキ，南九州の海岸線にいるツマベニチョウ，クロボシセセリのみ。三宅線を北限とする種は，屋久島に，近年入った屋久島のイワカワシジミ（人為か？）のみ。後氷期の温暖期に多くの南方系種が，渡瀬線，三宅線を越えて，あるいは薩南諸島あたりから，本州まで北上した。

　したがって，三宅線は多くの分布南限種がいることは確かであるが，温帯系の種の南限は上記のように不揃いであるし，北限種はいないに等しいから，この境界をチョウの分布論で特別視するほどのことはない。では，渡瀬線はどうか。

3）チョウと渡瀬線

　狭い意味での渡瀬線，悪石島と小宝島・宝島の間では，悪石島を南限とする種はカラスアゲハ 1 種のみ，小宝島，宝島を北限とする種もいない。トカラ列島を移行帯と広くみれ

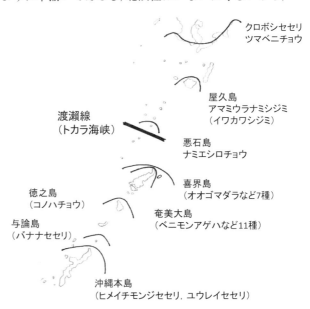

クロボシセセリ
ツマベニチョウ

屋久島
アマミウラナミシジミ
（イワカワシジミ）

渡瀬線
（トカラ海峡）

悪石島
ナミエシロチョウ

徳之島
（コノハチョウ）

喜界島
（オオゴマダラなど7種）

奄美大島
（ベニモンアゲハなど11種）

与論島
（バナナセセリ）

沖縄本島
（ヒメイチモンジセセリ，ユウレイセセリ）

図 2-13　鹿児島県のチョウの分布北限
渡瀬線はむしろ，いくつかの種の亜種の境界線として有効である。

145

ば，南限種は中之島までいるキマダラセセリ1種のみで，ぱっとしない。た
だし，この線を境に亜種が異なる種がいる。ヤマトシジミ，タイワンツバメ
シジミ，ルリタテハ，イシガケチョウがそれで，トカラ列島の欠落種まで入
れると，アオバセセリ，ジャコウアゲハ，テングチョウ，スミナガシもそれ
に近い。これらの北の亜種すなわち九州本土などにもいる亜種は，トカラ列
島（主に北トカラ）が海上に出現する前に九州などに生息していたもので（本
土亜種になっているものあり），トカラ列島形成後に南下したもの，あるい
は侵入・定着が出来ないでいる種であろう。これら分布南限種は孤島になっ
た日本列島での生活体験が長く，一方，奄美諸島から南トカラまで北上した
別亜種個体群は新しく侵入したものと言える。そういう意味では地史の違い
が，今のチョウの分布型を形成しており，渡瀬線は十分に存在価値をもつ。

　1987年8月19日，私は悪石島から遙かに小宝島，宝島を遠望しながら，
深く青い海に見えないはずの境界線を撮した（口絵．4-2-1）。

4.　渡瀬線の検証

1）植物

　種子植物が海を渡る手段は，河川や海流による漂流分散，風に乗る気流分
散，渡り鳥による鳥運搬であるが，リュウキュウマツは小宝島，宝島が自然
分布北限（中之島，悪石島は植栽），クロマツは悪石島が南限（平島，臥蛇島，
諏訪之瀬島，小宝島，宝島は植栽）で，渡瀬線にぴたりと当てはまる。他
の植物はどうだろう。ちなみに，暖かさの指数は，暖温帯（WI：85 ～ 180）
～亜熱帯（180 ～ 240）で，屋久島南部～口之島が亜熱帯気候の北限になる。

　初島（1991）は，「トカラ列島の南方分子，北方分子を見ると大部分は海流，
風，鳥などによって分布するものばかりで，植物地理学上あまり重視するこ
とはできない。これに反しトカラ列島の固有種の分布，特にトカラカンアオ
イの分布（黒島，口永良部島，口之島，中之島）は地史との関係で最も重視
すべきものと考える。この点から考えると，渡瀬線は中之島と諏訪之瀬島の
間に引いた方がよいと考える」という。多くの種では流動的ではっきりせず，
固有種の分布には問題ありということだろう。

　志内・堀田（2015）は，トカラ地域は成立後の歴史が浅い小島であり，植
物の種類も少ないので，単純に種数だけで比較すると多くのことを見誤る可

能性があるとして，北限種，南限種を検討し，トカラギャップに一致する分布様式ではあるが，これは必ずしも地史的要因ではなく，生育地の環境や気候条件などによるもので，「分布を制限するのは，多くの場合個々の種が持つ生態的，生理的特性に起因するものと推察される」。そして，陸伝いでないと分布拡大困難な種について検討している。

　横田（2015）は，トカラ海峡もケラマ海峡も，必ずしも重要な境界になっていない（Nakamura ら，2009）とし，種子植物の多くが，海峡を越えて長距離移動が可能であり，現在は環境要因や地理的距離の方が植物相により強い影響を与えていることを示しているという。しかし，鈴木・宮本（2018）は，在来種 3110 種の解析から，トカラギャップが明瞭に存在するとした。

　これらは動物にも通用する見方で，賛成派と反対派がいるわけでなく，素材の扱い方の問題だろう。

2) 動物

　海を渡りにくい脊椎動物のうち，両生類，爬虫類については太田（1996，2005，他）の多くの論著がある。それらによると，トカラ海峡を挟んで北と南に分かれる 2 グループがおり，渡瀬線の存在は支持される。しかし，渡瀬線を越えて薩南諸島などまで分布する第 3 群がおり，これは陸橋を想定するより，海流による漂流分散の可能性が高い。したがって，トカラ列島は，トカラ海峡以南の動物相から日本本土型の動物相への移行帯と見ることも出来る。また，オキナワトカゲは，トカラの島々間で明瞭に分化しており，小さな島の隔離の影響の迅速なことを示唆している。これはさらに調査したいが，古い標本は乏しく，新しく採集したくても，ネズミ駆除に導入されたイタチがトカゲ類まで食って材料が入手できないらしい。

　ヘリグロヒメトカゲには，1）沖縄諸島，2）奄美諸島・南トカラ，3）北トカラ，大隅域の 3 集団があり，これらは，まず 1 と 2 に分化し，2 と 3 の分断はそれよりはるかに新しく，3 はごく最近，2 からの分散に起原している。これはトカラ海峡が長期に亘って移動を阻害しているとは限らないと問題提起している。ハブについては別項で考えよう。

　海水魚については，これまで淡水魚や陸生動物と同じくトカラ列島に分布の境界があるとされてきたが，近年の詳しいデータから，屋久島と硫黄島＋竹島＋種子島の間にあるという（本村，2005）。

5. トカラに至る多様な経路

1）最終氷期の陸橋はなかった

　上記のように，海を渡る動植物は少なくないが，とても海を越えて侵入出来そうにない動植物の存在を説明出来ない，という事例は，かなり前から問題視されていた。数十万年前に海上に姿を現したとされるトカラの島々は，北は屋久島，種子島そして九州と，南は奄美大島などと陸橋で繋がった時期があって，その間，動植物の移動があったのではないか。これは2000年代の初めに「陸橋は存在しなかった」ということで落着したかに見えた――が，2012年には植物（アジサイ，ソテツ，スダジイなど）の研究から得たデータでは，この「陸橋なかった論」に"不都合な真実"があるとして，再検討を呼びかける論文（瀬戸口，2012；ほか）もあった。これを問題視したのか，岩波の雑誌「科学」88（6）は昨年（2018年）これを「見直される琉球列島の陸橋化」として特集し，次のように総括した。

　横山祐典（東大大気海洋研）によると，第四期の海面の上下変動は，最も下がった最終氷期（2万年前）でも，世界平均120〜130mで，130mより浅い地域しか陸橋にはならない。琉球列島が九州や台湾と陸橋になって繋がるには，現在の海底地域が過去3万年間連続，または急速に沈降する必要があるが，長期的には琉球列島は隆起傾向にあってこの可能性は低い。2万年間で100mを超える急激な沈降が起こったことは否定される。従って3〜4万年前の陸橋は肯定することは難しいという。

　藤田祐樹（国立科学博物館人類研）は，現生動物群の島ごとの固有性は，琉球石灰岩地帯から産出する化石動物群にも認められることから，サンゴ海以前に確立されていたらしく，そんなに最近のことではない。人類も陸橋経由でなく，船で海を渡る術をすでに持っていた。もし琉球列島の陸橋をありとすれば，少なくとも中期更新世（200万年）以前と考えるべきだろうという。その頃はまだトカラ列島は存在しなかった。

　太田英利（兵庫県立大自然・環境研）は，哺乳類，爬虫類，両生類でも，陸橋だけでなく，海流による漂流分散の可能性が高い事例を示す。

　ということであれば，サンゴ海時代に出現したという北トカラの島々の生物は，すべて飛来と海流分散，そして鳥やヒトによる運搬で入ったと言える

だろうか。陸生脊椎動物では，陸橋によらない多様な分散の可能性を再検討する時代に入っているようだ。

2）漂流分散の例

　ほ乳類，は虫類，両生類に次のような例がある（太田，2018）。

　イリオモテヤマネコがベンガルヤマネコの亜種として分化した数十万〜30 万年前は，西表島は孤島であり，イリオモテヤマネコの祖先が海を渡ったと想定されている。リュウキュウイノシシは大陸のイノシシから 5 万〜十数万年前に分かれたことから，ヒトが持ち込んだものではなく，海を渡った可能性が高い。

　は虫類の例として，沖縄諸島〜トカラ列島に分布する 4 種のうち，オオシマトカゲは奄美北部とトカラ南部のほか，諏訪之瀬島にもいる。オキナワトカゲは沖縄諸島と奄美諸島南部にいるほか中之島にもいる。また，南西諸島の最南西端にいるイシガキトカゲは最北東端にいるクチノシマトカゲと近縁である。トカラ列島にいるこれら 3 種は漂流分散で到達したと考えられる。キノボリトカゲも黒潮に乗って分散するだろう。

　両生類は，海水に弱いのでそのような例は少ないが，台湾からトカラ列島まで分布するリュウキュウカジカガエルは，海岸近くの水溜まりにも産卵するので，塩分への耐性がいくらかあって，漂流分散の可能性が高い。

　昆虫の例としては，ミクラミヤマクワガタの祖先種は，伊豆諸島に隔離されたのでなく，古黄河の大氾濫で比較的新しい時代に中国大陸から漂着したという仮説がある（荒谷，2014）。マイマイカブリの伊豆諸島新島の個体群は，ごく最近 2012 年に九州の有明海で起こった洪水による流木について，黒潮に乗って到達した。このような移動は旧伊豆―小笠原海洋群島でも起こったという（Osozawa ら，2016）。

　これらは，近年の分子生物学と地質学の成果で，従来の地史，水陸分布の変化，ヒトの運搬などで説明されてきたものでも，漂流による洋上分散の可能性が高いことも考慮すべきと示唆している。

3）古黄河の河口としての渡瀬線―フタオタマムシの謎―

　厄介な甲虫がいる。中之島で 1986 年 7 月，雄 1 頭が採集され，新種として命名されたキンモンフタオタマムシ（中之島固有種：体長 21㎜）である。この仲間（属）は約 45 種いるが，ユーラシア大陸と北アメリカ大陸の北部

に広く分布する北方系の虫で，アジアには6種が知られており，日本には北海道にフタオタマムシ，本州，四国，九州にトゲフタオタマムシ（小型で体長10-15mm）を産する。台湾にも1種いるものの，南西諸島にいるとは，誰も予想していなかった。ところが17年後の2003年6月，奄美大島大和村湯湾釜でも1頭が採集され，これは新種アマミキンモンフタオタマムシ（固有種）となった。

　その後，両地域とも少数の成虫の追加記録はあるが，生活史は未詳のまま，両地域とも採集禁止になっている。これまでの知見では，食樹はシマグワ（推定）で，成虫はシマグワのある海岸付近人里に5～6月に出現する。無人島の臥蛇島の山地にはシマグワの大木が多いというから（初島，1991），調査出来たら面白そう。生活史の解明が急務であり，食樹の植栽による増殖，保護も期待されるが，知りたいのは，なぜこのような変な分布をしているかである。

　中之島での発見後に，黒澤良彦（国立科学博物館）が提示した仮説（1989）は，古黄河による中国大陸からの流着説であった。すなわち，トカラ列島南部と奄美大島の北部あたりは，昔（更新世初期？）黄河の河口域であったから，洪水などによる食樹の流木（中にタマムシがいる）などでやってきて，今日まで生存を続けた。今のところ，キンモンフタオタマムシの産地が悪石島でないのは残念だが，奄美大島での近似種の発見は黒澤仮説を裏付けているようだ。ちなみに，黒澤さんは私の高校生時代に初めて文通を始めた虫友（先生！）で，いろいろな事を教えて頂き，県立博物館勤務時代も多くのご指導をいただいた方であった。

4）横当島の変な分布種

　トカラの最南端，奄美大島が近い横当島にツクツクボウシがいる。1987年8月15日，東島山頂で，火口壁方向から鳴き声多数を聞いたという植物研究家，寺田仁志の話（寺田1989）を聞いた時はわが耳を疑った。しかし，その後，1992年に山根・金井（1994），2000年に林（2001）の記録が出て納得した。このセミは北海道から九州，屋久島などを経てトカラ列島まで分布し，トカラでは口之島，中之島，諏訪之瀬島，悪石島，そして渡瀬線を越え，宝島，小宝島を分布空白地帯として横当島に産する。奄美大島にはいない。いくらセミがよく飛ぶといっても，これは変だと気になっていた。

ところが似た動物がいた。太田（2005）によると，ミナミヤモリ（爬虫類）は，南九州〜沖縄諸島産の遺伝子解析で，トカラ海峡以北と以南の集団で強く分化しているが，横当島のものは奄美・沖縄集団よりトカラ海峡以北の集団に近い。しかし，横当島と北トカラ集団との分化の程度が低いので，これは横当島〜九州の集団がごく最近急激に分散したか，これらの集団間では，他の集団間に比べて高い頻度で遺伝子流動が生じているかであろうが，海の深さ，島の孤立などを勘案すると通説の仮説と合わないとしている。横当島には，他にこのような生物がいるだろうか。その探索と共に，この分布成立要因の解明が待たれる。

5）スダジイの場合

瀬戸口（2012）はスダジイ，ソテツなどの分布や遺伝子解析から，少なくとも1回はトカラ海峡もケラマ海峡も陸橋でつながったことが必要で，第四紀の寒冷期にサハリン〜台湾の島々を繋ぐ細長い陸橋があり，大陸の北と南から動植物が侵入できたとして，木村（1996）の仮説を支持した。これにはソテツやスダジイはわずかな距離でも海流散布はできないと言う前提がある。しかし，前記の通りこの陸橋の存在は否定されている。

一方，志内・堀田の労作「トカラ地域植物目録」（368頁：2015年：鹿児島大学総合研究博物館）によると，従来のスダジイは分類が検討され，トカラ列島産は奄美以南に分布するオキナワジイであるという。彼らはこの他多くの事例を示し，トカラ地区の固有種は分化の程度が低く，新しいものであることを指摘し，カンアオイのような分散力の低い種を含めて，植物の分散は長い時間軸も視野に入れて慎重に検討すべきであるという。

6）キマダラセセリは困った

チョウでは中之島が南限のキマダラセセリがいる。本種は国外ではインドシナ半島北部から中国中南部を経て，朝鮮半島，沿海州南部に帯状に分布し，国内では北海道〜九州から種子島，屋久島を経て，口之島，中之島まで生息している。食草はイネ科のススキなどであるが，ミズナラ帯の生息者で，日本へは朝鮮半島から入り，照葉樹林帯にも分布を広げて南下したという仮説も立てられる。その後，種子島，屋久島までは，最終氷期の陸橋で渡ったとしても，そこからは自力で海を渡ってトカラ列島に入ったと考えざるを得ない。とても，そんな能力を持っているとはみえないけれど，ベニシジミの例

もあり，長い時間を勘案するとあり得ることかもしれない。

6. トカラ列島のチョウ

改めてトカラ列島のチョウをみよう。分布表の最新版，金井・守山（2018）を少し改訂してカウントすると，無記録の小臥蛇島，上ノ根島を除く9島で67種，このうち迷チョウは30種（44.8％），つまり半数近くは島の定着種ではない。「定着種」としている種は，口之島（23/43 = 54％），中之島（27/47=57％），平島（18/26=69％），諏訪之瀬島（21/38 = 55％），悪石島（22/38 = 58％），宝島（21/52 = 40％）となる。面積最小の小宝島は，地元の愛好者，岩下秀行により最もよく調べられている島で，記録全種51種中定着種は17種（33％）しかいない。やや調査不足の平島は65％であるが，他は40〜58％程度，約半数の定着種がいる。ほぼ全島で記録されている共通の"普通種"は次のようなものである。

チャバネセセリ，イチモンジセセリ：アオスジアゲハ，アゲハチョウ，ナガサキアゲハ，モンキアゲハ：モンキチョウ，モンシロチョウ：ウラナミシジミ，アマミウラナミシジミ，ヤマトシジミ，アサギマダラ，ツマグロヒョウモン，ヒメアカタテハ，アカタテハ，ルリタテハ，イシガケチョウ，ウスイロコノマチョウ（18種）。

実はこの中にも，モンシロチョウ，アサギマダラなどのように，毎年発生しても，必ずしも定住者とは言えない種が含まれ，他の種も，入れ替わって世代を繋いでいる可能性が高い種など，かなり変動していると見られる。そしてモンキチョウ，モンシロチョウ，ヒメアカタテハなどのような世界的な広域分布種がいるほかは，ほとんどが南方系（マレー型分布種など）で，彼らは後氷期の温暖期に北上し，この一帯を通り越して九州から本州まで駆け上がって，分布北限はもう本州に及んでいることに注目しよう。

1）分布欠落種

トカラ列島にいない種は3群に分けられる。下線種は食餌植物（カッコ内）がトカラにない種を示す。

①北部の種子島・屋久島に南限があるもの：キアゲハ，ミヤマカラスアゲハ；ツマキチョウ，スジグロシロチョウ：ゴイシシジミ，サツマシジミ，ツバメシジミ：コミスジ：ヒメウラナミジャノメ，ウラナミジャノメ，ヒメジ

ャノメ。

②南部の奄美諸島に北限があるもの：オオシロモンセセリ，イワカワシジミ（近年屋久島にも入る），<u>オオゴマダラ</u>（ホウライカガミ），リュウキュウミスジ，アカボシゴマダラ（中・小宝に記録あり），リュウキュウヒメジャノメ

③トカラ列島より北部にも南部にも分布するもの：<u>アオバセセリ</u>（アワブキ科），<u>ジャコウアゲハ</u>（ウマノスズクサ類），ミカドアゲハ，スジグロシロチョウ，ウラギンシジミ，<u>スミナガシ</u>（アワブキ科），クロコノマチョウ

これらは海を越えて移動できなかった種，そうしなかった種，侵入したが発生，定着出来なかった種，定着後に消滅した種などが含まれると思うが，定着できた種も含めて種ごとの調査，考察が必要である。

例えば，三島黒島の項で少し触れたが，ミカドアゲハの食樹オガタマノキは，志内・堀田（2015）によると，口之島，中之島，諏訪之瀬島，悪石島にあり，丸木舟を作る材料として利用されていたという。これは人為的植栽の可能性もあるということか。ヒトの定住以前にはなかったのであれば，ミカドアゲハが生息しない理由にはなる。喜界島，沖永良部島，与論島にはミカドアゲハの記録もなく，食樹もない。丸木舟は他の樹木で造ったか？

2）トカラカラスアゲハは，なぜ美しい亜種になったか？

トカラ列島で最も知名度が高いのは，カラスアゲハの美麗な亜種トカラカラスアゲハ（ssp. *tokaraensis*）である（口絵.4-2-2）。“美麗”はヒトの言い方で，アゲハの方はそんなことには無頓着だろうが，なぜトカラ産は美麗になったか？

柏原（1991）は，トカラにジャコウアゲハがいないからだという。ジャコウアゲハは日本本土では普通種であるが，食草はウマノスズクサ科（有毒成分を含む）で，幼虫時代にこれを食べて成虫も毒チョウになり，わが身を守っている。日本本土ではカラスアゲハがそれに擬態して黒っぽくなっているが，トカラにはその擬態モデル，ジャコウアゲハがいないから，本来の美形のままで生きておられるという。

なぜトカラ列島にジャコウアゲハがいないか，それは食草ウマノスズクサ類がないからである。なぜウマノスズクサ類がないのか？　それは私には解けないQで，今のところ不明としておこう。もちろんカラスアゲハがなぜ，

屋久島，種子島の空白地帯を越えて，トカラ４島（口之島，中之島，諏訪之瀬島，悪石島）にいるのかも未詳である。九州本島から悪石島まで繋がった時代があったとすれば，その時に九州から南下したが，すでにトカラ海峡（渡瀬線）が成立していたから，より南へは渡れなかった，とする仮説で説明出来るが，陸橋がなかったとすれば，どうなるか。屋久島と種子島の空白地帯の存在と共に難問として残る。

7.　島々の地史と環境

　以下は Osozawa et al,（遅沢ら，2012）などを参考にした。

　口之島：面積 13.33㎢，最高地点 628 m。全島が火山岩類。リュウキュウチク群落は多い。タモトユリは特産種（野生は全滅）。南部の樹林，野生ウシのいる草地，人里と耕作地—僅かな水田と南部山間の小さな池あり。（私の調査：1982/10/13-15）

　中之島：面積 34.4㎢，最高地点 979 m の御岳は活発な成層火山で，海底からの高さは 1500 m に達する。基盤の安山岩は，49 万または 47 万年前で，陸生であるから，この時期に海底から現れたことを示唆する。石灰岩は更新世の琉球石灰岩であろう。トカラ最大の島で，環境も変化に富み，「底なし池」はトカラ列島唯一の安定した淡水湖で，ミナミトンボが生息する。（調査：1976/8/6-8；1987/8/7-8）

　臥蛇島：面積 4.50㎢，最高地点 497 m。20 万年前に形成された火山の小島で安山岩を主として，海面から突出した高島で，上陸出来る地点は限られる。1982 年来無人島となる。山地にシマグワの大木が多いというから，キンモンフタオタマムシがいるかもしれない。私は計画倒れで渡島出来なかった。1934 年にチョウ５種の記録。

　小臥蛇島：面積 0.80㎢，最高地点 301 m。地質は臥蛇島と同じ。昆虫の記録はない。

　平島：面積 2.08㎢，最高地点 243 m。火山は 70 万〜 60 万年前から活動。大部分はリュウキュウチク，中央山地に照葉樹林が残る。水は豊富で水田がある。（調査：1990/5/3-4）

　諏訪之瀬島：面積 27.61㎢，最高地点 796 m，更新世後期の新しい火山島で，中央に活火山があり，現在も活動中。過去 200 年間に８回を超える噴火が起

こった。1813 年頃の噴火時は，住民が島外に避難したという。火山礫の多い草地，牧場，リュウキュウチク群落が広がり，ヤシャブシ，ヤマザクラ，コアカソの南限。水系は乏しい。（調査：1991/9/29-30）。

　悪石島：面積 7.49k㎡，最高地点 584 m，更新世後期の複合火山で，海面から現れた時代は陸生安山岩で推定すると 10 万年前か。平坦地は少なく，水系に乏しい。南部断崖に照葉樹林が残る。リュウキュウチクは多い。クロマツ，フユイチゴ，ハマアザミなどの南限地。（調査：1987/8/18-19）。

　小宝島：面積 0.98k㎡，最高地点 103 m。宝島と共に基盤は中新世に形成された火山岩で，これをその後の堆積岩とサンゴ礁由来の地層（琉球石灰岩：分布北限）が覆う。琉球石灰岩が広く分布し，最も高い台地にもあるから，海面下に沈下し，それから火山構造として現れたことを示す。118 万年前の化石は，70 万〜 117 万年（90 万年前）に島が出現したことを示唆する。2500 年前の大地震で小宝島は最大 8 m，宝島は 3 m も隆起した。島在住の岩下秀行さんが調査を続けている。（調査：2000/5/29-6/2）

　宝島：面積 7.07k㎡，最高地点 292 m，標高 50 m 以下には小宝島と同じ琉球石灰岩が広く分布する。火山は大陸の縁孤で海中にあったもの。90 万年前に姿を現した。更新世 70 万〜 117 万年に出現か。環境としては，海辺の岩礁，砂地，湿地，池沼，モクマオ林，松林，照葉樹林，リュウキュウチク群落，牧場，草地，人里。（調査：1984/4/28-5/1）

　宝島と小宝島のトカラハブは，奄美のハブより小型で毒性も弱いが，その原因は餌となる動物が小型になったことが大きいらしい。奄美のハブは大型ネズミを食べていたから毒性も強かったが，トカラではそんなネズミはおらず，カエル，トカゲなどの小型動物が対象となったから，強い毒は不要となり弱毒で体も小さくなったと，服部正策さんや太田英利さんから伺った。

　上ノ根島：面積 0.7k㎡，最高地点 280 m，横当島を囲むカルデラの外輪山の一角。チョウの記録なし。

　横当島：面積 3.80k㎡，最高地点 495 m，環境は，草原（コウライシバ，ハチジョウススキ群落），低木林（マルバニッケイ，アマクサギ群落），亜高木林（リュウキュウマツ，ビロウ，タブノキ—モクタチバナ，タブノキ—ヒメユズリハ，ガジュマル群落）。昆虫ではツクツクボウシの分布南限。

第 6 章

固有種の宝庫・中琉球—奄美諸島 vs 沖縄諸島—

　ここは中琉球に限定しよう。優劣を競う訳ではないが,主要 3 島,奄美大島,徳之島,沖縄本島は同じではない。その特徴を諸文献で得た情報をもとに地形,植生,動物相を概観する。地史は遅沢（2012）,植物については堀田（2001,2013）,米田（2016）によるものが大きい。

1.　世界自然遺産（候補）の島々—奄美大島,徳之島,沖縄本島—

　3 島とも基盤となる四万十層群が山地帯を形成し,浸食されて起伏の多い複雑な地形になっている。これに中新世以降の海成層やサンゴ礁性石灰岩が加わって低地帯があり,島の隆起や海面変動で段丘構造やリアス式海岸が出来ている。奄美大島と徳之島は平地の少ない山の島,沖縄本島は北部が山地,南部は低地となる。奄美大島がやや風化が遅い複雑な山と谷であるのに対し,沖縄は北部の山原山地でもやや単純である。

　面積は,沖縄本島（1204㎢）＞奄美大島（712㎢）＞徳之島（248㎢）で,標高（最高地点）は奄美大島 694 m（湯湾岳）＞徳之島 645 m（井之川岳）＞　沖縄本島 503 m（与那覇岳）となる。

　奄美大島：山地は標高 300 m前後で浸食による小起伏が広がる。低地は沈降によるリアス式海岸で,河岸段丘が東北部にある。後期更新世以降,東が隆起し続け傾いているという。海成層やサンゴ礁性石灰岩は少ない。笠利半島は琉球層群で,中・低位の段丘が欠落しており,大きな隆起はしていないことを示す。基盤は白亜紀とそれ以前のものである。森林が島の面積の 80 ％を占め,二次林が 61 ％。リュウキュウマツ林が 20 ％近くある。中央山地は自然林に近い二次林のスダジイ優占林,谷筋や山麓の湿った地にはオキナワウラジロガシ群落が点在する。このほか,南部の加計呂麻島,請島,与路島にもそれぞれの面白い問題があるが,詳細は類書に譲る。

　徳之島：基盤は四万十層群と貫入した花崗岩類で，それによる硬い変性岩
が浸食を少なくしている。標高 210 m 以下は更新世中期のサンゴ性堆積岩で
ある。大陸から分離した当時は小さな島であったが，その後段階的に隆起し
て南部，西部に海成段丘が発達している。全体的に北西に傾き北西側に向か
って沈下しているという。

　スダジイ林の山地を取り巻く隆起サンゴ礁の台地に耕作地がある。森林と
耕作地の面積はほぼ同じで，森林は照葉樹林とリュウキュウマツの二次林，
隆起石灰岩にはアマミアラカシ群落，犬田部岳にはオキナワウラジロガシ群
落がある。

　沖縄本島：北部の山原の基盤は四万十層群で砂岩，泥岩とその互層である
が，浸食されて起伏を生じ，標高 400 m 前後の山地をなしている。240 m 以
下に数段の段丘がある。東西海岸は島尻層で，南部は中新世後期以降の堆積
岩と第四紀サンゴ礁・陸棚堆積物よりなる。海成段丘は北部より低く，形成
時期は新しい。

　北部はスダジイ優占。固有種を含む樹齢 50 年以上の古い樹林が多い。山
原 3 村の 80％が森林。約 2 億 5000 万年前の石灰岩を基盤とする山地はアマ
ミアラカシ，クスノハカエデなどの照葉樹林で，落葉性のシマタゴ，ハゼノ
キなどが混生する。

　南部は石灰岩地帯に新しい樹林が形成されていたと思われるが，ヒトの撹
乱とくに戦争による破壊で激減し，近年はまた都市化の進行などで，昆虫の
多かった樹林は消失が著しい。

2.　チョウ相の比較

　種類数は条件を揃えるために植村・青山（2017）を使い，総計＝定着種・
定着不定種＋非定着種（迷チョウ）の順に示すと，面積と同順の沖縄本島（107
種 ＝56+44）＞奄美大島（89 種 ＝53+36）＞徳之島（70 種 ＝ 53+17）となる。

　宝庫といわれる固有種，固有亜種は，表 1 に示すように，奄美大島と徳之
島に固有亜種のアカボシゴマダラ，沖縄島に固有種のフタオチョウ，リュウ
キュウウラナミジャノメがおり，これら 3 島共通の固有種オキナワカラスア
ゲハは，奄美大島＋徳之島と沖縄本島で別亜種を形成する（図 2-11）。他に
は固有亜種のジャコウアゲハ，スミナガシがいるに過ぎない。さらに中琉球・

表1　南西諸島におけるチョウの固有種、固有亜種の分布

○, ◎, ●, △, ▲, *は、別亜種を示す。他にアサヒナキマダラセセリ、ヤクシマミドリシジミ、ヤマキマダラヒカゲがある。

	種名	九州	三島村	種子・屋久	北トカラ	南トカラ	喜界島	奄美大島	徳之島	沖永良部	与論島	沖縄本島	宮古島	八重山	台湾
固有種	オキナワカラスアゲハ *Papilio ryukyuensis*							○ *amamiensis*				◎ *okinawensis*			● *formosana*
	アカボシゴマダラ *Hestina assimilis*							○	○ *shirakii*			○?			● *formosana*
	フタオチョウ *Polyura weismanni*							○ *weismanni*				○ *weismanni*			
	リュウキュウウラナミジャノメ *Ypthima riukiuana*							●	●	●	●	● *riukiuana*	△ *miyakoensis*	▲ *bradanus*	
亜種	ジャコウアゲハ *Atrophaneura alcinous*	○ *alcinous*	○	◎ *yakushimana*	○										
	タイワンツバメシジミ *Everes lacturnus kawaii*		○ *kawaii*	○			○*	○*	○* *loochooana*	●	● *lacturrus*	○*	○	● *ishigakianus*	○
	スミナガシ *Dichorragia nesimachus*	○		○ *nesiotes*		○	○	◎	○	◎ *okinawensis*	○	◎ *okinawensis*	○	◎	○
	ヒメシルビアシジミ *Zizina Otis riukuensis*	○		○		◎	◎	◎	◎	◎	○	◎	○	◎	◎
	ヤマトシジミ *Zizeeria maha*	○	○ *argia*	○		◎	○	○	○	◎		◎	○	◎	◎
	テングチョウ *Libythea lepita*	○	○ *celtoides*	○		◎	◎	◎	○	○ *okinawana*		◎ *amamiana*	◎	◎	● *formosana*
	ルリタテハ *Kaniska canace*	○	○ *nojaponicum*	○?		◎		○	◎ *ishima*			◎	○	◎	● *drilon*
	イシガケチョウ *Cyrestis thyodamas*	○	○ *mabella*	○?		◎?	◎	◎	◎	◎ *kumamotensis*	◎	○	◎	◎	● *formosana*
	ミカドアゲハ *Graphium doson*	○	○				○ *albidum*	○	○			◎		◎ *perilus*	● *postianus*
	クロアゲハ *Papilio protenor*	○	○	○ *demetrius*				○ *sitalkes*				◎	○ *sitalkes*	◎	◎
	ウラギンシジミ *Curetis acuta*	○	○	○ *paracuta*		○		○	○			○		◎	◎ *formosana*

渡瀬線

158

南琉球に広く分布する固有種（リュウキュウヒメジャノメ），固有亜種（ヤマトシジミなど）がいるものの，移動・分散性力の弱い甲虫類などに比べると少ない。というより，飛翔力の大きなチョウでもこのように分化していることに注目すべきかもしれない。

　奄美大島と徳之島を比べると，奄美大島で記録があって徳之島にない種は20種程度いるが，これはすべて迷チョウで，徳之島だけというのは新入りのコノハチョウほか迷チョウ2種で，基本的なチョウ相はほぼ同じとみてよい。ただし，同種でも個体数の違いが目立つ種がいる。クロアゲハは奄美大島には稀，徳之島には普通，オキナワカラスアゲハは奄美大島には普通，徳之島は少ない？という傾向がある。以下に話題の固有種2種の話をしよう。

1）アカボシゴマダラはなぜ沖縄にいないのか

　この中型のタテハチョウは，奄美大島では別段変わった生活をしているわけではない（口絵 . 4-3-1）。成虫は腐果や樹液を吸い，幼虫はニレ科のクワノハエノキ（リュウキュウエノキ）を食い，集落周辺に生息して，年4〜5回程度発生する。近年はクワノハエノキが伐採されて昔ほどはいなくなったが，レッドデータブックでは，県も国も準絶滅危惧種ランクである。成虫の移動性もあるらしく，喜界島では1970年の1雄の記録が最初で，その後記録が増えて現在多産している。トカラの小宝島で2000年，中之島でも2003年に発見されたが定着しなかった。2016年7月は鹿児島市内でも1雄が採集されたが，これは人による持ち込みか？

　国外ではアジアの図2-14に示す地域に分布し，日本では奄美大島（加計呂麻島，与路島，請島含む），喜界島，徳之島のみに生息する固有亜種である。奄美大島での最初の記録は1933年の「名瀬中学に標本あり」というもので（楚南，1933），戦後1955年に新亜種 *shirakii*（素木得一博士に因む）として記載された（白水，1955）。

　徳之島には最初からいたのか　　徳之島初記録は1971年，白水先生（九大）が座談会で発言された「地元の採集家が奄美大島より，たくさんの幼虫を放した」（「昆虫と自然」6巻8号）という記事で，気になったので白水先生に確認したところ「1970年7月，奄美大島で久保邦照君から聞いたもの」とのことであった。久保君は私と大学時代の同級生で，郷里に帰って中学校の理科教師をしながら奄美のチョウを調べている人で信用は置ける。幼虫を

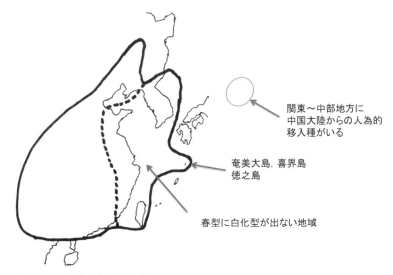

関東〜中部地方に
中国大陸からの人為的
移入種がいる

奄美大島，喜界島
徳之島

春型に白化型が出ない地域

図 2-14　アカボシゴマダラの分布
暖地は苦手のチョウという仮説はどうなるか。暖かさの指数（図 1-11）も参照。

放したのは，当時熱心な昆虫少年だった中学生であるが，放した時期や頭数
などは不明のままである。その後に出た川口・江平（1981）の徳之島のチョ
ウの総括（1977 年〜 1980 年の記録）によると，「本種は全島に広く分布し，
食樹の多い南部では個体数も多く，特に 80 年には伊仙町を中心にかなりの
個体が採集された。徳之島には食樹の大木はほとんどなく，食樹の少なさが
このチョウの個体数の少ない原因と思われる」という。ただし放蝶のことは
何も書いてない。

　1980 年の調査をもとに，二町（1981）は，徳之島の本種は放蝶に由来す
るというより，以前から生息していた可能性が高いという意見を出した。私
は徳之島では 1959 年〜 2018 年までに 19 回調査しているが，このチョウを
見たのは，2006 年が最初である。1970 年ごろ放された幼虫から，1977 年〜
1980 年に全島に広がったのであろうか。今となってはどちらとも決められ
ない。ちなみに，本種は本州でも放チョウによる定着例があり，1995 年に
埼玉県で中国産の亜種が見られるようになり，現在は関東地方から東海地方
などへ分布が広がっている。寒さには強いらしい。

　沖縄本島にも昔はいたのか　　大英博物館（ロンドン自然史博物館）に，
1893 年 3 月 17 日，フリッツエ（ドイツ人）が採集したという標本があり，

ラベルの採集地は「Lu-Chu Is.,Okinawa Shima 」(琉球諸島，沖縄島) であったという (黒澤，1978)。しかし他に明確な採集記録はなく，多くの人の探索でもまったく発見されないことから，この標本はラベルの誤記か(3月17日採集というのも可能性はあるが少し早い？)，1頭だけの迷入個体かで，昔も今も沖縄には生息していない，とするのが大方の意見である。

　私の新仮説　　問題は二つある。第1は奄美大島と喜界島では普通種であるのに，徳之島には少ない原因，第2は沖縄本島に最初からいなかった原因である。

　第1の問題は，徳之島にはクワノハエノキが少ないことも一因と想定して，これに絞った調査を始めた。2017年3月1日，会議の後に西部海岸，秋利神の旧道沿いにある水力発電所付近に，アカボシゴマダラの越冬幼虫を探しに行った。クワノハエノキの大木が少なくとも2本はある。ここは1962年にリュウキュウアサギマダラの集団越冬を，徳山佐代子さん(面縄中学3年)が，日本で始めて確認したところである。秋利神川の谷筋で海に近いが，徳之島の低地では最もよく樹林が残っている地域であろう。近くにはキャンプ場もできたが，幸か不幸か今は使われずに荒廃している。しかし本種の幼虫は発見できなかった。

　2018年3月22日と23日，また会議の合間に，レンタカーを駆って秋利神に来た。クワノハエノキの大木，中木，幼木を10本以上確認できた。若葉が出始めた木には盛んにテングチョウが産卵していた。しかし越冬しているはずのアカボシゴマダラの幼虫は見つからない。これはひょっとして，ここにはいないのではないか？　新しい疑問と仮説が浮かんだ。

　ここ徳之島はこのチョウにとって暑すぎるのではないか？　沖縄にいないのも，気温などの気象条件によるのではないか。暑すぎる地域は苦手で，棲めないのかもしれない。奄美大島や喜界島は快適だが，徳之島はやや不良とくに南は暑すぎる。沖縄などとても棲めない——と思って，アジア大陸での分布(図2-14)を見ると，南の中国東南部あたりまで生息していることになっている。しかし，このような南では内陸部のちょっと高いところにいるのではないか。植物分布で言う暖かさの指数は，日本列島ではぐっと右肩上がりになっている。黒潮などのせいで気温が違う。

　では，もっと南の台湾にいるのはなぜか。台湾のチョウ研究家，徐堉峰先

生（台湾師範大学）にメールした。「台湾でも低地にはいなくて，高標高地にいるチョウではないですか」と。「いや，台北付近では低地にもいます」という返信があった。「これは困った。私の“暑すぎる仮説”は成り立たない。なにか新しいものを考えたい」と送信したら，意外にも「いや，その仮説は正しいかも知れない。台湾でも南部には少ないから」という。文献を探すと，南部の恒春地方には「個体数多からざるも普通種である」という梅野明さんの戦前1936年の記録が見つかったが，台湾南部では多くない——。私は台湾には13回行ったが，まったく本種は見ていない。

　徳之島のアカボシゴマダラは，クワノハエノキがたくさんあっても，多くは発生しないのか，その確認の観察地がここ秋利神である。一年で最も多い6月，ぜひこの時期にここに行きたいという私の計画に，以前に徳之島農業試験場長としての勤務経験のある田中章さんと，高校時代の教え子でJA勤務の小宮裕生君が加わった。しかし，2018年6月の計画は台風に邪魔されて2回も延期し，7月16〜18日にずれ込んでしまった。おまけに，この夏は全国的にチョウの発生が少ないという悪条件もあってか，最後の日に秋利神で樹冠を飛ぶ成虫1頭を目撃しただけで，卵も幼虫も蛹も見つからず，残念ながら結論は持ち越しである。

　という次第で，私はこれからこの仮説の検証に取りかからねばならない。成虫の斑紋などは奄美大島と徳之島で差異がないようであるが，DNAは解析中でやがて何らかの結果がでるだろう。奄美大島でも徳之島でもエノキを植えて増やして欲しいが，上記の問題があるので，徳之島ではしばらく自然状態のまにしておきたい。喜界島はクワノハエノキも多く，本家奄美大島を凌ぐ多産地になっているらしい。

2）フタオチョウが奄美大島で発生

　フタオチョウはコノハチョウと共に1968年，沖縄県の天然記念物となっており，沖縄本島のほか古宇利島，瀬底島，屋我地島に記録がある。これまで台湾などにも分布するフタオチョウの亜種とされていたが，独立種にすべきだという意見も散見されていた。そして2015年にドイツのToussaintらがDNAなどを精査して沖縄の固有種とした。和名はまだないが，仮に「オキナワフタオチョウ」としておこう（図2-15・口絵.4-3-2）。

　本種が奄美大島と徳之島に産しない原因については，大陸から分離した時

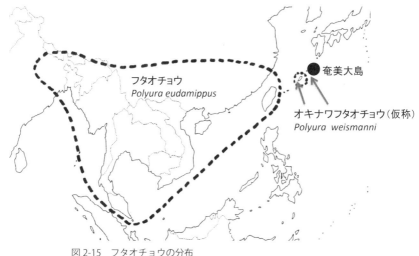

図 2-15　フタオチョウの分布
Toussaint ら（2016）より作図。これで独立種，固有種になった。

点で，両島には生息していなかった，つまり沖縄には最初からいたとしてお
きたいが，なぜ沖縄だけか？　Toussaint ら（2016）は，本種が氷期に陸橋
を通って，中国大陸から台湾，琉球へ侵入したという。これはどうか？　大
陸から分離して孤島になった時点から棲んでいたのではないか。

　ところが，まったく予想もしていなかった事態が奄美大島で起こった。
2017 年 7 月 30 日，奄美市名瀬で雄 1 頭が採集され（二町，2018）（口絵.
4-3-2），翌 2018 年には中北部各地で，かなりの成虫のほか幼虫も見つかって
発生が確認されたのである。どうやら 2017 年には他にも複数の個体が採集
され，今年（2019 年）の状況では，この島にほぼ定着したと思われる。

　これには少し驚いたが「また誰かが持ち込んだな」と思った。自力飛来に
しては距離が遠すぎる。私は同年 11 月下旬，会議の前日に，地元同好者の
案内で，北部，中部の採集地を一回りして，ヤエヤマネコノチチは人里，車
道脇にも多いことから，本種が人里のチョウであることを再認識した。

　食樹はクワノハエノキ(ニレ科)とヤエヤマネコノチチ(クロウメモドキ科)
であるが，クワノハエノキでは生育が遅れ，小さな成虫になりやすく，両種
を与えるとヤエヤマネコノチチの方を好むという。また，エノキ（日本本土
産）では死亡率が高いらしい。これまでの奄美大島と沖縄での観察例は，ヤ
エヤマネコノチチが主要な食樹であることを示唆している。

　そのヤエヤマネコノチチは，以前にはネコノチチの亜種とされたが（初島，1971），その後独立種となっている（初島・天野，1994；堀田，2013）。これは日本本土にあるネコノチチが氷期に南下して別種に分化し，後氷期の今も沖縄に遺存している北方系の樹木であるともいう。でも，フタオチョウが氷期にネコノチチと一緒に南下してくるはずはない。これは変な話だ。もしヤエヤマネコノチチが北からの新入種だとすればフタオチョウはもっと古い時代，この島が大陸から分離した時代から生息しており，最初はクワノハエノキだけが食樹で，後からヤエヤマネコノチチも利用するようになったという話になる。近年，フタオチョウは沖縄本島では北部の山地から，近年は南部へも広がっているらしい。私は2018年2月，会議のついでに，沖縄南部を回って，帰化種のギンネムなどが繁茂する貧弱な植生の中に，意外に多くのクワノハエノキがあるのをみて，フタオチョウの未来を少しばかり楽観したが，沖縄でも奄美大島でも，このチョウはクワノハエノキをどの程度利用しているのだろう。もっと，両食樹の選好性を現地で調査しないといけない。

　沖縄産本種の生活史は1963年にKubo（久保快哉・東京）が報告しており，当時鹿屋市にいた私も彼から卵を頂いて飼育した。その時，東京での飼育で食餌が足りなくなり，久保氏から届いた電文「ネコノチチオクレ」は，電報局で暗号電文と間違われた懐かしい思い出がある。ネコノチチは，猫の乳（果実が似ている）で，父ではない。

　なお，高倉（1973）は累代飼育と幼生期の興味深い記録を報告している。問題山積であるが，沖縄本島の固有種であったことに変わりはない。

3.　もうひとつの分布境界線—徳沖永良部線—

　中琉球の奄美域には他に喜界島，沖永良部島，与論島があり，行政上は鹿児島県に属するが，沖縄諸島と共に検討すると，ここに県境とは異なる境界線が見えて来る。

　クマバチ類の分布は，屋久島以北の九州などにはキムネクマバチ（胸が黄色），口永良部島，トカラ～徳之島はアマミクマバチが分布し，その南にいるオキナワクマバチは 沖永良部島～沖縄諸島～宮古諸島と鹿児島・沖縄県にまたがる。八重山諸島にはアカアシセジロクマバチがいる（山根ら，1999）。

　ヒメハルゼミは本州～九州～徳之島におり，与論島にはいないが，沖永良部島～沖縄諸島はオキナワヒメハルゼミという別種になる（林・税所，2011）。遅沢（2014）はこれを徳沖永良部線とし，昆虫の交流がなかった理由を，徳之島と喜界島は海嶺の連続衝突のため隆起しているのに対し，沖永良部島とそれ以南の島々は沈降しているからとしている。宮古島北東の海面下にある平坦部はごく最近まで大きな島であった可能性がある。この地質学的な好対照が生物境界線の何らかの形成要因になっているはずであるという。

　これをチョウで検証すると，徳之島にいて 沖永良部島にいない種は，オオオシロモンセセリ，クロアゲハ，オキナワカラスアゲハ，ウラギンシジミ，ムラサキシジミ，スミナガシ，アカボシゴマダラの 7 種で，このうちウラギンシジミ，アカボシゴマダラは沖縄本島にも産しない。一方，沖縄諸島から沖永良部島が北限になって，徳之島にはいない種は，土着かどうか分からないユウレイセセリのみである。これを分布境界線といえるかどうか，生息環境や周年経過なども加えたより詳しい検討が必要であろう。

1）奄美 3 島の概観

　ここでは，小さいながらも奄美大島，徳之島と同時期に大陸から分離しているという 3 島を概観しておこう。

　喜界島：最高地点 214 m，面積 56.94㎢。基盤は島尻層（大陸東縁の海成層）のシルト岩（泥岩のうちの粗粒の岩）である。これを琉球石灰岩が取り巻くように覆う。高いテラス，低いテラスがあるが，この段丘形成は奄美海台の衝突の結果で，多分 170 万年より若い時代に海面に出現した（遅沢，2004）。100 年に 1.3cm の割で隆起を続けているが，北西に傾いて北西側に向かっては沈下している。

　植生は石灰岩地帯の照葉樹林で，最高地点付近に数株のスダジイがあり，海岸地帯はサンゴ礁性の岩地植生が見られる。現在は低地にヒトの集落が散在し，中央部の大部分は畑地になっている。島の固有種はヒメタツナミソウのみか。

　チョウは 57 種が記録され，うち 13 種は迷チョウで，定着種 29 種，定着不定種 14 種，疑問種 1 種となる。固有種はいないが，ホウライカガミが自生しオオゴマダラがいる。このチョウは 1970 年に最初の 1 頭が採れ，4 年後の 1974 年以降は定着が確認され，町のホウライカガミ植栽の成果もあっ

て，この島のシンボル的なチョウになっている（平成元年に「オオゴマダラ保護条例」）。集落にはガジュマルが多く，これとリュウキュウテイカカズラでツマムラサキマダラが発生する。アカボシゴマダラも1970年に初記録，これは奄美大島からの飛来や人の持ち込みによるものであろう。その後は平成に入ってから記録が増え，近年はかなりの数に達している。秋に本州などから南下するアサギマダラの寄港地や到着地として広く知られており，この島を「チョウの舞う島」として有名にした。私は6回ほど調査している。

　分布欠落種は，ヒメイチモンジセセリ，ミカドアゲハ，ジャコウアゲハ，クロアゲハ，オキナワカラスアゲハ，ムラサキシジミ，ヤクシマルリシジミ，スミナガシの8種。奄美大島とのチョウの往来はかなりあると思われるが，これらが全く発見されないとすればその原因の探索が期待される。

　沖永良部島：最高地点240m，面積93.65km²。沖永良部島と与論島は隆起珊瑚礁が優越した島で，第四紀の間氷期には一部を残してほぼ水没したとされる低平な島。基盤は第三紀層で，変成凝灰岩が最高地点の大山の頂上にあり，東北→南西にも露出する。大部分は琉球石灰岩で段丘をなし，鍾乳洞やカルスト地形もある。176万6000年前から島になった。

　植物相は単純，最高地点付近にはスダジイ群落があり，石灰岩地帯にはアカギ，オオバギ，クスノハガシワなどの照葉樹林が見られる。海岸は海食崖が多く，平地は耕作地で水田から畑地に変わった部分が多い。

　上野（1964）によると，この島は琉球列島の中で石灰洞が最もよく発達した島で，鍾乳洞の洞窟動物は，昭和33年の京都大の調査以来最もよく調査されている。洞窟動物は真洞窟性動物（体色や目などが退化，消失），好洞窟性動物，外来性動物に区別されるが，南西諸島の洞窟は歴史が新しく，地表に近く，気温が高く，栄養源豊富で，真洞窟性は少ない。この島の洞窟動物は与論島のそれに最も類似しており，沖縄本島とはかなり異なる。例としては，ホラアナゴキブリ（コウモリの糞を食う），ヤイトムシ，ほかゴミムシ類がいる。以上は愛媛大学のトカラ・奄美群島の総合学術調査の報告書1号（1964年）に出たものである。その後洞窟生物の研究は著しく進んでいるらしい。

　チョウ類は73種の記録があり，定着種は37種，定着不定種は10種，迷チョウ22種，疑問種2種となる。コノハチョウは1981年が初記録，その後

も記録が続き，オキナワスズムシソウを食草として定着している。しかし沖縄本島からの自然飛来か，ヒトによる放蝶か，後者の噂もあって今も分からない。分布欠落種はミカドアゲハ，クロアゲハ，オキナワカラスアゲハ，ウラギンシジミ，ムラサキシジミ，オオゴマダラの６種。

　私は1979年から2013年までに13回ほど来ているが，気になる環境として，和泊町南部にある当田水路と松ノ前池がある。共に人工のものであるが，生態系の多様性に配慮されて造成されたものであった。しかし，その後の調査では，期待したほどの多様な昆虫は見られなかったのが惜しい。水生植物が乏しいことも一因で，もう少し環境に変化をつけることが必要である。ここを拠り所にして逃避してくる島内生物と，新しく島外から侵入する生物への配慮がポイントになる。その生物たちを定期的にチェックする人もいて欲しい。

　セミ類はクマゼミ，ヒメハルゼミ，クロイワツクツク，クロイワニイニイの４種が生息する。

　与論島：最高地点97 m，面積20.49k㎡。低く平坦な地形であるが，基盤は中期白亜紀のもので，沖永良部島や徳之島より沖縄島に似る。琉球石灰岩は赤色石灰岩の上にあるが，北西〜東南に傾斜する断層がこれを切る。沖永良部島と同じく，170万年前ごろから海上に出現した。

　森林も渓流も乏しく，セミ類はクマゼミ１種のみ。チョウは54種の記録があり，定着種は39種，定着不定種は５種，迷チョウ９種，疑問種１種となる。オオゴマダラはかなり以前から生息していたらしく，1955年から記録があるものの，食草ホウライカガミの盛衰に影響されてか，近年は個体数変動が大きいらしい。沖縄本島からの飛来による供給があると思われる。分布欠落種はアオバセセリ，オオシロモンセセリ，ヒメイチモンジセセリ，ミカドアゲハ，クロアゲハ，オキナワカラスアゲハ，ムラサキシジミ，ヤクシマルリシジミ，スミナガシの９種。私は1991年，1997年にアサギマダラを調査し，2005年３月，11月，2006年３月にも調査の機会を得た。

2）沖縄諸島

　沖縄本島のほか，県で最北端の伊平屋島，西部にある慶良間群島，渡名喜島，久米島などと多彩であるが，残念ながら私は行ったことがないので，文献から久米島のみ付記する。

久米島：最高地点 310 m，面積 63.5k㎡。西側の火山帯にある。中新世に出現，その後沈下して島尻層が堆積し琉球石灰岩が被う。昔の揚子江の河口がここにあったので，デルタ堆積物（砂岩）がある。ケラマギャップ（最深 1800 ～ 1000 m 以上）に沿う大きな湾もあった。

昆虫ではクメジマボタルがこの島の固有種で，沖縄県天然記念物（1994 年）になっている。日本産ホタル科で幼虫が水生の 3 種のうちの 1 種。屋久島以北に産するゲンジボタルにごく近縁で，成虫は前胸背の色が違うだけという。4 月～ 5 月に出現，発光パターンは西日本型と東日本型の要素を併せ持つ（大場，2004：日和・草桶，2004）。久米島ホタル館，ホタルの会があり，観察会も開かれる。どうして，この島だけこんな種がいるのか？

3) 中琉球分布欠落種のチョウ（表1）

島々の欠落種はそれぞれの項に記したが，中琉球全体をみても見逃せない欠落種がいる。

奄美大島と徳之島には，ウラナミジャノメ属とリュウキュウウラボシシジミがいない。日本列島のウラナミジャノメ属は，北の屋久島，種子島までは 2 種（ウラナミジャノメ，ヒメウラナミジャノメ）を産するが，トカラ列島と奄美諸島は分布の空白地帯で，沖縄本島，渡嘉敷島，座間味島の固有種，リュウキュウウラナミジャノメの存在感は大きい（図 2-16）。食草はイネ科，カヤツリグサ科で，生息環境の草地もどの島にもありそうで，分布制限要因にはなっていない。私も奄美諸島では気をつけて探したが，発見できなかった。現時点では生息していないことは確かで，その原因がわからない。大陸から分離した時点から，奄美域には生息していなかったのであろうか。好適な環境は少ないらしく，沖縄本島でも生息地は狭まっているという。

リュウキュウウラボシシジミは分布北限の沖縄では見たことがないが，東南アジアの広域分布種で，フィリピンのルソン島などではよく見かけて生活史も観察した。沖縄本島までは北上してきたものの，林間の暗がりを弱々しく飛ぶチョウだから，これ以上の奄美域への北上は無理かもしれない。

沖縄本島ではウラギンシジミとヤクシマルリシジミが見られない。ウラギンシジミは 沖永良部島，与論島，宮古島にもいないから，まとまった欠落地帯といえる。大陸からの分離時点からいなかったか？　奄美大島でも多くはないが，私は植栽されたイタチハギの花穂で幼虫を採集したことがある。

ヤクシマルリシジミは，トカラ列島，喜界島，与論島，沖縄本島，宮古島に欠落しているが，13 科以上 80 種を超える食餌植物が知られ，私の庭でも毎年発生しているのに，これらの島の何が彼らの生活を抑制しているのか全く分からない。侵入もしていないのか。

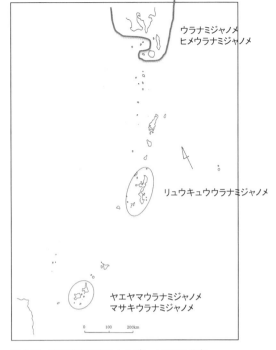

ウラナミジャノメ
ヒメウラナミジャノメ

リュウキュウウラナミジャノメ

ヤエヤマウラナミジャノメ
マサキウラナミジャノメ

図 2-16　南西諸島のウラナミジャノメ属の分布
奄美諸島，トカラ列島の分布空白地帯に注目。

第7章
中琉球と南琉球を比べる

　中琉球と北琉球は渡瀬線で区切られた異なる生物の世界であったが，中琉球と南琉球はケラマ海峡で区切られてはいるものの，同時に大陸から切り離され，世界自然遺産クラスの島を持つなど共通点も多い。しかし相違点の方が大きいかもしれない。まずはハブ問題から両地域の生物相を概観する。

1. ハブのいる島いない島—旧説から新説へ—

　鹿児島県内でハブがいるのは奄美大島と近隣の3島（加計呂麻島，請島，与路島）及び徳之島で，喜界島，沖永良部島，与論島にはいない（図2-17）。近縁亜種トカラハブは南トカラの宝島と小宝島にいて，北トカラの島々にはいない。この奇妙な分布は沖縄県でも見られ，沖縄本島，久米島など多くの島にハブが，八重山諸島（西表島，石垣島）にはサキシマハブがいるのに，宮古島にはいない。このようにハブのいる島といない島があるのはなぜか。有名なハブ論議も新しくなった。問題は「なぜいるか？」と「なぜいないか？」である。

1）島の水没説の誤り

　なぜいないか？については，侵入出来なかった，という答えのほかに，「島が水没したから」とか「サンゴ礁性の島では生活できないから」などという話で決着したかのように見えた。これらについて，宮古島を例とした太田・高橋（2008）の次のような批判的解説がある。

　戦前の説は，半澤正四郎（東北大：1933年）の提唱した「海水氾濫，一掃説」で，宮古島は低くて平坦なので比較的最近に水没し，ハブなど生物が一掃された。その後島は再び隆起して現在に至るという。難点は宮古島にも無毒蛇など多くの陸生動物が生息していることであるが，これらは漂流（海流）や人の運搬によって到達したものであるとした。

　戦後，高良鉄夫（琉大）による新説「毒蛇・無毒蛇すみわけ説」がでた。水没で一掃されたところまでは同じであるが，再度，宮古島が海上に姿を現したとき，八重山諸島などと平坦な陸橋で繋がっており，低地に生息していた無毒蛇などは侵入できたものの，山地に生息していたハブなどは到達できなかった。

2）それで今は

　これらは一見合理的で分かりやすいから，奄美諸島やトカラ列島の分布も同様に説明できる──と思われたようである。ところが宮古島ではその後，大きなハブの化石が見つかり，「以前はいた」ことが分かった。島の成立史や化石，DNAなどの裏付け研究も進ん

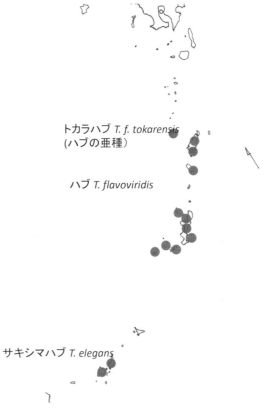

図 2-17　南西諸島のハブ属の分布
生息しない島も多い。その理由は簡単ではなさそう。太田（2009a）などより作図。

で，他にも動物の固有種や固有亜種が多数いたことが明らかになった。

　そして問題は，なぜこれらの動物が更新世から現在までの間に消滅したかに移ったのであるが，答えは太田（2019）の仮説を要約するとこうなる。

　この島のハブが大型であったということは，主な餌になる大型ネズミ（ミヤコムカシネズミ）がいたからである。これを丸呑みにするハブは口が大きくなければいけないが，口だけを大きくは出来ず体全体が大型になった。しかし，何らかの原因でこの大型ネズミが急減し，それに代わる小型ネズミ（オオハタネズミ）はハブの食餌としては不十分だった。宮古島ではハブだけで

なく，大型哺乳類のシカ，イノシシ，ネコ，陸生のカメや，飛べないツル，クイナなどもいたが，僅か数万年の間に絶滅した。これはこの琉球石灰岩の島にも豊かな照葉樹林があったが，それがヒトの渡来，撹乱によって激減し，森林性動物やそれに依存する動物たちが絶滅した可能性が高いことを示唆する。もちろん，島の小型化による環境収容力の低下，氷期の到来による気候の悪化などもその原因と想定されよう。これらを科学的にどのようにして実証するかが課題である。

　とは言えこれは宮古島の話で，与論島，沖永良部島，喜界島などにいない原因を明快に説明することは困難らしい。

3）氷期の陸橋説の誤り？

　一方，なぜいるのか？の答えは「第四紀陸橋説」，すなわち第四紀に大陸から台湾を経て，八重山，宮古，沖縄，奄美諸島，南トカラまで，細長い陸地のつながり（陸橋）があり，これでハブなど多くの大陸系動物の祖先が侵入したが，トカラ海峡を越えられずに，南トカラで止まったという説があったが，近年の生物の遺伝子情報や地史の知見で，この陸橋の存在は否定された（前記148頁参照）。

　ハブがいないということは，侵入出来なかった（海や川，高山などの障壁があって入れなかった），侵入しなかった（一見，好適な環境であったのに，何らかの原因で入らなかった），定着していたが消滅したのいずれかであろう。例えば，トカラハブは奄美・沖縄諸島産のハブに近縁で，昔のある時点に祖先が陸橋伝いもしくは漂流分散により奄美大島から侵入し，隔離されて現在に至る——と思われる。ただし，まさかハブが泳いで来ることはないだろうから，中琉球が大陸から分離した当初に南トカラとは繋がっていたとすれば解決であるが，それを裏付ける地史のデータはどうか？

　これはハブだけではなく，チョウやヒトを含む全生物の問題といえよう。さて，どこまで解明できるだろうか。

2. 植物はどこから来たか
1）植物相の概観

　初島（1971，1991），堀田（2000，2001，2004），米田（2006，2018）などを参照するとおおよそ次のようになる。

　全体的には湿潤な環境に形成された森林性の島々で，基調は照葉樹林である。九州から西表島まで，シイ，タブ林が優占するが，暖帯から亜熱帯への移行は連続的である。最終氷期に元気だった温帯系植物群も残存，孤立しているように見える。低地の石灰岩地帯は亜熱帯の常緑樹林，ガジュマル—クロヨナ群集などで熱帯系の種も多い。しかし，大部分は人里環境となっており，多くの固有種が森林生態系にある。

　沖縄本島中南部は，戦災などで豊かだった樹林が失われ，北部の非石灰岩地帯はスダジイが優占する照葉樹林であるが，屋久島と違ってオキナワウラジロガシ，リュウキュウマツ，木生シダなど樹種の多様性が高い。高地，山頂部は雲霧帯となるが，屋久島のような冷温帯はない。

　沖縄～八重山では，海岸地域の琉球石灰岩域に適応，分化したものもあり，マルバニッケイ，リュウキュウタイゲキ，クスノハカエデなどは石灰岩地帯に特有である。テッポウユリ，ツワブキはさらに北に広がり，石灰岩以外の地域にも進出している。八重山諸島の西表島はマラリアのため開発が遅れ，自然林が多く残ってヤエヤマヤシなど多くの固有種がある。

　樹林の下層部や海岸低地の南方種には，気流や海流による分散種が多く，山地の高木帯にはスダジイなど，それらに依存しない分散力の小さな種があり，低温で大陸や日本本土と陸続きであった時代の残存種の可能性も示唆する。ただし，スダジイは遺伝子解析の結果では，南方系の別種オキナワジイとされており，その分散手段は再検討が必要かと思われる。

　大陸島が多いものの，固有種は約120種で，面積は違うが海洋島の小笠原諸島58種の約2倍もある。固有亜種，変種は約50種を数える。奄美大島は沖縄本島より面積は狭いが，固有種が断然多いのは，山地の環境がより多様であることが一因であろう。

　自然林の優占群落をみると，奄美大島と徳之島にはケハダルリミノキ—スダジイ群集，沖縄本島はオキナワシキミ—スダジイ群集，西表島はケナガエサカキ—スダジイ群集，二次林はギョクシンカ—スダジイ群集がある。どの島も谷沿いには，オキナワウラジロガシ群集が広く分布する。

2）植物はどこから来たか

　世界自然遺産推薦書（2019；環境省）では，次のように分けて事例を示す。

　①島嶼形成以前からの要素：大陸時代からあった植物で，古くて固有種化

または固有亜種化した種が多い。アマミサンショウソウ（イラクサ科），ヤドリコケモモ（ツツジ科），カンアオイ類（ウマノスズクサ科）ほか。

　②ユーラシア大陸東南部要素：中国南部から侵入したもの。サツマイナモリ（アカネ科），アセビ属，シシンラン属（ゴイシツバメシジミの食草），オカトラノオ属。

　③旧北区要素：鮮新世末期から更新世初期の氷期に日本本土から南下して最終氷期後も遺存しているもの。ヤエヤマネコノチチ（フタオチョウの食樹），ヌスビトハギ（リュウキュウウラボシシジミの食草），オオシマノジギクなど多数。

　④マレーシア要素：海流，鳥，風により分散するもの。ニッパヤシ，ヒルギ類，ヤエヤマハマゴウ，ヤナギニガナなど。

　⑤太平洋諸島要素：海流，鳥，風により分散するもの。エナシシソクサ（ゴマノハグサ科）。

　⑥オーストラリア要素：渡り鳥による分散（種子が付着）：コケタンポポ，マルバハタケムシロなど。

　このうち，オーストラリア要素については横田(2015)で指摘されているが，このような長距離分散の方法については，全く説明が出来ていないという。

3. 動物はどのようにして来たか

1）動物相の概観

　太田（2002，2005），太田・高橋（2005）などを参考にしてまとめると以下のようになる。

　中琉球には飛ばない陸生脊椎動物の固有種が圧倒的に多い。南琉球でも固有種はいるが，とくに八重山諸島には，近くの大陸，台湾系のものが多い。少し離れた宮古島と台湾に近い与那国島は特異性をもつ。

　陸生の哺乳類は，島の面積が狭いので，在来の大型種は食肉目（イリオモテヤマネコ），偶蹄目（リュウキュウイノシシ），ウサギ目（アマミノクロウサギ）のみで，もちろん霊長目はヒトだけでサルはいない。上位捕食者の中大型種は少なく，小型種（コウモリ，ネズミ類）の割合が高い。21種中13種（62％）は固有種，亜種まで含めるとさらに高い（82％）。

　南琉球には，中琉球ほど多くはないが，石垣島と西表島の間にある日本最

大のサンゴ海域，石西礁湖域の島々に集中しており，イリオモテヤマネコ，サキシマカナヘビ，サキシマハブ，ヤエヤマアオガエルなど，多くは大陸東部と台湾に近縁種が生息している。与那国島のキノボリトカゲなど爬虫類の固有亜種3種は，台湾とのより高い地域性をもつことを反映している。宮古島は最近まで海面下にあったとされるが，ミヤコカナヘビ，ヒメハブなど少数の固有種がいる。

　鳥類の固有種はルリカケス（奄美大島），アマミヤマシギ（奄美大島，徳之島，沖縄島），ノグチゲラ（沖縄島），ヤンバルクイナ（沖縄島）の4種。ほかに陸生爬虫類（陸カメ，トカゲ，ヘビ類），両生類，魚類にも固有種が多い。中琉球のハブは，南琉球産のサキシマハブ（台湾，中国のタイワンハブに近縁）よりも，大陸産のジェルドンハブに近縁である。

2) 彼らはどのようにして来たのか

　世界自然遺産推薦書（2019；環境省）には，動植物まとめて次のようなパターンを示す。昆虫の例に下線を引く。（　）内は私の所感など。これらはチョウの例を交えて後で検討する。

　①大陸から分離した島にいた：アマミノクロウサギ，トゲネズミ属，ヤマガメ類やトカゲモドキ類など。

　②氷期の海面低下時に海を越えてきて固有化：イリオモテヤマネコ，リュウキュウイノシシ（④と同じ？）

　③南方から飛来北上，飛翔力を失って固有化：ヤンバルクイナ（⑦の早期？）

　④気候変動（氷期—間氷期）による南下，北上，（避難場所的な生息地）：

　氷期に南下した温帯系：<u>アサヒナキマダラセセリ</u>（189頁参照），オオシマノジギク，アマミナツトウダイ

　氷期以前に北上していた熱帯系のコウトウシュウカイドウ

　⑤黒潮などによる海流分散：サキシマキノボリトカゲ；<u>クロカタゾウムシ，ヤエヤマツダナナフシ</u>；ニッパヤシ，ヤエヤマヒルギ，メヒルギ，コウシュンモダマ

　⑥台風などによる風分散：<u>ベニモンアゲハ</u>（197頁参照），<u>ツマムラサキマダラ</u>（198頁参照），<u>ベニトンボ</u>（98頁参照），<u>オオキイロトンボ</u>，

　⑦渡り鳥などによる鳥分散：コケタンポポ，マルバハタケムシロ

4.　チョウはどこから来たか

　「琉球列島産昆虫目録」（東ら，2002）には約 7500 種が出ており，南西諸島全体の昆虫類の分布型は，東洋区系（39.8％），固有種（26.7％），日本本土共通種（13.2％），旧北区系（5.5％）になり，チョウ目や甲虫目でこの型が顕著であるという（東，2013；小濱，2015；自然遺産推薦書，2019）。

　しかし，この 4 パターンの分布型の設定では，実態はよく分からない。渡瀬線を境に北琉球は旧北区，中琉球と南琉球は東洋区に入ることはいわば当然で，種の分布状態により発祥の地，出発地の推定は出来るが特定には至らない。チョウ類については，日浦（1971）の分布型（21 頁参照）を元にすれば，1）シベリア型（ユーラシア大陸広分布：キアゲハ），2）ヒマラヤ型（照葉樹林帯に当たる：クロアゲハ），3）周日本海型（前 2 型の遺存型），4）マレー型（熱帯・亜熱帯アジアに広分布：ツマベニチョウ）の 4 型で，おおまかな傾向はつかめる。北琉球には 4 つの型がいるが，中琉球と南琉球にはマレー型が主力となる。こまかな種の発祥地は，遺伝子情報や形態，生態の情報を総合して検討すればかなりの所まで解明できる。

　彼らはいつ，どこから来たか。昔のことは不確かであるが，現在，飛来，侵入しているチョウ，迷チョウを検討すると，東西南北から来ていることが分かる。代表的な迷チョウ，リュウキュウムラサキを見ると，東は太平洋の島々，南はフィリピン，ボルネオ，南西は台湾，大陸南部から，それぞれの地域の亜種が飛来する（が，定着はしない）（図 2-18）。秋には北西風に乗ってキタテハなどが来る。ヒトがチョウの記録を残し始めてから，それらを使って私はその実態をまとめ（福田，1971），1950 年以降に南西諸島を北上して定着したチョウ 6 種を指摘した（195 ～ 198 頁：福田，2012abc）。しかし，その他の約 40 種の普通種たちは一筋縄ではいかない。

1）北上したマレー型チョウ群

　日本本土亜種と中琉球・南琉球の亜種が，なぜ渡瀬線で対峙しているのかと言う問題を考えよう。これは，本土亜種は 1500 万年前に九州などが孤島になってから，ある時期に分化して，ある時期に屋久島，北トカラまで南下したが，中琉球・南琉球の亜種は遅れて何年か後に孤島になってから分化した。その後も多少は互いに侵入，分散をしているが，今のところ大勢は変わ

図 2-18　リュウキュウムラサキの分布
これらの亜種が日本に飛来するが，成虫の斑紋で出発地域が推定できる。赤斑型が勢力を拡大中という。

らない，という答えが想定される。

　ヤマトシジミはアジアの熱帯・亜熱帯に広く分布しており，九州・琉球ではどこの校庭，公園，家の庭でも，カタバミを食草として普通に発生している。それが渡瀬線を挟んで，北は本州北部まで同じ亜種が，南の中琉球と南琉球には別の亜種が分布している。この小さなシジミチョウは風で吹き飛ばされるようにして海を渡り，かなり小さな島にも棲みついている――と言っても，入れ替わりもかなりあるだろうが，これは本種の個体数の多さ，年中発生を繰り返して発生期間が長いことも関わり，食草カタバミの強い分散力に負うところも大きいであろう。トカラ列島では，本土亜種の南下は少ないと思われるが，琉球亜種は北上傾向が強いから，どこかの島で交雑が起こって新型個体が発生しているかも知れない。

　ルリタテハ，テングチョウ，そしてイシガケチョウもこの例に加えよう。日本産のイシガケチョウはすべて同じ亜種 mabella とすることが多いが，屋久島以北のものは別亜種 kumamotensis とする説（Matsumura,1929）もあった。奄美産と屋久島以北産は成虫の斑紋も少し違うが，終齢幼虫の斑紋が奄美以南産は変異が大きくて，屋久島以北産は安定していることから，別亜種にする方がよいと思う。トカラ列島産は渡瀬線をはさんで違う可能性が高いが，まだよく調べていない。

　トカラ列島にこだわらず，屋久島，南九州まで入れると前述（表1）のように例は多い。もちろん例外的なものはいる。例えば，ミカドアゲハは本土亜種が北琉球から渡瀬線を越えて中琉球の沖縄島までいるという（長田，2015；長田ら，2015）。問題は，本土亜種が北琉球に南下した「ある時期」と，中琉球と南琉球が大陸から分離し，孤島になった時期である。これは現在のチョウのデータからはまだ明快な答えが出せない。

　亜種に分化していない普通種も多い　これらは侵入してまだあまり時間が経っていない，おそらく後氷期の温暖期に北上したものだろう。彼らはアジア熱帯，亜熱帯に広く分布するマレー型チョウ群で，中琉球の主役として二十数種いる。オオシロモンセセリ，オキナワビロードセセリなどのように奄美大島で止まっているものから，北九州まで上がったタテハモドキ，本州まで行ってなお北上の気配を見せるツマグロヒョウモン，ナガサキアゲハなどまでと多彩で，どうしてこんな差異がでているのかはまた別な問題である。ツマベニチョウは九州南部〜屋久島，奄美大島，沖縄，八重山諸島の4の亜種に区分できるとする論文もあるが（黒澤・尾本，1955），違いが微妙で，認めない人が多い。しかし，いずれ変わってくるかも知れないので，注目しておく必要あり。

　コノハチョウが徳之島まで北上した　亜種分化の兆しがあるか，ごく新しい北上例としてコノハチョウを紹介しよう。本種は1968年に，分布北限ということで沖縄県の天然記念物になった。国外ではインドからインドシナ半島，中国南部，台湾に分布し，日本では石垣島，西表島，小浜島，沖縄本島，古宇利島に産する。南西諸島産は亜種 *eucerca* とされるが，台湾亜種 *formosana* と区別出来ないともいう（猪又，1986）。もし台湾産と同じ亜種であれば，比較的新しい時代に台湾あたりから北上したことが推定される。

　ところが，1980年代に沖永良部島に侵入して定着，2008年には徳之島まで北上して定着した。ヒトによる放蝶説もあるが，成虫でも越冬し長寿であることから，自力分散の可能性も高い。主な食草は2種で，セイタカスズムシソウは沖縄本島，石垣島，西表島にしか分布しないが，オキナワスズムシソウは沖縄本島，伊良部島，久米島，古宇利島（？）さらに北部の沖永良部島，徳之島，奄美大島，喜界島まで分布する。徳之島は植物目録にはないけれど，私たちはオキナワスズムシソウの生育地をいくつか発見し，それを幼

虫が食していることも確認している（福田ら，2009）。2012 年には人家に植えた食草にも幼虫が発見された。奄美大島や喜界島に食草が多ければ，このチョウが北上してくるかも知れない。鹿児島県ではとても天然記念物には出来まいが，沖縄県の天然記念物はまだ続けるべきか。この有名チョウを小学生が自由に採り，飼育することの方がもっと大事なことのように思える。

2）温帯系のチョウは中琉球には定着していない

　渡瀬線より北に分布する北方系，旧北区系のチョウは，シベリア型とヒマラヤ型，これらの変形ともいえる周日本海型などに分けられ，これらユーラシア大陸中北部に広く分布するチョウは，九州本島を南限としている種，屋久島まで南下している種，毎年秋に南下する種など多彩であるが，どうしてか奄美諸島以南には定着していない。中琉球を分布南限とする種はいない。

　まったく発見もされない種としては，キアゲハ，ベニシジミ，ウラギンスジヒョウモン，ミドリヒョウモン，メスグロヒョウモン，イチモンジチョウ，コミスジ，シータテハ，ヒオドシチョウ，コムラサキ，ジャノメチョウがあり，時に南下するが定着していない種のスジグロシロチョウ，ルリシジミ，ツバメシジミ，キタテハ（毎年南下する？）がいる。例外的というか，モンキチョウだけはほとんどの島で発生しているようだ。

　植物にはその例があるという（堀田，2003）。中琉球に暖温帯系の落葉樹が多いのは，第四紀の寒冷期，海面が低下して東シナ海が陸化した時沖縄群島まで南下し，亜熱帯気候でも生き残ったもので，一部は固有種になっている。ヒメカカラ，ヤクシマスミレのような屋久島との共通種もそのことを示唆しているという。しかし，南下したその“第四紀の寒冷期”の詳細については言及していない。堀田（2003）はまた，温帯系植物で九州南部や屋久島まで分布し，トカラ列島を飛び越えて奄美や沖縄地域にまで分布して，亜熱帯的環境で形態的分化を起こしている種としてハナイカダとリュウキュウハナイカダの例をあげる。また，リンドウは九州から屋久島やトカラ列島を飛び越えて奄美大島に分布し，形態が変わりアマミリンドウとしても良いものになっている。ナツトウダイも類似の例であるという。

3）照葉樹林型のチョウには曲者が多い

　ヒマラヤ型，照葉樹林型のチョウで中琉球でも記録のあるものは，アオバセセリ，イチモンジセセリ，ジャコウアゲハ，ナミアゲハ，クロアゲハ，ム

ラサキシジミ，サツマシジミ（奄美大島・沖縄島：非定着），ウラギンシジミ，アサギマダラ，アカタテハと並べると，島によって欠落したり，普通種であったり，亜種分化していたり，個体数変動が大きかったり，移動性が強かったりと，“曲者”揃いという印象を受ける。これらは大陸時代の南西諸島に当たる地域が，このチョウ群の分布域にあるので，大陸時代および孤島になってから，いろいろなことがあったのであろう。いくらかは別頁で触れたので参照していただきたい。答えは種類ごとに丹念に調べて出すしかない。

4）広域分布種，ヒトの環境攪乱により侵入したチョウ

　３万年前にヒトが侵入するまでは，多くの島々は森林が優占しており，照葉樹林，亜熱帯林の世界であったろう。樹木を食物，休息，活動の場とする森林性昆虫，森林性チョウ類には安定した環境であった。昆虫や他動物の固有種クラスの多くは森林生活者である。草原性チョウ類は，暗い林床に生える少数の草本と林縁の植物に依存するほか，地滑りなどで生じた草地，そして海岸近くの石灰岩地帯にしか生息出来なかった。

　ヒトが住みついたら，畑にはアブラナ科を求めてモンシロチョウが入り，田んぼのイネにはイチモンジセセリ，ヒメイチモンジセセリがやって来たが，栽培イネ大好きのイチモンジセセリは，早期栽培の普及で発生の仕方を変え，奄美諸島のヒメイチモンジセセリは水田を止めたらいなくなった？　人家のミカン類ではナガサキアゲハが発生し始めた。トウワタとカバマダラ，ナンバンサイカチとウスキシロチョウなど，これらは近年〜現在の知見からの推定であるが，栽培植物のチョウとの関わりは増大傾向にある。

　モンシロチョウも外来種である　モンシロチョウは人の目には雌雄とも白く見えるが，紫外線を感知するチョウの目でみると，雄は黒く雌は白く見えるらしい。これは雄の翅は紫外線を吸収し,雌はそれをしないからと言われる。ところがイギリス産は雌雄とも黒く見えるという。これはどちらかが調査の間違いかと思ったが，両方とも正しかった。そして，日本のモンシロチョウはこの２系統の混血状態になりつつある（小原，2007；2010）。

　モンシロチョウの原産地は中央アジアの内陸乾燥地帯とも言われたが，小原（2010）によるとこれはヨーロッパで，ここから東進し，途中で雄が黒く見える系統が分化し，さらに東進して先史時代か歴史時代の初期に大陸沿岸域から日本に侵入した。ところが，そこへ19世紀中頃のイギリスによるア

ジアの植民地化などで, イギリス型のモンシロチョウが, ホンコンや広州に持ち込まれ, 先行の個体群と交雑しながら分布を広げ, 沖縄島へは 1958 年頃, 宮古・八重山諸島へは 1966 年以降に侵入した。大陸では上海, 北京, 朝鮮半島まで北上, 日本列島では福岡にも進出しているが, 2007 年の時点ではまだ関東までは来ていないらしい（小原, 2007：2010）。奄美大島の最古の記録は Fruhstorfer による 1898 年（明治 31 年）のものである。

　英名で cabbege butterfly と言われるこのキャベツ大好きのチョウは, 近年家庭菜園のキャベツの減少で, かなり数を減らしているが, アゲハチョウと共に小学校理科教材の主役である。しかし, 栽培アブラナ科がなくなる時期に, 野生アブラナ科をどのように利用して世代を繋いでいるかなど未詳の課題は多い。南西諸島の島々には定住しているモンシロチョウがいるか？

5.　採集禁止の虫たち

　チョウ以外の昆虫相の違いを, 甲虫類が多い採集禁止種で概観しよう。希少野生動植物指定種として, 国の指定種で奄美関係は動物 6 種, 植物 3 種, うち昆虫はフチトリゲンゴロウ, ウケジママルバネクワガタ, 沖縄県はクメジマボタル, オキナワマルバネクワガタ, ヨナグニマルバネクワガタ, ヤンバルテナガコガネ, イシガキニイニイ。鹿児島県の指定種で奄美関係は動物 11 種, 植物 15 種, うち昆虫はウケジママルバネクワガタのみ。奄美 5 市町村の希少野生動物指定種（2014 年 10 月）は動物 22 種, 植物 35 種を含む。うち昆虫は 10 種で, 上記の指定種全種もこれに入る。

　沖縄本島には横綱級のヤンバルテナガコガネ（中国南部～ベトナムに分布）がおり, 奄美大島, 徳之島は多彩なクワガタムシ, カミキリムシで対応する。その例のひとつ, 密猟などで話題性の高いマルバネクワガタ類はこんな虫である。

　　お騒がせなマルバネクワガタ類　　マルバネクワガタ属は中国南部からインドシナ半島, ボルネオ, ジャワなどに分布し, 南西諸島ではアマミマルバネクワガタ（奄美大島, 請島, 徳之島）, オキナワマルバネクワガタ（沖縄本島, 久米島）, ヤエヤママルバネクワガタ（石垣島, 西表島）,（亜種ヨナグニマルバネクワガタ：与那国島）, チャイロマルバネクワガタ（石垣島, 西表島）がいる（図 2-19）。

成虫はおもにスダジイの古木に集まり，幼虫は立ち枯れ，倒木の樹洞内のフレーク（堆積した腐植物）を食べて，ほぼ3年目に成虫となる。他のクワガタムシ類より遅い8月下旬～10月中旬に羽化し，夜行性でよく飛び，灯火にも来る。森林伐採と密猟による減少が危惧されている。

棲息地となる樹洞は，米田（2016，2018）によると，老齢木の樹勢が低下し，腐朽菌が繁

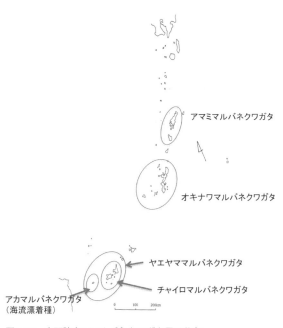

図2-19　南西諸島のマルバネクワガタ属の分布
定木ら（2014）より作図。チャイロマルバネクワガタは体色も茶色で，昼行性の種であり，同属ながら別の侵入経歴をもつ種。希少種の指定はない。

殖することによって形成されるが，台風による傷害，シロアリの加害などがこれを加速している可能性がある。大径木に多く，森林性の動物の食物，営巣地，避難場所として多様性を支えているものの，林業にはダメージで，この被害が少ない時期に伐採しなければならないという。請島でマルバネクワガタが最初に発見されたという樹を，私は前田芳之さん（故人）の案内で見たが，もう車道の脇になっていて，フレークのないただの老木であった。

マルバネクワガタ属の南西諸島への侵入は，遺伝子情報などから，700万年前か200万年前であると推定された（細谷・荒谷，2006）。大陸にいた祖先種がこの時期に中琉球と南琉球に分かれ，さらにいくつかの島ごとに分化したものと思われる。請島の固有種とされたウケジママルバネクワガタは1996年，瀬戸内町天然記念物指定となったが，その後の調査で，奄美大島産との差異は軽微で，徳之島産と共にアマミマルバネクワガタ（県絶滅危惧I類，国絶滅危惧IB類）の請島型，徳之島型程度の分化であるという（定木ら，2014）。

第 8 章
南琉球の寸描

１．地史は難解？

　南琉球は北の宮古諸島，南の八重山諸島に大別されるが，本項では東の大東諸島，西の尖閣諸島にも触れよう。しかし，個性ある島々が多く，その地史を私は多分十分には理解していない。

　地史は木村（2002），大塚（2001），神谷（2007），Osozawa et al.（2012），大塚ら（2014），その他の文献，インターネット情報をまとめると以下のようになる。

　沖縄トラフ拡大開始（900 〜 800 万年；中新世）：八重山諸島地区は台湾から延びる半島となる。宮古島はまだ海底？（図 2-2）

　島尻海時代（500 〜 300 万年前；中新世後期〜鮮新世）：八重山諸島域と宮古諸島域が台湾から離れて孤島となる。（図 2-3）

　広く陸化した時代（300 万〜 180 万年前；鮮新世末期〜更新世初期）：沖縄トラフの沈降は一旦止み　南西諸島域は大陸辺縁にあり，隆起して高さ1000 m 級の山地となる。南琉球域も陸化して大陸の一部となるが，北西部に大きな湖ができる。（図 2-4）

　大陸から北・中・南琉球が分離した時代（200 万年前または 155 万年前（170万〜 140 万年前）；更新世前期）（異説あり）：沖縄トラフの沈降が再開，トカラ海峡とケラマ海峡が出来て，中琉球が孤立する。南琉球域は台湾北部と大陸から半島状に延びて，細いケラマ海峡で中琉球と切れる。（図 2-5）

　琉球サンゴ海時代—サンゴ礁形成期—（130 万年前；更新世前期）：広く海面が上昇し，きれいな海の時代となる。八重山諸島の高地は島となり，宮古島など低い島は海没，ケラマ海峡は広がる。

　＊ 80 万年前から台湾海峡が作用。

　＊ 70 〜 30 万年前（更新世中期）ウルマ変動が激化，台湾北部から宮古ま

で陸橋となる。

　＊ 20 〜 12 万年前（更新世後期）サンゴ礁発達。琉球列島は完全に島の時代に入る。

　＊ 4 〜 2.5 万年前（更新世後期）八重山諸島は大陸とは切れて，宮古諸島とはつながる。

　最終氷期（2.5 〜 1.5 万年前；氷期最盛期：更新世後期）：大陸側とは海域で隔てられ，南琉球域は台湾北部から細長い半島としてケラマ海峡まで延びる。ヤエヤマウラナミジャノメ（石垣島・西表島）とタッパンウラナミジャノメ（台湾）は 2 万年前に分岐している。

　＊ 1.5 〜 1 万年前（更新世後期）　孤島となるが，石垣島と西表島はつながる。

　＊ 1 万年〜現在（完新世・後氷期）9500 年前から現在のサンゴ礁，ビーチロックなども出来はじめる。

2．南琉球のチョウの問題点

　チョウについても，南琉球には中琉球と違った特異な話題，課題がある。八重山諸島と宮古諸島の違いも大きいが，八重山諸島だけでも，主要島 4 島の環境がそれぞれの特徴をもつこと，迷チョウが多いこと，固有種は新しいこと，不思議な分布欠落種がいることを挙げたい。そして採集に来る人が多い割にはデータの報告，集積が少ない？

1）迷チョウと定着種の割合

　宮古島，石垣島，西表島，与那国島の種数は，植村・青嶋（2017）の分布表を使い，定着・半定着種と迷チョウ（偶産種・非定着種）の判定もこれによる。この表にない波照間島は琉球列島昆虫目録（2002）から拾い，定着性を推定すると以下のようになる。

　種類数は多い順に，西表島 145 種（定着 77 種＋迷チョウ 68 種），与那国島 142 種（61+81），石垣島 141 種（74+67），波照間島 95 種（52+43），宮古島 72 種（45+27）で，石垣，与那国，西表島の種類数は 141 〜 145 種でほぼ同じ，波照間島もさることながら，宮古島の少なさが際立つ。これはいくらか調査の精度も関わるであろう。

　どの島も迷チョウの割合が高い。最高は与那国島の 57％，以下石垣島 48％，

西表島 47％，波照間島 45％，宮古島 38％の順で，台湾に近い与那国島は半数を超える。ちなみに奄美大島は 40％，徳之島 24％，沖縄本島 44％である。

2）定着種と固有種

　南西諸島の中で八重山諸島だけしかいない定着種は 23 種，このうち石垣，西表，与那国 3 島に共通な種は 9 種で，固有種はヤエヤマカラスアゲハ，マサキウラナミジャノメ，ヤエヤマウラナミジャノメのみ，固有亜種にアサヒナキマダラセセリ，ジャコウアゲハ（宮古，八重山）など 5 種がいる。ほかの定着種は，タイワンアオバセセリ，ネッタイアカセセリ，シロオビヒカゲなどなど，台湾との関わりの強さを示唆するし，与那国島のみに産するタイワンシロチョウも台湾との近さを実感させる。

　このように中琉球に比べて固有種・固有亜種は少ないものの，中国大陸と台湾が近く，陸橋でつながったにしろ，海峡で隔てられたにしろ，チョウの往来はかなりあったし，今もあると思われる。植物相についても，石垣島，西表島は日本の亜熱帯域を最もよく代表する島で，ニッパヤシが台湾を飛び越えて分布し，発達したマングローブ林がある。中琉球には及ばないが固有種も多く，この地域は台湾を介して大陸と最近まで連続しており，台湾との共通種が多い（堀田 2001）。

3）多彩な迷チョウ

　八重山諸島には特に迷チョウが多く，毎年，迷チョウハンター達で賑わう。迷チョウにはフィリピンなどからの遠来の客もいるが，台湾にも中国大陸にも近いから，長距離移動を得意としないチョウが発見されることが多い。私はこれを「はみ出し迷チョウ」と呼ぶ。これには常連迷チョウもいるし，日本初記録種もたまに出る。

　ただ残念なことに，年々の迷チョウ記録の集積は不十分である。2014 年には「迷チョウ大図鑑」（むし社）も発行されて，同定は容易になった。私たちが鹿児島で作った「昆虫の図鑑　採集と標本の作り方」（南方新社）には，今日まで記録された日本の迷チョウ全種と，これから採れる可能性のある種まで出してある。今や島ごと年ごとにデータを集積する方法を検討する時代に入っている。

4）分布欠落種

　モンキアゲハが八重山諸島にいない。食樹はある。台湾からの侵入もある

（少数）。大陸にも対岸には生息していなかったのか？　定着できない原因は未詳。ナガサキアゲハは石垣島，与那国島にいない。西表島にはいる。昔は白い型がいた？——今消滅。渡来する時期はあったが，食樹のミカン類がなかった？　その後ミカンは人の定着で増えたはず。人里に入ったが消滅した？　でもその原因は？　八重山諸島でも食樹に不足はないはずである。

　残念ながら，今の私には欠落の仮説が作れない。気温，天敵，競争種，成虫の食物，島の面積，植物相などなど？　島に生息していないのだから，ここでは調べようがない。台湾と対岸の中国での彼らの生活史や分布などの調査が必要だろう。私は台湾には 1968 年以来 13 回行ったけれど，調査対象が違うのでこんな普通種の生態情報はほとんどない。台湾の対岸にあたる中国の福建省には，2001 年に迷チョウの様子を調べに行って完敗だった。台湾と同じ緯度だからという考えが甘く，台湾に多いルリマダラ類など日本に飛来する迷チョウはここにはいなかった。大陸ではもっと南に行かないと迷チョウの故郷はない。これは九州の近くだからと行った朝鮮半島が，日本の東北地方の自然を持っていたことと同じであった。植物分布の暖かさの指数の分布図を見れば一目瞭然である。逆に言えば，大陸に近い日本列島がいかに異常に温暖かということで，改めて黒潮や夏の季節風の影響の大きさを思う。台湾や中国南東部に採集に行って，日本の普通種であるアゲハチョウ類に目を向ける虫屋はいない。いなかったのである。反省，というより最初からこれらをテーマとして乗り込むことが肝要で，そうすれば思わぬ成果が待っているだろう。私にはもう無理！

5）私の調査歴

　私の南琉球での調査は少ない。宮古島は 1969 年 7 月と 8 月，台湾への船旅の行き帰りに立ち寄り，1989 年 2 月と 1994 年 11 月は，アサギマダラなどの調査に出かけた。石垣島は沖縄が日本復帰する前の 1965 年 8 月 4 ～ 23 日に滞在し，帰途 24 ～ 27 日，沖縄本島に立ち寄った。同行者は当時，鹿児島大学の学生だった田中章（のち徳之島農業試験場長），上宮健吉（のち久留米医大教授）らで，当時の環境と昆虫相を知るよい機会であった。1972 年の日本復帰後は，1975 年 3 月 21 日～ 4 月 2 日，鹿児島昆虫同好会の若い会員らと春の石垣島を調べ，盛夏の 1977 年 8 月 12 ～ 20 日は一人で石垣島，西表島，沖縄本島を回った（鹿児島中央研究紀要 7 号，1978 に詳記）。復帰

後は大勢の愛好者が八重山諸島を訪れるようになり，チョウの情報が充実してきた。同時に保護だ，乱獲だ，密猟だ，などというトラブルも増えたが，生活史に関する欲しい知見は期待したほど得られないので，実情を知るべく，2011年5月30日〜6月10日に，主要4島（石垣島，西表島，波照間島，与那国島）を一巡りしてみた（SATSUMA146号，2011年に詳記）。

しかし，この程度の調査では，この一帯のチョウ相成立史を語ることは無理だと思う。もちろん膨大な文献のデータはあるけれど，ことはそれほど簡単ではなさそう。各島の少なくない分布欠落種の原因が分からない。定着種と一時的発生迷チョウの認識も，永年の現地での観察が必要である。幸い少数ではあるが，現地に熱心な愛好者がいるので彼らの活躍を期待しよう。

3. 個性豊かな島々をめぐる

宮古諸島：基盤は鮮新世に堆積した島尻層で，その上を琉球石灰岩が厚く覆う（厚さ数十〜120 m）。最終氷期には大陸とつながり，後氷期に島の周辺部とも大半が水没したが，1万5000〜4000年前に隆起サンゴ礁の島となる。宮古島の面積は159㎢，最高地点は108.6 m（野原岳）。大きな河川はない。北西から南東へ活断層に沿う高さ30 m，幅約100 mの堤防状の地形がある。2万6000年前の人骨が洞窟で発見されており，更新世後期にはヒトがいた。近隣に池間島，大神島，伊良部島，下地島，来間島などがある。

海水氾濫一掃説もあり，生物相は単純である，しかし前記の通り固有種・固有亜種がいた（ミヤコカナヘビ，ミヤコヒバア，ミヤコヒキガエルなど）。（170〜172頁のハブの項も参照）

チョウは72種が記録されるが，八重山諸島の島々に比べて少ない。これは水没などの地史，植生の影響と調査精度の低さによるものであろう。そのような中で，ジャコウアゲハ1種が固有亜種になっているのは興味深い。

ジャコウアゲハは155万年前の東シナ海成立時に，朝鮮半島または日本本土，琉球島（中琉球），先島（南琉球）の3域に隔離された。その後，奄美・沖縄亜種（*loochoonus*）と八重山亜種（*bradanus*），宮古島亜種（*miyakoensis*）に分化し（図2-20），朝鮮半島と日本本土産は最終氷期以降に隔離された（八木，2018）。

宮古島亜種は，雌が淡色で夏型も小さいという特徴で，斑紋だけなら八重

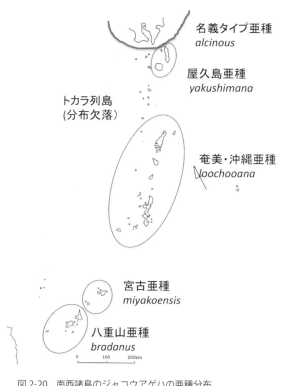

名義タイプ亜種
alcinous

屋久島亜種
yakushimana

トカラ列島
(分布欠落)

奄美・沖縄亜種
loochooana

宮古亜種
miyakoensis

八重山亜種
bradanus

0　　100　　200km

図2-20　南西諸島のジャコウアゲハの亜種分布

山産より日本本土産に近い。食草コウシュンウマノスズクサ（島の自然環境保全条例保全種）はこの島のほか伊良部島，尖閣諸島，台湾，フィリピンなどに分布し，本島固有ではない。この島にはリュウキュウウマノスズクサ（近年，アリマウマノスズクサと判明？）もあるというが，その食草としての利用は未詳である。

宮古島市ではジャコウアゲハを含む次の昆虫10種を，市の自然環境保全条例で採集禁止種にしている。

ミヤコニイニイ・ツマグロゼミ・ウスホシミミヨトウ・ジャコウアゲハ・コガタノゲンゴロウ・ミヤコカンショコガネ・チャイロカナブン・ミヤコツヤハハナムグリ・サトウホソクシコメツキ・ミヤコマドボタル。1994年に私が訪れた時は，分布北限のツマグロゼミの増殖施設があった。

この島には分布欠落種が多い。これも本島の大きな特色である。欠落種はアオバセセリ，ヒメイチモンジセセリ，ミカドアゲハ，クロアゲハ，オキナワカラスアゲハ，モンキアゲハ，ムラサキシジミ，ウラギンシジミ，ヤクシマルリシジミ，イシガケチョウ，スミナガシ，コノハチョウ。このほかウラナミジャノメ属，リュウキュウウラボシシジミなどの古参種もいない。

この原因になるかどうか，食樹も分布していない種（アオバセセリ，スミナガシ：アワブキ科なし）もいるが，多くの種の原因の探索は今後の課題である。

　石垣島：2011 年 5 ～ 6 月の八重山諸島での私の調査は，迷チョウの少ない時期，定着種の状況が分かりやすい時期であったが，とくに情報の少ない小型で茶色のセセリチョウ類に絞った。それでも，ずいぶん他のチョウに目が行って時間を取られたけれど，印象に残ったのは，回った 4 島それぞれの特徴ある環境であった。

　石垣島は四角な本島部と細長く北に伸びた平久保半島がある。本島の南部は市街地を含む人里と耕作地で，まとまった樹林はバンナ岳（標高 250m）一帯のみ。基盤は大陸時代に形成された付加体（トムル層，富崎層など）で，2900 万年前に花崗岩が貫入して於茂登岳などをつくる。2300 万～ 1600 万年前，日本海拡大期の頃は海となり八重山層が堆積，その後島尻海時代や陸化時代を経て，155 万～ 200 万年前に中琉球と共に大陸から分離した。さらにサンゴ海時代に琉球石灰岩が堆積，氷河時代に大陸と繋がり，多くの生物が渡来し，20 万～ 12 万年前は海面が上昇して島々にサンゴ礁が発達，最終氷期の海面低下のあと，後氷期に入って現在に至る。

　チョウは，八重山諸島ではこの島だけという定着種はいないものの，記録されたのは 145 種と多い。ほとんどは林縁，人里で見られる。2011 年に私が狙ったイチモンジセセリは，水田も多かったのにまったく発見出来なかった。ヒメイチモンジセセリとユウレイセセリ，チャバネセセリが少しいたのみ。でも「見つからなかった」のも貴重なデータで，結構楽しめたのだが，それにしても，なぜいないのだろう？

　1965 年 8 月は 20 日間ほど登野城の八州旅館に滞在した。46 年後の 2011 年と比べるのは酷かもしれないが，フクギの防風林が多かった集落の石垣で占有行動をしていたメスアカムラサキ，旅館の隣家の庭にいたハマヤマトシジミも，2011 年には島のどこを探しても発見できなかった。これは集落の都市化だけの問題ではなさそうで，改めて島の生物相の変化の激しさを思った。

　アサヒナキマダラセセリ　この島では，本種に一言せざるを得ない。このチョウはトンボの研究家，朝比奈正二郎が 1962 年 6 月 12 日，石垣島米原で採集した雄 1 頭により，白水隆が 1964 年に固有の新種として記載した。そのコメントに「この属は所謂旧北区系のもので琉球からの本種の発見は全く予期しなかったものであるが，特に石垣島のような亜熱帯的な気候を持つ

ウスバキマダラセセリ

石垣島，西表島
（亜種アサヒナキマダラセセリ）

図 2-21　ウスバキマダラセセリ（アサヒナキマダラセセリ）の分布
築山・千葉・藤岡（1997）より作図。食草は広範囲にあるのに，なぜ広がらないのか。

地域で発見されたことは興味深い」とある。その後，西表島にも産することが分かり，波照間島でも記録された。1978 年，沖縄県の天然記念物となり，地元でも保護に努めているが，昆虫採集者や密猟者などが来て，トラブルが絶えないらしい。その後千葉・築山（1996）により，大陸に産するウスバキマダラセセリの亜種に降格された。それでも，台湾には産せず貴重な存在であることに異論はない（図 2-21）。食草は普通種のリュウキュウチクで，私は 1972 年 3 月 28 日，於茂登岳山頂部で越冬後の幼虫を採集した（口絵．4-4）。しかし野外を飛び回る成虫はまだ見たことがない。石垣島の高地に残るリュウキュウチク群落がこのチョウの基本的な生息地になっているように見える。それにしても，いつ本種は大陸産と分かれて，これらの島々で世代を重ねるようになったのだろうか。155 万年前かその後か，DNA 解析や詳しい生活史の調査をもとに，解明して欲しいものである。個体数の年変動の記録も残したい。なぜ，もっと低地まで広がらないのか。

　西表島：南琉球ではここだけが世界自然遺産候補の島，イリオモテヤマネコで有名な島である。島の 90 ％は森林，すなわち真ん中は樹木の世界，低地周辺部に人里がある島といえば屋久島を思わせるが，面積は屋久島の3/5，高さは 1/4 足らずで，最高地点 470 m の古見岳と 300 ～ 400 m 級の山

地があるだけ。一周道路はなく，海岸線沿いの車道からいくらかの道が川沿いに樹林に入る。河川は深い谷を形成し，河口はマングローブとなる。水田，畑地も島を取り巻く。周囲 130km，面積 288㎢。

　基盤は中新世の大陸棚，浅海〜陸成の砂岩と泥岩で，その上に石灰岩，サンゴ礁が乗る。形成年代は直接的には推定できないが，地質は東から北西方向に向かって新しい。中心部はおもに中新世の浅海性〜陸源性の堆積岩，北東隅には三畳紀〜ジュラ紀の変成岩，始新世の堆積岩，火山岩が小規模に露出する。

　私は 1977 年 8 月 13 〜 16 日，2011 年 6 月 7 〜 9 日調査。チョウは八重山諸島ではこの島だけという定着種はいないが，記録種は 145 種と多い。でも，私が狙ったイチモンジセセリは，水田も多かったのに全く発見出来なかった。ヒメイチモンジセセリ，ユウレイセセリ，チャバネセセリ，トガリチャバネセセリが少しいたのみ。水田や草地に棲むジャノメチョウやセセリチョウ類だけでも，なぜいるかの答えは簡単でない。

　浦内にはトゲイヌツゲで発生するタイワンキマダラがいた。このチョウは，間違ってか？クモの巣の糸にも産卵する例が国外で知られていたが，ここでもそんな 1 卵を見つけた。残念ながら，どのようにしてこんな産卵が出来るのか，見ることは出来なかったけれど，新しい宿題を見つけてまずまずの成果としておこう。

　与那国島：この島は初めての調査であったが，環境の多様さに驚いた。基盤は中新世の浅海性の砂岩や泥岩（島の形成年代はこの堆積年代と同じ）。上を琉球石灰岩が覆う。日本の最も西にある島，石垣島と台湾の中間にあり，石垣島までは 127km，台湾まで 110km しか離れていない。最高地点 231 m，周囲 27km，さつまいも形で面積は 29㎢，トカラ中之島より少し大きい。地形は変化に富み，海岸は切り立った断崖のほか，サンゴ礁あり，砂浜あり，牧場（草地）もあって，山岳地帯の樹林，その水を利用した意外に広い水田・湿地があり，畑地はサトウキビと飼料作物が多い。大型蛾のヨナグニサンの命名地で，これをメインにした博物館「アヤミハビル館」もあった。（2011年 6 月 1 〜 3 日調査）

　チョウは 142 種が記録されており，定着種 61 種より迷チョウが 81 種と多い。草原性と樹林性チョウ類の両者が同じくらい生息地をもち，予期しない

迷チョウが楽しめる島だった。迷チョウハンターたちのメッカで，初夏にお
そらく台湾から飛来するタッパンルリシジミ，ホリシャルリシジミの有名採
集ポイントは，宇良部岳（231 m）の山頂部に1人分のスペースがあるだけ。
ここではアサギマダラも少数見たが，仲間の多くはすでに北に飛んで行った
はずで，6月上旬というのにこの辺でうろうろして越夏は大丈夫かと気にな
る。水田，湿地も探索したが，ここにもイチモンジセセリはいなかった。牧
場の草地にはマルバダケハギにヒメシルビアシジミがおり，ヤマトシジミ（食
草カタバミ）が多く，これは中琉球と同じ状況である。

　波照間島：有人島としては日本の最南端。石垣島から42km，面積12.7㎢，
周囲14km，最高地点は低く60 m，中央部に集落があり，フクギの防風林と
畑地がそれを取り巻く。基盤は鮮新世島尻層のシルトストーンで，熱帯植物
の化石あり。琉球石灰岩がカバーし，上にサンゴ石灰岩が載る。海岸は崖地
が多く，砂浜は少ない。畑地は整備され，サトウキビが主な作物となってい
るが，大きな貯水池があちこちにある。川はひとつで，完全コンクリート三
面張りで水は少ない。牛のいる牧場が少しある。学校の運動場は草地で，ヤ
マトシジミとヒメシルビアシジミの世界，空き地にはシロノセンダングサが
多い。

　チョウは琉球列島昆虫目録（2002）から拾うと95種になったが，なんと
チャバネセセリ，モンキアゲハ，モンシロチョウ，ウスキシロチョウ，キチ
ョウ類，ムラサキシジミ，クロマダラソテツシジミ，ツマグロヒョウモン，
ルリタテハ，リュウキュウヒメジャノメが出ていない。あまりにも普通種で
あるために報告されなかったか，ほんとにいないのか。このうちモンシロチ
ョウ，ウスキシロチョウ，キチョウ類，ルリタテハと迷チョウのタイワンヒ
メシジミは，2011年6月4〜5日に確認したが，チャバネセセリ，モンキ
アゲハ，ムラサキシジミ，ツマグロヒョウモン，リュウキュウヒメジャノメ
は見ていない。この島では1995〜1996年，2002〜2003年には，台湾から
誰かが持ち込んだという話もあるキシタアゲハが採集されており，地元のお
ばさんが言った「あの大きなチョウがいた頃は，多くの採集者が来て島が潤
った」と！。

　いずれにしても，八重山4島には，それぞれの顔があって大変面白かった
が，それは自然とヒトの合作環境でもあった。

　＊尖閣諸島　沖縄島の西，約400㎞，大陸棚の上にあり，魚釣島（標高363 m，本諸島最高地），北小島，南小島，急場島，大正島の5島と三つの岩よりなる。総面積は約5.6㎢。フィリピン海プレートの沈み込みで沖縄島から少しずつ離れている。新第三紀の層を貫いて噴火した火山島で，大陸や台湾とは数十万年前に隔離された。水源はなく河川，湖沼もない。戦前は一時人が住んだが，1940年以降は無人島となる。漁期には人が生活することあり。1970年代に中国が領有権を主張し始める。

　昆虫については木村（2011）の総括がある。これには1901年以来の文献33編を示し，自分の採集データなどから，12目65科183種のリストを作成している。島ごとにみると，魚釣島（126種），北小島（54種），南小島（24種），急場島（27種），大正島（なし）。固有種はセンカクオオハヤシウマ，センカクズビロキマワリモドキ，センカクスナゴミムシダマシ，ウオツリナガキマワリ，センカククロトラカミキリ，センカクキラホシカミキリ。

　チョウ類（下線は大東諸島にいない種）：アオバセセリ，チャバネセセリ；カワカミシロチョウ，ナミエシロチョウ，タイワンモンシロチョウ，モンシロチョウ，ウスキシロチョウ，ウラナミシロチョウ，モンキチョウ，ツマベニチョウ；ウラナミシジミ，アマミウラナミシジミ，ヤマトシジミ：カバマダラ，オオゴマダラ，リュウキュウアサギマダラ，アサギマダラ；ツマグロヒョウモン，リュウキュウムラサキ，タテハモドキ，ルリタテハ，アカタテハ。合計22種。

　いずれも大陸か琉球列島その他の島からの飛来であろうが，この程度の距離，この程度の面積，そしてこの位置にあれば，この程度のチョウが飛来することをよく示している。ほとんどが移動性の高いと見られる種，常連迷チョウであるが，アオバセセリ，ツマベニチョウ，ルリタテハが含まれていることは注目される。アゲハチョウ科の記録なし。ちなみに，トンボはアオモンイトトンボ，ハラボソトンボ，ウスバキトンボ。セミはいない。

　陸生脊椎動物は大陸や台湾と同じ種または近縁種がほとんどで，センカクモグラは南西諸島に類縁種がいない（太田，2018）。

　＊大東諸島　沖縄島の東，約340㎞の太平洋上にあり，他の大陸とは陸続き時代のない海洋島。北大東島（面積13㎢），沖大東島（1.1㎢：無人），南大東島（31㎢）より成る。4800万年前，ニューギニア島付近で火山島となり，

フィリピン海プレートに乗って北上，4200万年前に沈下，同じ早さで火山頂上にサンゴ礁が重なり，2500万年前に現在の形になる。100万〜20万年前，サンゴ礁が数回隆起した。サンゴ礁は厚さ数百〜数千ｍ，鍾乳洞が多い。島の中央部は低く，周辺部が高い典型的な隆起環礁で，年7cmずつ北に移動している。20世紀以降に人が住みつく。

　チョウ類は，南大東島に教師として2002年4月〜2005年3月に滞在した長嶺邦雄（2004，2005）の詳細な記録と，2003〜2007年の春，秋に7回調査した中西元男氏（三重県松阪市）のご教示（2019年4月）によると以下の通り。（下線は尖閣諸島にいない種）

　チャバネセセリ，ヒメイチモンジセセリ，イチモンジセセリ：アゲハチョウ，シロオビアゲハ，モンキアゲハ：キチョウ（ミナミ・キタの区別せず），モンキチョウ，ウスキシロチョウ，ウラナミシロチョウ，カワカミシロチョウ，ナミエシロチョウ，モンシロチョウ；ムラサキツバメ，アマミウラナミシジミ，ルリウラナミシジミ，ウラナミシジミ，オジロシジミ，タイワンクロボシシジミ，ヤマトシジミ，ヒメシルビアシジミ（シルビアシジミとして報告），ハマヤマトシジミ；テングチョウ；アサギマダラ，タイワンアサギマダラ，リュウキュウアサギマダラ，カバマダラ，スジグロカバマダラ，ツマムラサキマダラ；ツマグロヒョウモン，タテハモドキ，アオタテハモドキ，ヒメアカタテハ，アカタテハ，キタテハ，イシガケチョウ，メスアカムラサキ，リュウキュウムラサキ；ウスイロコノマチョウ。合計39種。さすがに固有種も希少種もいないが，チョウの移動，分散，定着の実態を知るには極めて貴重なデータである。

　2002年，新種ヒサマツサイカブト記載，2012年トノサマバッタ大発生。爬虫類はオガサワラヤモリ（単為生殖で雌だけで繁殖），哺乳類はダイトウオオコウモリ（飛翔力大）など少数がいる（太田2018）。

第9章
動く，南西諸島のチョウ相

　これまで見て来たように，島のチョウ相は変動が大きい。固有種でも分散する可能性はあり，定着種でもよく動くらしい。迷チョウも多彩，多様である。それでも，その実態がかなり詳しくつかめるようになったこともまた理解して頂けたと思う。最後に，私が関わったその2例を紹介する。

1. 1950年〜2010年に南西諸島を北上したチョウ6種 (図2-22)

　太平洋戦争の終結（1945年）後，1953年に奄美が，1972年に沖縄が日本に復帰して，南西諸島のチョウ類調査も急速に進み，多くの信頼できるデータが集積された。私はそれらを検討して，次の6種が南西諸島を北上して，定着圏を北に広げたことを確認し，日本鱗翅学会誌「やどりが」（232・234・235号）に発表した（福田，2012abc）。といっても自分で多くの島を何回も調査することは不可能だから，これは各地の昆虫同好会誌，月刊誌，学会誌などから，多くは断片的な記録—どこに，いつ，何がいた，いなかった—などという記録を拾って，総括，検討したものである。報告された小さな記録の大事さを認識して欲しい。

　ウスキシロチョウ：台湾南部で食樹タガヤサンが各種用材として植林され，本種の発生量が激増して，一時は蝴蝶公園として観光地も出来た。沖縄県への飛来数も増加したが，1958年頃沖縄本島ではタガヤサンが街路樹として植えられ，これで大発生して定着した。その後，南西諸島や九州南端部で，食樹ナンバンサイカチ（ゴールデンシャワー）が観賞用に多数植えられて，このチョウの発生が増え，1960年代には南西諸島全域で普通種となり，1970年に薩摩半島南部などでも発生が確認されて，現在は奄美大島まで越冬定着している。2017年9月，私は奄美市笠利町の東部集落を歩いて，ナンバンサイカチの激増ぶりとウスキシロチョウの多さを再確認した。

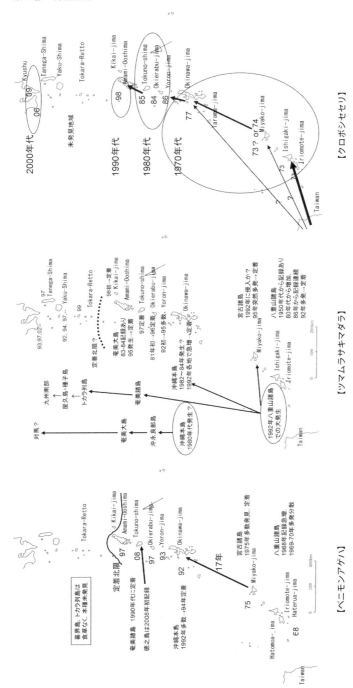

図 2-22　近年、南西諸島を北上したチョウ

ベニモンアゲハ、ツマムラサキマダラ、クロボシセセリ、ベニモンアゲハ、ベニモンアゲハの分布図は福田 (2012) には、印刷ミスでマミエンロチョウの図が出ているが、これが正しい。

196

　ナミエシロチョウ：食樹はツゲモドキ（トウダイグサ科）で，海岸付近に多い樹木であるが，幼虫は若葉を食べる。このチョウは昔から何らかの原因でよく大発生することが知られている。この時に成虫の移動群，移動個体が増えて，分布拡大につながる可能性が高い。このような大発生，個体数の激増が，分散，移動を引き起こし，分布域の拡大に繋がるのは，他の昆虫，動物ではよく見られるパターンである。その大発生の引き金にヒトの撹乱（食樹剪定など）が関わるかは未詳であるが，その可能性はある。八重山諸島には以前から定着しており，宮古諸島では 1963 年に発生しておそらく定着した。沖縄諸島でも多数発生したが消滅したらしい。1973 年に再び沖縄本島で発生，奄美大島でも初めて記録され，1975 年にはトカラ列島で初記録。1980 年代初期には奄美大島，徳之島，沖永良部島，喜界島に北進して定着。現在の定着北限はトカラ悪石島（ツゲモドキの北限地）と推定される。

　ベニモンアゲハ：(口絵 .4-5 左）あまり飛翔力のあるチョウには見えないが，1963 年に台湾から八重山諸島に侵入，1968 年には定着した。その後さらに北進して，1975 年宮古諸島を経て，1990 年代 沖縄諸島と奄美諸島まで，約 30 年かけてゆっくり北上した。1960 年代 の八重山諸島における個体数増加が北進を引き起こしたと見られる。食草はリュウキュウウマノスズクサとアリマウマノスズクサで，これとベニモンアゲハの個体数変動との関係は未詳ながら，奄美大島北部ではヒトが持ち込んだウマノスズクサによって多数が発生していた。これは前記（51 頁）の通り，伝聞によると戦後，薬草として本州あたりから移入されたもので，栽培もされていたらしいが，2002 〜 2004 年頃にはその残党，逸出株が多かった。その後は人家などが増えて激減している。

　＊前記の文献，福田（2012a）にはまちがって，ナミエシロチョウの北進図が貼り付けてある。本稿に正しい図を示した。

　タイワンクロボシシジミ：アカメガシワの雄株のつぼみ・花を幼虫の食餌としている。八重山諸島には定着していたが，1969 年と 1971 〜 73 年に大発生し，宮古・沖縄諸島に侵入して定着，1970 〜 80 年代に奄美諸島，トカラ列島に広がる。定着北限は冬の食樹クスノハガシワの北限となるトカラ列島の悪石島と推定したが，近年は奄美大島でも定着が確認されておらず，なお調査を要する。1990 年代以降に屋久島や九州本島へも飛来するようにな

った。各島での多発の原因は異常気象か？

クロボシセセリ：（口絵.4-5 中）幼虫がヤシ類，カンノンチクを食樹とする“害虫”でもある。1973年に台湾から八重山諸島に侵入して多発した。1974年には宮古諸島へ広がる（八重山諸島と同年の可能性もある）。1977年沖縄本島で発生，1981年には全島に広がる。1984〜86年奄美諸島へ北進。1998年奄美大島に到達，トカラ列島，屋久島，種子島，三島村を飛び越して，2006年九州南部（薩摩半島）で発生，2009年には大隅半島，2010年には日南海岸で発見される。自力飛翔と人の食樹の運搬による分散が想定される。近年は鹿児島市の私の庭でも発生している。

ツマムラサキマダラ：（口絵.4-5 右）青紫色の美麗種で，6種の中では最も遅く北進を開始したが，1970年代から八重山諸島で少し記録が増え，北進の動きは，1980年代と1992年の2回起こった可能性がある。最初は1980年代で，石垣島，西表島では発生を思わせる記録が出て，宮古諸島でもこのころ侵入したかもしれない。沖縄本島では1982〜84年にひとまとまりの記録があり，この流れが1981年沖永良部島，1983年奄美大島，1981年対馬の記録とつながる。第2回目は1990年代で，1992年に八重山諸島，宮古諸島（？），沖縄本島で激増して定着し，1995〜99年には奄美諸島で定着した。定着の北限は喜界島，奄美大島またはトカラ列島で，2000年代は薩摩半島などへの飛来が増えた。暖冬年の継続が個体数激増に関与か？

2. 現在も侵入している迷チョウ

九州と南西諸島ではとくに迷チョウが多く，なにしろ何が採れるか分からないし，日本新記録種の可能性もあるから，夏から秋は迷チョウハンターたちのメッカとなる。科学的な問題としては，何が（種名），どの様にして（移動手段），いつ（時期・年代），どこから侵入し（出発地），どうなったか（到着後の経過）を解き，なぜそのようなことが起こるかが分かればよい。これらについて私は1971年「日本に南方から飛来する蝶類」（日本鱗翅学会特別報告5号）（福田，1971）として，一応の答えを出したが，具体的な課題は山積している。そのひとつが，どんなチョウが迷チョウになるかである。日浦（1973）は，森林が拓かれて出来たオープンランドに発生するチョウがそれだと言ったが，それだけではない。そう簡単ではない。

1）メスアカムラサキからの推定

　メスアカムラサキは迷チョウの常連で，鹿児島県では毎年，小中学生が採集した夏休みの昆虫標本の中に入っている。雄は小高い丘の山頂などでよく縄張りを張って雌を待っており，交尾済みの雌は畑の雑草スベリヒユに産卵し，幼虫はこれを食って育つ。鹿児島県では大正時代から採集例がある。おもに梅雨期の南西季節風やその後の台風に乗って飛来し，その子孫が夏休み頃から晩秋まで何回か発生するが，冬への備え，一定の越冬態を持たないので，冬の間に死んでしまう。タテハモドキのように秋型成虫になって，あるいはアゲハチョウのように休眠蛹になって冬を乗り切る術をもたない。田んぼ（イネ）で発生することがあるウスイロコノマチョウも似たものである。

　どうしてこんなに無策なチョウなのだろう。これは到着地の日本で調べても分からない。私は迷チョウたちの故郷（飛来源，出発地）での生活を見るべく，台湾，フィリピン，マレーシア，インドネシア，グアム，サイパン，パラオ諸島などを 1968 年から 2010 年まで何回も回ってみた。1973 年には鹿児島県育英財団の国外留学生（明治 100 周年記念の派遣事業）としてフィリピン大学に半年ほど滞在もした。そこで得た数々のデータと日本列島に飛来した彼らの多数の記録から，次のようなことを考える。

　メスアカムラサキはアジア熱帯に広く分布し，確かに普通種ではあるが，発生地がよく動く。草原性のチョウで，食草や成虫の蜜源が不安定だったこともあるのか，同じ発生地に長く留まる生活より，転々と生息圏を替える遊牧民型の生活をしているように見える。同地に長居して天敵が増えることを嫌うのかもしれない。アオタテハモドキもこれに近い。「遊牧民型迷チョウ」としておこう。

2）迷チョウのタイプ分け

　キャベツ畑のモンシロチョウのように大発生して，移動群となるチョウもいる。南西諸島に飛来するカワカミシロチョウなどもその例であろう。「大発生型迷チョウ」である。

　アサギマダラは別に大発生しなくても，通常の羽化個体がその場を離れて長距離を移動する。こういったいわば自発的な分散個体も迷チョウとなろう。「移動性迷チョウ」となる。台湾南部の越冬集団が春にばらけて多くのマダラチョウが北上する例もこれに類する。

　イネを大好きな食草とするイチモンジセセリは，秋にはイネがなくなるから，田んぼを離れて分散し，いろいろなイネ科雑草に産卵する。サツマシジミは幼虫が樹木のつぼみ・花・幼果しか食べないから，クロキで発生した春の成虫は新しい食樹を求めて分散する。このように最初の発生地の環境変化で，やむなく移動してくるのもいる。「食餌植物探索型迷チョウ」だろう。

　以上は，自発型移動とも言えるが，海辺の草地で発生したヤマトシジミ（食草：カタバミ），ヒメシルビアシジミ（食草：マメ科）などは，小さいながら，あるいは小さいが故に，強風に吹き飛ばされて機械的に海を渡り，小島に到達することも多いと思われる。他にも台風後に発見される迷チョウの多くはこれに類するものであろう。「被運搬型迷チョウ」とでも言うか。ヤシの苗木についているクロボシセセリのように，ヒトの生活に便乗する例もあるだろう「人運搬型迷チョウ」か。

　とは言っても，分散を常としているチョウがいる一方，ほとんど迷チョウとして飛来しないチョウも多い。ほとんど島を出ることをしない（出来ない？）ものもいる。そしてこれらが島の固有種になりやすい。気流に乗りにくい生活者，幼虫や成虫の食物豊富で動く必要性の小さいものなど，事情はいろいろであろうが，移動・分散性を全く持たないチョウはいないだろう。もし，いたら？　どんなチョウでも自分が育った生育地から，はみ出すように出る個体がいる。これらが気流などに乗って，あるいはヒトの何かに便乗して，迷チョウとして発見される場合があろう。迷チョウとしては希少種であるが，出不精なチョウ「はみ出し迷チョウ」と言えようか。

　「気流に乗る」行動は，チョウが好適な気流を知っているのか否か，いろいろな種で面白い研究例がある。ただ言えることは，チョウは大きな翅があって，好きなところに飛んで行ける——というほど単純なものではないということだ。

3）出発地（供給地）

　東西南北あらゆる方向からチョウが飛来する。彼らの出発地は，アサギマダラのようにマーキングによって明らかなものの他は，各種の分布域，地理的変異，亜種，そして気流の解析などによって推定できるものがある。

　リュウキュウムラサキは，南西諸島から日本本土まで広く飛来する代表的な迷チョウであるが，到着地ではよく一時的な次世代の発生が見られ，南西

諸島では越冬個体がみられることもあるが定着はしていない。地理的変異が明瞭で（図2-22），たとえ到着地でそれらの交雑が起こっても，その起原を推定できる。これによると，最も多いのが台湾型で，大陸型がこれにつぎ，台風などの気流によってはフィリピン型もよく飛来する。また，海洋島型も本州以南の東岸や南西諸島に飛来することがある。

　北からは，秋の終わり，北西の季節風（沖縄で言うミーニシ）が吹き始めると，キタテハ，ツマグロキチョウのほか，大陸系の赤とんぼ（スナアカネなど）が飛来する。

　以上の他，南西諸島に定着しているチョウでも，モンシロチョウ，ヒメアカタテハなどは，毎年のように外来者が混入すると見られるが，その実態はまだよく分からない。ただ，彼らの言い分を聞いてみると，冒頭のクマソ騒ぎで示唆されたように，今の地球上では，チョウと言えども，ヒトの環境撹乱を抜きにして正解は探せないようである。最終項でそのヒトの問題をみる。

第 3 部

ヒトが来た

序　章

クマソの襲来―ソテツの新害虫を追って―

1）クマソ来る

　近年ソテツの若葉がボロボロに食われて，美観が台無しになっていることに気付いておられるだろうか。犯人は園芸業者やソテツ愛好者を悩ませている新害虫の "熊襲（くまそ）" という小さなチョウである（口絵 .4-6）。本当はクロマダラソテツシジミで，名前が長いので "クマソ" と略称で呼んでいる。以前は熱帯アジアにしかいなかった。

　クマソが南西諸島で最初に発見されたのは1992年，沖縄の那覇空港であった。すぐにチョウ愛好者による調査が行われ，この年は沖縄本島の各地に広がって越冬し，翌1993年3月まで生存が確認されて，定着したと思われた。しかしその後の発生は続かず，安心したり，がっかりしたりしたものだったが，2001年には与那国島で，2006年は石垣島，西表島で発生した。

　それが2007年には南西諸島一帯から九州南西部で大発生し，誰かが持ち込んだのか大阪付近でも発生がみられた。鹿児島県本土では7月下旬に指宿市で見つかったのが最初で，この年から愛好者による熱心な調査が始まった。その後，今年（2019年）まで毎年，南西諸島と西南日本一帯では，飛来，発生して大暴れしている（図3-1）。ただし彼らが定着したという確認記録はまだ日本列島のどこにもない。

2）クマソの戦略

　たかが小さなシジミチョウ，殺虫剤で簡単に片付くだろうという予想は甘かった。もちろんソテツも食われっぱなしで無防備でいる訳ではない。この植物は成分としてソテツ毒（サイカシン）を持ち，若葉は密生した毛で被われ，その後は葉の表面にクチクラを分泌して硬くなる。だからソテツを食う動物，昆虫は少ないと言われるが，クマソはこのソテツの防衛戦略を巧みにくぐり抜けている。

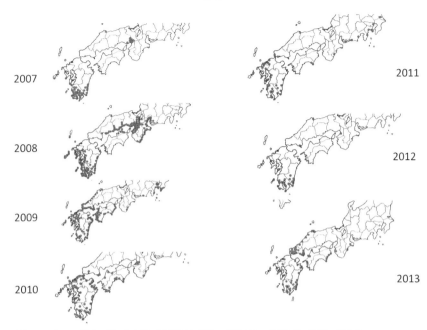

図 3-1　クロマダラソテツシジミの記録の年変化；2007 年〜 2013 年（福田，2016）
各地の同好会誌などに出た記録の分布図。

　まず，卵は若芽，若葉にしか産まない。雌 1 頭の産卵数は 200 〜 300 個程
度であるが，孵化した幼虫はソテツの毛をかき分けるようにして，硬化して
いない若葉に食いつく。そして，しばしば厚い葉や葉柄の内部に潜り込んで
食い荒らす。だから殺虫剤が効きにくい。かくて，多数の幼虫が限られた食
糧資源の若葉を食うが，お互いに縄張り争いなどしない。それでも葉を食い
尽くしてしまうと，共倒れを防ぐかのように共食いが起こる。脱皮前後の不
活発な仲間の幼虫を食べるのである。全員が死亡するよりは，少しでも仲間
が生き残った方がよい。天敵としては，卵には微小な寄生蜂が産卵するが，
幼虫，蛹からは今のところ寄生虫は未発見である。幼虫はソテツの若葉に群
生して大いに目立つけれど，これを捕食する野鳥もいないらしい。試しに公
園のハトに与えても，始めから食べようとしない。おそらく幼虫，蛹もソテ
ツの毒，サイカシンを体内に保存していて，鳥は先祖代々そのことを知って
いるのであろう。そして，極めつきは卵から幼虫，蛹を経て成虫になるまで
の日数が，夏であれば 10 日〜 13 日と少なく，おそろしく成長が速い。ソテ

ツの葉が硬化する前にさっさと成虫になってしまうという戦略である。もちろん，気温が下がるとそれなりに遅くなるが，この2週間足らずというのは，アゲハチョウなどの数十日というのに比べると極だって少ない。

　このようにして，あっという間にソテツの若葉は無残な姿になり，多数のクマソ成虫が出現する。しかし，彼らには通常，もはや産卵し，子孫を残すべき若葉はそこにはない。だから，さっさと分散，移動して新しいソテツを探す。始末に負えない悪である。しかし，このような若葉食い戦略には弱点もある。若葉が出ていなければ産卵できないことである。南方から飛来した雌が，ちょうど若葉の萌芽期に当たると次世代が大発生し，少しずれるとその年は後の発生が少ない。このようなドラマが2007年以降，毎年，校庭や公園，庭先のソテツで繰り返されている。

3）なぜ2007年から

　それにしても，なぜ2007年からこんなことになったのか。以前には鹿児島県内ではただの1頭も発見されていないから，明らかに2007年以降の異常現象である。さてはこれも温暖化あるいは異常な気流か，それとも食樹ソテツの異変か，天敵の減少か，クマソの性質が変わったか。思いつくことを可能な限り検討したが，日本列島にはこれに直接関わる要因はないと結論づけた。これは国外にその原因を求めざるを得ない。

　私はすでに，1968年の台湾を皮切りに，フィリピン，パラオ諸島，シンガポール，ボルネオ，マレー半島などを調査し，退職した1994年からも，台湾，フィリピンのほか，インドネシアの島々，グアム島，サイパン島，大陸のラオス，中国，韓国などでチョウ類の調査を行っている。もちろんクマソだけを対象にしたものではないが，これらで得た知見を総動員し，文献記録，学会発表，聞き取り調査などのデータも検討して，ひとつの答えを得た。

　台湾にも昔はいなくて，1976年頃から害虫化していた。韓国は済州島のみで発見され，2005年が初記録であるが，朝鮮半島での記録はない。ベトナムは2003〜2006年に記録があるものの詳細不明，ラオスは1960年代や1990年代に普通という記録，タイは昔から全土に普通，マレー半島は1990年代に普通であるが，発生は不規則などとある。フィリピンは日本への迷チョウの出発地のひとつであるが，1980年，1990年代の記録しかない。ボルネオは1895年以降の記録がある。サイパン島は1996年が初記録，グアム島

は 2005 年初記録。そして問題のホンコン，中国である。

　ホンコンは 1990 年までは僅か 4 頭の記録しかなかったのに，1991 年以降ソテツで発生が見られるようになった（Bascombe ら，1999）。中国は私が行った 2001 年の上海，蘇州，福州，武夷山などでは見なかったが，すでに 1990 年代の文献には広西，ホンコンという記録はあった。そして 2003 年から東南部の広東省，浙江省で，防除を要するほどの発生が始まった。

4）思わぬ展開

　2010 年，千葉県の同好会誌「房総の昆虫」44 号に「クロマダラソテツシジミの北上と中国沿岸部の都市化との関係についての考察」という論文が出た。その内容はこんなものである。

　「2005 年から 2010 年まで杭州に仕事で滞在し，チョウの観察も続けていたが，クマソは 2006 年に市内各地で発生したことに気付いた。この原因は，1990 年代後半から福建省，浙江省，上海市，江蘇省の沿海部で都市化が進み，2000 年以降はこれが加速し，ビルの周りや道路沿いの緑化にソテツがたく

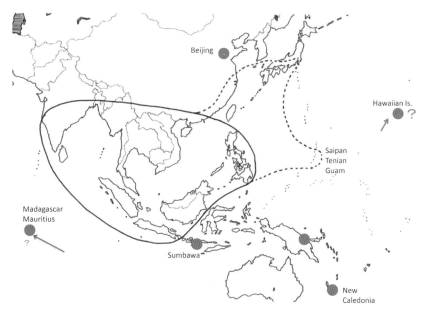

図 3-2　クロマダラソテツシジミの分布拡大図（福田，2016）
実線は古い時代の分布域，点線は近年広がったと想定される地域。●：（文献による近年の記録地）

さん使われるようになったことによると思われる（詳細なデータを示す）。これでクマソが北上して大発生するようになり，西風に乗って日本にも飛んで行くようになったのではないか」

　著者の緒方政次さんは，1995 年にホンコンでお会いしたことがあり，夫人は鹿児島市出身ということで，すぐに手紙を出した。——そのソテツは奄美諸島などから輸出したものと思うが，中国の新市街地にソテツが増加し，クマソが増えたという見解は正しいと思う。ただ，中国から直接日本本土に飛来する可能性より，南西諸島から順次北上する傾向が強い。

　彼からの返信は，杭州などのソテツは中国南部か台湾から持って来たかと思っていたが，日本産とは想定外であった。「もっと南部の状況を調べてみます。なんだか，想像だけが膨らんできます」と結ぶ。この楽しそうな手紙が最後になった。私は共同研究を期待していたが，2012 年に緒方さんは亡くなった。今はただ彼の先見性に敬意を表しつつ最後の結論を書く。

　日本におけるクマソの出現は，1990 年代から 2000 年代の，中国東部の新しい市街地でのソテツ植栽の増加が原因である。被害は大きく防除に苦慮する原因は，なんとヒト自身にあった。そして，そのソテツ供給地のひとつとして，奄美大島なども関わっていた。今クマソは，アジア一帯から，ヒトのソテツ栽培に乗じて世界制覇を目指しているようだ（図 3-2）。

　以上は私が日本蝶類学会誌 Butterflies 66 号（2014 年）と 72 号（2016 年）に報告した要約である。昔，「鼠の嫁入り」という寓話があったけど，あれは世界一強いものに嫁入りしようとして，あれこれ当たったが，結局はネズミが一番と言うことで，ネズミがネズミの嫁になるという話だった。私はクマソを増やした犯人を追及して，結局はヒトだということで決着したとき，この話を思い出した。もうこれほどまでにヒトは世界の自然をかき乱しているのだろうか。チョウたちに聞きながら，答え探しの旅に出よう。

第 1 章

最古のヒトたち

1.　ヒト，アフリカから鹿児島へ（年表 3）

　鹿児島県にヒトが到達したのは，県本土では 3 万 8000 年前というが，遊動生活を送っていた彼らは，1 万年後の 2 万 9000 年前に始良カルデラ噴火に遭遇し，ほとんどが死滅した。そして再侵入したのはその 1000 年後であり，さらに 3000 年後には最終氷期（2 万 5000 年～ 1 万 6500 年前）に入る。後氷期になって温暖化が進み，1500 年後に定住生活が始まり，土器を使用する縄文時代となるが，これが 1 万年余り続くことになる。それにしても 100世紀余りとは長い！

　チョウや花が出現した白亜紀（7000 万年前）に，アフリカ大陸で人類が誕生し，猿人→原人→旧人と続いて，20 万年前に新人，現生のヒト（ホモ・サピエンス）が登場した。

　ヒトは 4 万 8000 年～ 4 万 5000 年前の 3000 年間に，爆発的にユーラシア大陸全体に広がり，東アジアへはヒマラヤの北回りルートと南回りルートで入って来た。日本列島では 3 万 8000 年前頃，突然遺跡数が激増しており，このころ渡来したと推定される。日本の旧石器時代の始まりで，本州，四国，九州はつながったひとつの島，古本州島だったが，侵入経路は，対馬ルート（3 万 8000 年前：朝鮮半島→西日本），北海道ルート（2 万 6000 年前：シベリア→北海道），沖縄ルート（3 万年以上前：スンダランド・台湾→沖縄）の 3 つがあった。対馬ルートでは船を利用して来たヒトが，北九州から北上して東北・中部地方まで達し，一部は南下して，南九州から種子島までやって来たらしい。

　以上は印東（2012），海部（2016），大塚（2015）などを参考にしたが，アメリカの歴史学者，タットマン（2014）は，日本は山地が 80％で，現在も70％は森林であるから，その自然史は，森林がどのように変わったかを軸に

説明出来るとして，その後の日本列島におけるヒトの歴史を，狩猟・採集社
会→農耕社会→産業社会として捉えた。私はこれにチョウやヒトの自然環境
としての草地（草原），人里（耕作地）を加えて検討したい。

2. 旧石器時代（4万年〜1万3000年前）：狩猟・採集社会（無土器時代，先土器時代）

　旧石器時代は，日本では3万年前ヒトが来てからの後期旧石器時代となる。
鹿児島では漁労を含む狩猟・採集社会であった。3万年前の種子島の立切遺
跡や横峰遺跡は，木の実をすり潰す磨石，焼け土，調理場跡などが縄文早期
まで断続的に確認され，最初の定住生活の可能性も想定される。

　落葉樹の温帯林が優勢で，鹿児島までナウマンゾウ，オオツノシカ，ヤギ
ュウ，マンモスなど寒さに強い大型の草食動物が来て，これを追ってクマ，
オオカミもいただろうか。ヒトは少人数グループで離合集散し，遊動的生活
をしていた。

　南九州で最初に発見されたこの時代の遺跡は，出水市上場高原（標高500
m）にある上場遺跡で，1965年に出水高校の池水寛治が発見し，1974年ま
で調査された頃は，日本最初の住居跡（竪穴式住居）と騒がれたが，残念な
がらそうではなかったらしい。でも，いくつかの時代の遺跡の層が確認でき
る貴重なものであるという。発掘当時，私は同じ高校に勤務しており，美術
の教師で考古学部の顧問であった池水さんとは，彼が好んだコーヒーを飲み
ながら，存分にいろんな話をした懐かしい思い出がある。彼は若くして逝っ
たが，その後も私は何回か上場高原にチョウの調査に出向き，彼を偲び教え
子たちとの再会を果たした。私の部屋には，釣り好きの私にと進呈された，
彼の「水俣湾の魚」の絵が掛かっている。

3. 縄文時代（1万3000年〜2300年前）：狩猟・採集社会
1）人里の風景，上野原遺跡から見えるもの

　2016年5月14日，「上野原縄文の森」発掘開始から30年にあたる第45
回企画展「上野原の時代」の記念講演「縄文世界の中の上野原遺跡」（小林
達雄：國學院大學名誉教授）を興味深く聞いた。上野原遺跡は，鹿児島湾奥
の標高260mの台地，霧島市国分上野原にある国内最古最大級の定住集落で，

日本の縄文時代の開始期を知る重要な遺跡として，1999年に国の史跡に指定された。その時の講演の概要は次のようなことである。

　1万3000年前，上野原では世界最初の土器作りと定住生活が始まり，やがて「うるし」を使い，鹿の角で釣り針も作った。定住した彼らの生活は，イエ—ムラ—ハラ—ヤマ—ソラに分かれていた（図3-3）。中でもハラは自然から必要なものを入手する場，食糧庫，資料庫，自然と共生する場であった。その食糧はほとんど分解されて残っていないが，得られた資料からでも約60種の植物がある。しかし，この中には当然食べたと推定されるゼンマイ，ワラビ，ヤマイモ，ウド，ノビル等は未発見である。もちろん彼らは毒草や不明種を区別するために「名付け」をしていたと思われるし，生育場所，旬の季節，さらには料理法へと知識が広がっていったであろう。これらの名付けられた植物は，みなもの言う草木であり精霊を宿して活発に動き回って縄文人と関係を結ぶ。「草木国土悉皆成仏」（草木や国土のような非情なものも，<ruby>草木国土悉皆成仏<rt>そうもくこくどしっかいじょうぶつ</rt></ruby>仏性を持っていて皆成仏する）をここに見る。縄文人はムラを近景に，ヤマを聖域の遠景としてみていた。これが1万年をはるかに超えた日本の縄文時代の生活形態や思想である。これに対し，大陸では新石器革命，農業革命で定住的なムラ生活に入るが，ソトに寛容なハラがない。ハラは征服の対象と

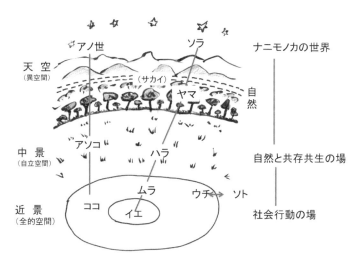

図3-3　縄文ムラのスペースデザイン

小林（2016：講演要旨）より作図。昔の我が家を思い出しつつ。草木を入れて風景画にしてみた。

され，ムラに転換されて，彼らはそのまま自然を征服する道を突き進むことになる。——という。

　この図だけ見ると，家の集まり（集落）があって，その周りに畑や果樹園などの里山があり，遠くに山並みが連なる，今でもあちこちにありそうな風景で，私の郷里，志布志の農村の風景も，家の隣に家庭菜園があり，それに接して笠野原台地一帯に畑地や水田が広がって，遠景としては高隈山や大隅半島の山並みがあった。これはヒトの自然への干渉の始まり，人工的景観の始まりの図でもある。

　だが，この時代の生活は生やさしいものではなかったと思う。栽培をしないで，山野から食物を採取してくるのは大変だ。イエ，ムラの外は温帯林の世界だから，落葉樹が多くて林床は歩きやすかったかもしれないが，いつ，どこに，何があるかを知っていても，採取は一苦労だったろう（それとも楽しかった？）。私が少年時代に，春はノビル，夏はグミ，秋はクリ，アケビなどを求めてしばしば遠征したように……。でも歩いて日帰りできる範囲は限られている。遙か向こうのヤマまではとても行き着かない。あそこには何があるだろう——と好奇心を募らせたが，そのころ私は数百ｍ以上の山に登ったことがなく，高校３年時に始めて高千穂峰（1574m）に登った時の感動は大きかった。

　寿命も短かった縄文人たちは，私の少年時代のような感情の世界をもったまま，一生を終えたのかもしれないが，どんな気持ちでチョウを見たことだろう。そこは照葉樹林の中に残存する落葉広葉樹に北方系の虫たちが残り，キャベツ好きのモンシロチョウはまだ飛んでいなかったはずである。タイムトンネルがあれば，行って見たい！

２）鹿児島県の縄文遺跡（年表３）

　縄文時代は草創期，早期，前期，中期，後期，晩期の６期に区分されるが，鹿児島県は草創期の遺跡が多く，前期・中期の遺跡はない。新東（1998）によると，遺跡は薩摩，大隅両半島に広く分布している。その中にこんな一節あり。

　縄文銀座！志布志　私の郷里に縄文各時期の遺跡が多く，さながら縄文銀座だという。それらは日南山地に源をもつ安楽川と前川の流域に集中しており，安楽川の上流から中流域には，南九州独特の文化の貝殻文円筒土器や外

来文化の押型文土器などが出土する早期の遺跡が，下流域には指宿式土器などが出土する後期の遺跡が集中している。とくに中原遺跡には多くの瀬戸内系や四国系の土器が出て，これらの地域との密接な交流を示唆する。前川の上流域にも東黒田遺跡，倉園B遺跡など特徴的な遺跡があり，下流域には後期の遺跡が目立ち，綾式土器など宮崎方面との交流が認められる。これらはまさに縄文銀座と呼ぶにふさわしい。

　姶良カルデラ噴火跡に生じたシラス台地に，ヒトも虫たちと同じく，宮崎方面からの移入が多かったと思いたい。私が少年時代に慣れ親しんだ前川に，こんなものがあったとは驚き，いや誇らしい気もするが，この中には私の遠いご先祖様がおられたかも知れない。志布志湾沿岸の肝属平野にある古墳群（唐仁，塚崎など10余り）は，日本最古の前方後円墳であるというが，これは縄文銀座の続きか？

開聞岳と薩摩半島―山の文化から海の文化へ―　薩摩半島一帯の古い時代の暮らしぶりについて，成尾英仁（1987）の講演を思い出し資料を再読した。「開聞岳の噴火と隼人文化」と題する県高校理科教育研究会（川辺大会）で配布されたもので，要旨は以下の通り。

　旧石器時代の遺跡は指宿市北部台地一帯に集中していたが，縄文時代は南薩一帯に広がる。縄文時代後期には，山の文化が海の文化と変化した。すなわち，指宿式土器文化は薩摩半島では山地に多く，海の近くでも貝塚を作らず，狩猟に重点をおく山棲の文化であった。しかし指宿土器→松山式土器→市来式土器文化と変化し，遺跡は海辺に多くなり，貝塚を作り，船を使って沖縄，長崎まで進出するなど海洋型文化に変わった。

　これには開聞岳の最初期噴火の影響もあると思われる。4000～1100年前には開聞岳が噴火し，噴出物のコラ層が一帯を覆う。噴出物は硬い黄コラで植物葉片が多く，これで植物が壊滅的打撃を受けたことを示している。かくて山の自然採集経済は崩壊し，海に依存する生活への転換がおこった。大噴火の後に貝塚が形成される例は，縄文時代前期のアカホヤ噴出後の轟式土器文化にも見られる。鹿児島市の草野貝塚からは，軽石の船の模型が出た。ただし，シカやイノシシの骨もあり，山から海への移行にも，山と海の生活が見られる。南九州では縄文的世界は長く続くが，弥生時代以降の文化が停滞し，中でも隼人の根拠地であった南薩は稲作に適さず遅れていた。開聞岳の

噴火は文化の停滞に拍車をかけたと思われる。

　この話は，姶良カルデラはしょうがないにしても，火山と共に生きざるを得ない薩摩半島のヒトの生活の苦労の始まりを指摘している。

３）自然環境の変化と縄文人

　これについて，いくつかのトピックスを拾ってみよう。

　鬼界カルデラ噴火で壊滅　7300年前，縄文中期の最も温暖な時代，鬼界カルデラ火山が噴火し，九州の先史時代から縄文初期の文明も絶滅したらしい。アカホヤ地層の下から縄文時代の大集落が発見されている。

　縄文海進の頃の風景　7000〜5500年前は縄文海進で，6500年前頃をピークとして，海水面が今より３〜５m高まった。海が低地の奥まで入り込んで複雑な入り江をつくり，その後に沖積平野が出来た。鹿児島湾は入り口で大隅半島と薩摩半島がつながり，大きな湖となった可能性がある。鹿児島市は草牟田，下伊敷まで海となり，サンゴが繁栄し，貝のモクハチアオイも大発生した。隼人三島は島であったが５m水没し，6000年以降に10m隆起した。上野原台地は海抜270mの高台になっていた（大木，2000）。

　温暖化とドングリ　姶良カルデラ噴火で出来た広大な裸地には当時は最終氷期であったので温帯性落葉広葉樹林が戻り，8000年前には照葉樹林も北上して，照葉樹林文化圏の一部としての生活が始まった。6000〜5000年前は世界的な高温期で，気温は現在より数度高かった。明るくてドングリも多く生活しやすかった温帯林から，陰鬱でドングリが乏しい照葉樹林に移行するにつれ，採集から栽培への動きが加速され，アワ，ヒエ，モロコシ，ソバを主要作物とする焼畑農耕が始まる。

　縄文時代のチョウたち（想像）　温帯性落葉樹林から照葉樹林への移行期には，ブナ，ミズナラ，コナラなどにミドリシジミ類が舞い，林間にも多くのチョウが花に群がっていた世界に，照葉樹林に棲むキリシマミドリシジミなどが加わり，さらに新しく出来た人里環境でも多くのチョウが生活し，チョウ相は多様性を増したことだろう。人口も少なく，まだヒトの撹乱がプラスに作用した時代でもあったと思う。

　狩猟・採集社会，縄文時代の終焉へ　寒冷化と小さな海退で沖積低地に土砂の堆積が進み，低地や谷に落葉広葉樹や湿地林が出来て，台地やその辺縁にはカシ類が分布を広げた。このような環境の変化で環状集落は維持困難とな

り，竪穴から平地式住居へ移って，2300年前頃縄文時代が終わる。

　タットマン（2014）は言う。狩猟・採集社会は，自然から見返りなしで収奪する生活であった。その後は，特定の生物（作物，家畜）との多様な協力関係，ヒトが世話する相互依存や共生関係をもつ農耕社会へ移行する。縄文から弥生への移行は，日本列島の生態環境がもたらす豊富な資源を巧みに利用し，持続的な社会を構成していた時代から，人類が自らを組織化することで，急速に社会変化していく時代への転換期であった。

4．弥生時代（2300 〜 1750 年前）：粗放農耕社会（前期）

　弥生時代の始まりは明瞭でないとも言われるが，日本の水稲栽培の開始とし，終わりは古墳，前方後円墳の出現期までの550年間としよう。10世紀足らずであるが，人里環境の変化は見逃せない。粗放農耕社会前期で，環濠集落，青銅器と鉄器，階層の顕在化などがある。

1）農村風景を変えた稲作

　弥生文化は北九州に根をおろし，紀元前2世紀のうちには，南は薩南諸島，東は伊勢湾まで急速に広がった。しかし南九州や薩南諸島は火山性土壌で水田に不向きだったためか，稲作はあまり普及せず，やって来た弥生人の多くは南西諸島へ行ったらしい。縄文時代からいた地元の農耕文化人は，あの熊襲や隼人の祖先であるが，新生活は魅力なく一昔前の生活を続けていた。とはいえ，鹿児島県ではこの時代の遺跡として，指宿市北部の成川遺跡，種子島の南種子町広田が発掘され，石包丁や籾痕のある土器が，湧水町，垂水市，肝付町，中種子町などに見られることから，陸稲を含む稲作が広く行われていたらしい。

　環境面からみると，水田という水域が，樹林に覆われた南九州の環境，農村の風景を大きく変え始めた。ホタル，小鮒，ドジョウにトンボ，ゲンゴロウもスズメもサギも，そしてイチモンジセセリも（？）……。今やいないと寂しい動物たちを稲作が連れてきた。これで氾濫，洪水の危険性は増し，下流の湿地は埋められ，海岸線も後退するというマイナス面（？）もあったが，プラス面がそれを上回った。凶作時や夏に貯蔵量が減るという稲作の弱点は，秋に稔るドングリと夏に熟する果実で補い，穀類，野菜の栽培を促進した。

　稲作というもの　水稲の潅漑栽培はイネの原産地，中国の長江の中下流域

で始まり，直接丸木舟で北九州に伝わり（異説あり），数百年に亘って北や南に広がった。西九州とくに佐賀県の水田遺跡は日本最古で，紀元前 4 世紀ごろには本格的農耕が始まっていたらしい。その後も，人里の環境を大きく変えながら現在に至っている。

　弥生早期の古い潅漑水田跡は，水路のあるもの（福岡市），溢れた河川水を利用したもの（宮崎県都城市）など多様であったというが，その後，畦や用水路を造り，水を溜めて温めてから使う方法も考案された。育苗して田植えもあり，収穫は石包丁で穂を摘み取って収穫し，袋や壺に入れて，中期までは穴蔵で，その後は高床倉庫で貯蔵した。木臼と竪杵で脱穀し，甕（かめ）で炊飯した。こうした栽培法はすでに大陸で完成の域に達しており，耕作用具の鋤，鍬類は機能分化し，素材は青銅器→（砂鉄）鉄の時代へと変わったが，現代まで根本的な変化はないという。このことは私も実感として受け取った（後記）。

　イネ大好きなイチモンジセセリ　栽培イネの出現は，ヒトや水生昆虫だけでなく，イネの葉を幼虫が食うチョウの生活にも影響を及ぼした。なかでも害虫とされる“稲苞虫”（葉を巻いて苞（つと）を造る虫），イチモンジセセリは見逃せない。本種はイネがなくなる秋にはチガヤ，ススキなど多くのイネ科雑草に産卵し，冬はこれらで幼虫越冬するから，食草の好みは広いようにも見えるが，どういう訳かイネ大好きのチョウである。本州では夏の終わりに集団で大移動をすることで有名なのに，九州ではその移動群が見られない。これはなぜかと，私が調査中の虫である。もうまとめて論文にしてよいが，越冬して春に羽化した成虫が何に産卵するかが分からない。レンゲソウの花に来ているのに，まだイネはそこになく，かといって，そこらあたりのイネ科雑草には産卵の気配をみせない。初夏の食草を確認できないのである。もちろん近年は早期栽培のイネがあるから，そういう地帯ではイネに産卵する。

　どうしてイネへの依存度がこのように高いのか。おそらく原産地の中国で，すでにそういう関係になっていたのであろう。そして，稲作と共に九州に入った。……などと思案していたら，セセリチョウの専門家，千葉秀幸さんから最新（2019 年）の興味深い論文を頂いた。DNA 解析によるイチモンジセセリ属の新分類で，これによると，イチモンジセセリは，ヒマラヤ型分布をする照葉樹林帯に棲むチョウで，216 万年前に新種として分化，出現してい

る。すでに日本本土は大陸から分離して孤島となり，南西諸島は諸説があって微妙なところであるが，ここにはまだこのチョウは完全定着ではない。

このイネ大好きセセリにとって，1万年前に中国の長江の中下流域で，稲作（水田耕作）が始まったのは大きかった？　好物の食草が無尽蔵に出現し，大発生，大移動群も出現したかもしれない？　そして，2000年前の弥生時代に水田稲作と共に九州に入り，やがて全国に広がったのではないか？　その後，ヒトによる稲作は多様に変化したが，イチモンジセセリは難なくそれに対応しているようにも見えるし，戸惑っているようでもある。

2) 稲作が大型動植物を滅ぼした

今でも田んぼと畑の両方をもつ農家は多い。しかし，畑作しかなかったところに新しく水田耕作が加わると，その必要労力は倍増し，ヒトの生活が多様化する。住まいは竪穴式から平地式へ移っていった。鹿児島県ではこのような生活が，大隅半島の鹿屋市，肝付町高山地区を最初の中心地として県下各地へ広がった。鉄器も各地で出土するが，本県のような後進地域では，石器が長く使われたという（原口，1973）。

西日本の人口は，縄文早期（9000年前）2800人，後期（2800年前）1万9600人，弥生時代（2000年前；紀元元年）30万2300人，（1300年前；紀元700年）308万7700人と，弥生時代に激増している。

その結果，農地の争いは激化し，これがまた開墾を促進し，ヒトを分散させた。森林は伐採され，林縁という環境が長くなり，小型動植物には有利になったものの，大型の植物，獣類は犠牲になった。また，ヒトの争いは階層分化を促して支配者が出現し，集団間の争いが激化した。これらは政権を生み，生産者の支配と搾取の始まりとなる。丸木舟もよく使われるようになって，そのための木材需要が増加したらしい。軍馬飼育の草地は住居や農耕地周辺だったので影響は軽微だった。いずれにせよ，生活だけでなく，人里環境が多様化された。

第 2 章
歴史時代

　この章は粗放農耕社会後期（古墳〜平安）に続く集約農耕社会（前期；鎌倉〜安土桃山；後期；江戸）の期間で，産業社会（明治以降）への移行期である。

1. 自然史記録の少ない時代

　ヒトの自然撹乱の度合いは後になるほど大きくなるが，古墳時代から江戸時代まで 1300 年間の鹿児島，琉球の自然環境史はよく分からない。鹿児島県林業史にも記録は江戸時代からしかないとあるし，鹿児島県畜産史には牧場（牧）のことは出ているが，そこがどのような草地であったかが分からない。「日本社会の歴史（上）」（網野善彦，1997），「農耕社会の成立」（石川日出志，2010），「鹿児島県の歴史」（原口虎夫，1973）は，それぞれ好著であるが，自然史は詳しくない。むしろ「鹿児島大百科事典「別冊（年表）」（1981，南日本新聞社）が役立った。また，次の文献は，鹿児島・琉球の自然史，ヒトと自然との関わりを推定するのに参考になると思う。

　「草と木が語る日本の中世」（盛本昌広，2012；岩波書店）：中世の人々が草や木をどのように認識し，利用したかを多くの文献からまとめたユニークな本。牛飼いと草刈りは童（子供）がしていた，職業としての草刈りもいた，神木，境界木もあり，木材の使用も多様で，建築，燃料，照明，屋根葺き，柵・塀，家具，容器等から仏像まで，今と変わらない。樽は 5 世紀に出現したという。伐採，植栽，鹿害まで出ている。

　「森と水田が織りなす自然と食」（加藤真，2017；図書（3）：8-13）（岩波書店）：焼畑農耕と水田耕作の以前には，照葉樹林とこれに隣接する落葉広葉樹林で，堅果に依存する生活が長く続いた。日本列島に産する食物は，魚とキノコ以外は少ない。自生はヤマノイモ，ワサビ，ヤマモモ，ヒエ，どんぐり類，ト

チ，カヤ，オニグルミなど。栽培品はイネ（原産：中国南部），小麦・大麦（メソポタミア），粟・キビ（中央アジア），トウモロコシ（メキシコ），ソバ（中国雲南），里芋（東南アジア），サツマイモ（中南米），ジャガイモ（アンデス山脈）。

イネは瞬く間に広がり，ヨシに覆われた氾濫原が水田に変わった。氾濫原の動植物は水田へ入った。デンジソウ，オモダカ，ミズアオイ：トンボ，ゲンゴロウ，タガメ，：メダカ，ドジョウ，フナ，コイ，ナマズ，トノサマガエル，イモリ，サギ，クイナ，トキ，コウノトリなど。江戸時代でも水田生態系の動植物の利用は続く。

　「ヒトはこうして増えてきた」（大塚柳太郎，2015；新潮社）：20万年間の人口の変遷史で，ヒトの誕生から，移動，定住と農耕，文明，人口転換を，世界各地の事例をもとに描く。人口に関わる要因，農耕，狩猟による食物確保，死亡要因の病気との闘い，産業革命など，「未来の年表」（2018；河合雅司・講談社現代新書）で危惧される人口問題の歴史時代版。

その他は巻末の文献リストを参照して欲しい。以下の多くはこれらからメモしたものである。

2. 粗放農耕社会（後期）；古墳・大和～奈良・平安（西暦 250 ～ 1200 年）

1）農村のヒトと環境

律令時代の狂乱的な都市建設時代，巨大古墳時代もあった。農村と都会が分化し商業も発達する。職業軍人として平家と源氏などが誕生した。後期律令時代は人口増加などで森林伐採と開墾が続き，農地は拡大したが，水田は測量もなされ課税が厳しかった。これがまた伐採と開墾を促進させ，洪水の増加,生態系の大破壊をもたらした。人口増加で庶民の家造りも多かったが，木材が不足したことが，長く使える家に変えていった。伐採の道具は斧で，700 年代後半から鋸が使われ，木材は牛が運んだ。

一方，農業技術は進歩し，牛馬の鋤は改良され，牧畜も発達し，糞尿は肥料として使った。とは言え，家畜はウマ，ウシくらいで，ヤギ，ヒツジ，ガチョウ，アヒル，ニワトリはまだ無縁だった。これらの集約農業は，段々畑，棚田，水域，林縁などの環境多様化をもたらしたが，森林破壊の影響は大き

かった（石川，2010）。

　鹿児島県の自然環境を示唆する記述はあまりない。歴史的な事件としては，原口（1973）によると，南九州では狩猟採集民の伝統をもつ熊襲族と隼人族がいた。薩摩・大隅国が置かれ，隼人族の反乱があり，島津荘が成立し，災害で桑と麻が大被害を受けたとか，イナゴの害で税が免ぜられたとか，874年に開聞岳が噴火した，南蛮人が大隅国に漂着したなどとある。桑を栽培して養蚕が盛んだったらしい。

　律令制という巨大な官僚組織で，奈良や平安の都は栄華を誇っていたが，南九州はシラスなど火山噴出物に覆われ，水田耕作，畑作も不十分で，台風，虫害などの災害も多く，小さな集落が散在し，民としては最下位の雑戸（ぞっこ）の扱いで，飢餓に苦しんでいた。

　肝属平野，国分平野，阿多・川辺平野，川内川下流域に，ややまとまった集落があったに過ぎないという。

　このような人里風景は，人口が少なかったことを除けば，戦後の貧困時代まであまり変わらなかったかもしれない。笠野原台地に水はなく，集落は河川で削られた地域に点在し，私の家がそうだったように「上の畑，下の田んぼ」という状況は，水道が普及する昭和30年代まで見られた。

2）草地と森林

牧としての草地　当時，草は燃料と屋根葺きに使い，全国的には牧草地は極めて少なかったというが，鹿児島県の牧（牧場）については，「有明町誌」（1980）に私の父が書いた「鹿児島県畜産史」からのメモなどを紹介しよう。

　奈良時代（700年代），律令下の南九州の産業として名高かったのは牧畜で，ことに大隅で盛大であった。主役は馬で，用途は軍馬である。時の政権は，407年の朝鮮での敗北を騎馬戦に負けたとして，荷役用馬を軍馬に変え，新武具や訓練で近代化を計った。701年には薩摩，大隅地方に33カ所の牧苑がおかれた（場所不明）。牛馬皮，鹿皮をやりとりしていた。ことに大隅の吉多，野神の二牧で馬の繁殖が甚だしく，作物を荒らして百姓の産業を損なうというほどであった。故に，860年これを廃止せられた。鎌倉時代（1194年）に下出水村の瀬崎野に牝馬を放った。

　どうも，この様子では，牧といっても柵があって豊富な草が確保される牧歌的なものではなく，適当な山野に放し飼いにしていた風である。そんなわ

けで馬が勝手に繁殖して増えすぎたのか。馬は草を根際まで食うので，ヒョ
ウモンチョウ類の食草スミレ類も吸蜜用のアザミなどもどれほど生えていた
ものか分からない。しかし，周辺部の人里を含めると，草原性昆虫が多かっ
たと想像される。

　照葉樹林は残ったか　7世紀後半から，畿内に都をおく律令制で，支配階
級の巨大な建築物，寺院，神社の造営ブームが700年代も続くことになって，
良質の材は近くにない状態となり，膨大な森林が伐採され原生林は消失した。
森林伐採と開墾が続く。乱伐のみで植林をしなかったので洪水が多かった。
アカマツは木材としては不適で，790年代の平安京（現・京都市）遷都の完
成には，その後数百年を要した。ちなみに姶良市蒲生の八幡神社のクスノキ
は，樹齢約1500年，根回り33.5 mで，日本一の巨木（昭和63年，環境庁）
とされるが，発芽は古墳時代となる。

　薩摩，大隅両半島の低地一帯は，すでに照葉樹林が勢力を強めていたであ
ろうが，そこは火山灰台地を削って流下する河川沿いであった可能性が高い。
人の集落付近は照葉樹林だったと思われる。

3.　集約農耕社会（前期）；鎌倉～室町～戦国～安土桃山時代（1200 ～ 1600年）

　人口飽和時代，暴力と混乱の時代，蒙古軍が来た鎌倉時代，金閣寺が出来，
応仁の乱から後の戦国時代，1543年は種子島に鉄砲も伝来，秀吉が天下を
とり，その後関ヶ原の合戦で江戸時代に移る。1593年（秀吉時代）に小笠
原諸島が発見される。鹿児島は薩摩藩時代に入り，1471年と1476年（文明
3年と8年）は桜島噴火。

1）森林

　13世紀以降はスギや照葉樹の利用増大と畑作の拡大により，マツが二次
林として激増した（長井，1934）。中世の京では相国寺（1385年完成）など
巨大建築に大量の木材が使われ，京の周辺からヒノキ，スギの良材が根こそ
ぎ伐られた。1500年ごろから戦国大名は森林保護に取り組み，植林を始め
たが，スギ，ヒノキなど高級木材は再生できず，1586年，秀吉は京都の大
仏建築用に，屋久島からスギ，ヒノキを伐って運ぶように命じた。のち，島
津義久は屋久島の用材輸出を禁止する。江戸時代の初期までには，人が手を

つけられる場所には建築用木材はほとんど残っていなかった。それにしても，屋久島のスギまで手を付けるとは，恐るべき伐採と運搬の技術というべきか。

2）草地と耕作地

　鎌倉時代には村落にかなりの牛馬が飼われていて，牧もあり採草地があった。畑の周りには，作物を食われないように柵をした。これは牛馬だけでなく各地に鹿が多かったからで，鹿よけ（鹿垣）とも呼ばれた。野焼きはウサギや鹿を追い出すためにも有効であった。草はよほど不足がちだったのか，草山が鹿の食害で激減したので，家畜の餌が不足し，馬が高価になったとか，草山の激減への対応策として，幕府が新田開発を強行し，それで土砂が流出したので海岸に松の植林を行い，白砂青松の風景が出来たとかいう話もある（盛本，2012；他）。

　農家は水田で出来た藁や草山の草を，町社会の下肥（人糞尿）と交換し，武家社会へは藁と草を軍馬用に供給した。馬の飼料は草だけでなく，麦，大豆，稗も使った。草苅童というのがいて，牛馬のまぐさ，水田の肥料にする草を刈り，草庭が売買された。草地，草山には課税し，草手，草銭と言われた。軍用馬だけでなく，耕作に牛馬の力が利用され始め，とくに西日本に牛が増えた。これに伴い皮革業に従事する人が増えた（盛本，2012；他）。

　平安や中世には，「荒野」がみられるが，これは単なる荒野でなく，以前に耕作されて廃棄された土地で，再開発の対象となる。未開墾地は「空閑地」で，荒野と同様，開発の対象地である。荒野の象徴としての草は，葎（カナムグラ）と蓬（ヨモギ）などソフトな感じの草であった。ちなみに私の故郷の集落名は蓬原で，これに相当するかも知れない。

　鹿児島では，室町時代(1342〜1344年)に種子島の野牧が始まり，戦国時代，1540年に島津日新公が伊作野牧を創設。1543年，鉄砲伝来の時，南蛮人がアラビア馬を種子島に輸入したので，島津氏がこれを指宿に上陸させ吉野牧に入れた。1563年，入来村の長野牧が始まる。安土桃山時代，1580年に福山野に馬牧を始める。1584年，桜島嶽牧が復興など，馬の飼育が盛んだったらしい。

　鎌倉時代は，森林を伐採して薪炭に利用し，あとは焼き払って焼畑を作り，数年間畑地として利用し，また自然に戻す。そしてまた焼くというサイクルであった。鹿児島県ではこのサイクルは甑島やトカラ列島などに残ったか？

4．集約農耕社会（後期）；江戸時代（1603 ～ 1868 年）

1）森林

　南九州の低地は照葉樹林，高地に夏緑樹林，南西諸島低地は亜熱帯林で，基本的には現在と同じであったが，スギ，ヒノキ，マツなどの人工林がかなり増えた。木材の種類も需要も多様化し，その伐採，加工，輸送手段も，プロの商人たちによって格段に効率よくなった。1600 年代から各地の大名による森林管理，治山治水も進み，私有地，共有地，官林の区分や租税などで問題も多かったようであるが，それまでの乱伐も祟って木材は不足気味だったらしい。村人は薪，肥料，飼料，小規模建築材，草を求め，支配層は大木の木材が欲しかった。1657 年の江戸の大火の後には，木材は入手不可能となり瓦も焼けない状態だったという。1742 年には幕府が諸国に，森林を伐採して開墾することを禁止した。横引き鋸はすでに 1600 年頃に使われていたが，静かに素早く木を切り倒すことが出来るため，江戸時代には木材窃盗を防止するため禁止されていたなどという話が，その厳しさを物語る。1868年に使用許可となる（盛本，2012：他）。

　薩摩藩でも官民共利の状態で，いろいろな樹木を植え，1637 年頃には樟脳をオランダ向けに輸出している。元禄 10 年（1697）には道路の並木造りもあり，出水街道や各地の堤防にスギ，マツ，ハゼなどを植えた。スギの挿し木もあった（これは私も体験あり）。一方，吹上浜（田布施，阿多）では，1675 年の失火で樹林が消失し，砂浜からの飛砂の害に悩まされ，防止が困難を極め，1861 年ようやく止めたという（方法は不明）。各種の建造物には，加工しやすい堆積岩，凝灰岩で石の活用が見られた。もしこの頃発芽した照葉樹があれば，今は樹齢数百年の大木，古木になっているだろうが，残っていない？

　鹿児島県の樹木の用途は，建築材，屋根葺き，塀，壁，家具，容器，仏像，造船などのほか，燃料としての薪，炭，照明としての松明（たいまつ），行事用としての門松（マツ，ユズリハ，シイ）があり，伐採しないで残して利用するものは，神木（クスノキ，イチョウ，オガタマノキ　スギ），境界木（竹），一里塚（エノキ），防風林（イヌマキ），戦争用の逆茂木（鉄条網の代わり・サイカチ）があった。

2）草地

　草地環境を示す牧（牧場，放牧場）の様子は次の通り（有明町誌，他から）。

　通常，何カ所かに馬を集め，堀を作って収容したので，これらが高牧，内野牧，重富牧などの地名として残る。牧之内は「馬草原」といった。面積はいろいろで，西志布志村野井倉の平ノ牧は 20 町歩（20㌶）余り，「一帯の平野にして地勢まことに牧場に適す」とあり，よい草も茂り，ここに放牧すれば馬が肥えた。

　1658 年に海潟村小濱の原野に羊を牧畜する，のち桜島炎上で海潟の江ノ島に移す。1658 〜 1660 年，阿久根母子島に鹿を放つ。1666 年，長島大嶽野牧創始。1693 年に頴娃牧，唐松野牧を創始。宝永（1704 〜 1710 年）は馬 2263 頭，宝歴（1751 〜 1764 年）は 1797 頭がいた。1791 年，牟礼野牧廃止さる。1863 年には福山と吉野の牧が，1865 年は比志島野牧が廃止された。

　天保（1830 〜 1843 年）のころは藩に 30 余の放牧場があり，大隅地方では福山牧が最大で馬が 1200 頭いた。これらの管理は農民の奉仕作業で藩の年中行事になった。天保 9 年（1838 年）ごろ，藩では馬牧を福山野 951 頭，末吉野 257 頭，吉野野，春山野，鹿屋の高牧野に設け，出水の長島野は 754 頭と飼育頭数が多かった。ほかに一般農家で農耕や運搬に飼っている馬もある。耕地に飼料を植えることはせず，穀類も与えず，野草だけで飼育したので，毎朝未明に起きて草刈りに行った。馬 1 頭に草 6 束を負わせてきた。牛は牡牛を飼育して材木などを地ずりに引かせたが，享保（1716 〜 1735 年）にはなぜか牛が消えた。

　全国的な話題を盛本（2012）から拾うと，草の用途は多彩で，食用はもちろん，屋根葺き，飼料，染料，繊維，縄，布などの生活用具，遊びや鑑賞の対象，薬用もあり，七門松，七夕，七草など行事用にも欠かせない。

3）耕作地

　17 世紀には新田開発が進み，日本列島の大改造と言われるほど耕地面積も人口も倍増し，集約農業社会の生態系の限界に達した。大規模開墾，新田開発，河川改修，堤防造りなどヒトの仕事も増加した。飼料や肥料として草地が増えて，耕作地面積の 1/3 になった。肥料としては新しく魚粉，油粕，下肥（都市から商品として買った）が加わった。一方，段々畑は増加し，浸食地，荒廃地も急増，下流域の水害も多くなる。そして 18 世紀前半には伐採，

開墾は激減し新田開発は冷え込んだ。

　江戸時代には，畑関係では，土筆売り，つばな（チガヤの未熟穂）売り，なづな売り，椎の実売り，自然薯売り，オケラ売りがいて，水田関係では，メダカ売り，どじょう売り，赤蛙売り，しじみ売り，タニシ売りがいたという（盛本，2012：他）。これらのうち，私が日本で食味した経験のないのは，オケラ，メダカ（食用？）赤蛙くらいのものである。

　鹿児島県の焼畑や開墾の歴史と水田開発史を知りたいし，農業技術の開発史や栽培種の変遷などの情報も欲しい。しかし，これらは私の手に負える問題ではない。いくつかの話題を提示するに留めよう。長井(1934)，上野(1982)などに災害，気候変動，害虫などで飢饉の事例がある。

　1599 年，島津義弘公，朝鮮から帰るとき，ウシウマ十数頭と蜜蜂飼いを従え，加治木で蜜蜂飼育場を設ける。人呼んで，蜂飼市左衛門といえり。

　17 世紀末，沖縄からサトウキビ入る。奄美大島 1777 年，徳之島 1830 年，藩による糖の専売制。平地の多くがサトウキビ畑になり，開墾を促進する。砂糖を煮詰めるため森の破壊とヒトの苦しみが増大した。

　1773 年，徳之島では稲作に虫害，種もみに困難をきたし，飢饉に陥り，米 800 石を借りて危機を免れる。

　1802 年，稲田に蝗蟲大発生をなす。276 石余捕殺す。もっと昔 815 年にも薩摩国でイナゴの害が出て税が免除された。

　1817 年，三島黒島では，海上より数十万の群れネズミ渡り来たり，島中の穀物を食い尽くし，飢饉に及び，椎の実，竹の実，葉などを以って助命せり。この年，幸いに魚多く，これにて食を助けたり。群れネズミは冬より次第に減少せり。

4）自然調査始まる

　上野（1982）によると，薩摩の博物学の隆盛は，18 世紀後半から 19 世紀半ば過ぎまでの薩摩藩時代で，主導者は 25 代藩主島津重豪（1745 〜 1833）であった。彼は藩主を譲って江戸に住んだが，知識欲旺盛で 84 歳のとき江戸からの帰途，長崎に寄ってシーボルトにも会ったという。「成形図説」などを残しているが，一般人にはそのような動きはなく，藩は文化活動より尚武を奨励し，鎖国的だったことが，この分野での薩摩の後進性の原因だろうという。とくに植物学にくらべて，動物学の進歩はなかった。

　徳川政権は 1735 年から 3 年間の期限付きで，天産物の実態調査を各藩に命じた(産物御尋ね)。全国調査である。課題は，食用になるもの全部のほか，食用にならない動植物も入れよ，ただし外来の琉球の産物は除けという，要を得たものだったらしい。これを受けて 1737 年（元文 2 年）に「薩隅産物帳」や「産物絵図帳」が出来た。ただし，誰がどこで調べたかは不明で，なぜ動植物の調査にもっと時間をかけなかったのかと上野（1982）は言う。本著には「虫類」として，蝶，蜂，蝿など 80 種余りが列挙されるが，百足，蜘蛛，げじげじ，みみず，蛭，馬蛭なども含まれる。「薩隅日産物絵図帳」には，昆虫はシオヤアブなど 25 種がある。

　1769 〜 1770 年（明和 6 〜 7 年）木村兼葭堂（大坂の町人，酒造業）が「薩摩州蟲品」を作成。375 品の内 289 品を図示した。昆虫は 207 点，甲虫 23，蝿アブ 20，バッタ 20，チョウ・ガが 7 点，蜂・アリが 17，トンボ 12　など，幼虫各目 32 点が出ている。捕虫網はなく，採集した虫は竹筒に入れたので，30% は虫に食われた。産地別では琉球 165，姶良 44，日置 35，などとある。

　この頃 1974 年には，甘藷が小石川薬園などで試植され，出水市では五万石溝が出来ている。外国人の九州での調査は，1690 年（元禄 3 年）ドイツ人の E. Kaempfer 以降，1863 年までに，スウェーデン，イギリス，ロシア人が，主に長崎で採集した。

第 3 章
琉球列島のヒト

　本章については，高宮広土編（2018）「奄美・沖縄諸島先史学の最前線」（南方新社）に総括してあるので，片山（2015）などを加えて要約する。（年表 4，5）

1. 時代の流れ，ヒトの渡来

　中琉球，南琉球のヒトの歴史は，北琉球以北のそれとは大きく異なっている。中琉球にヒトが来たのは 3 万年前で，2 万年間続いた旧石器時代，6000 年間の貝塚時代，500 ～ 400 年間のグスク時代と変わる。「グスク」は信仰の聖域，集落，城など，何らかの拠点的施設のことである。沖縄諸島に限れば，先史（旧石器時代，貝塚時代）→古琉球（グスク時代，三山時代，琉球王国）→近世（琉球王国：後期は薩摩藩支配）→近代→沖縄県（戦前→戦後）となる。南琉球はさらに特異な歴史を示し，先島先史時代→グスク時代→琉球王国→沖縄県の時代となる。このうち文字のなかった時代，先史時代が 95％を占め，歴史時代は 5％に過ぎない。

　篠田（2018）の「DNA からみた南西諸島集団の成立」（＝高宮 ,2018）によると，以前の日本人の起源は「二重構造説」であった。すなわち，旧石器時代に大陸から侵入した集団が縄文人となり，さらに弥生時代に朝鮮半島から入った稲作集団が加わって，混血の本土日本人となった。しかし，稲作がすぐには入らなかった北海道と奄美・沖縄は混血集団にならず，縄文人的集団が残ってアイヌや琉球人になったといわれていた。現在は，日本列島へのヒトの渡来は，対馬，北海道，沖縄の 3 ルートがあると言うが，中琉球，南琉球へ来たヒトの由来はまだよく分かっていない。

　小田（2001）によると，沖縄ルートで北上したヒトたちは，アフリカからインド経由で，7 万年前ごろアジア大陸の東端に達し，約 5 万年前スンダランドに広がった。後氷期にスンダランドが水没するにつれ，彼らは黒潮を利

用して船で北上し，３万5000 〜 3
万年前，石垣島や沖縄本島に　南方
型旧石器文化をもたらしている。こ
の地域には化石人骨が多数発見され
ているという。

　ただし，これには異論があり，漂
流と航海の区別がないとか，黒潮の
長旅は可能だったか，インドネシア
海域に最初に進出したのは原人でフ
ローレス止まりだった，ここからオ
ーストラリアまで渡ったのはホモ・
サピエンスだけだった，等々。

　石灰岩地帯が多い奄美以南には多
くの化石が残り，とくに人骨が多
数発見されている。これが近年の
DNA の解析で徐々に解明されつつ
ある。

2. 旧石器時代

　沖縄本島近くの伊江島から出たヒ
ト３体は，日本本土の縄文人タイプ
で，彼らは九州から南下したか，大
陸から直接来たと推定される。２万
年近く前にいた港川人などの後期旧
石器時代人の流れはいったん途絶え
て，貝塚時代が始まる前の１万年間

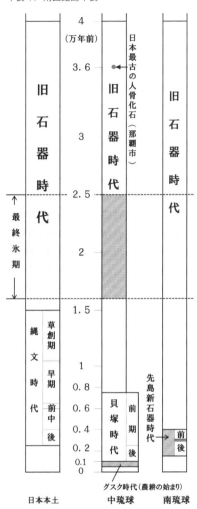

年表４．南西諸島年表

は，琉球列島は無人に近い状況だったという仮説がある。

　石垣島の新空港造りの前に発掘された白保竿根田原洞窟遺跡から出た多数
の人骨のうち，ミトコンドリア DNA の解析結果が使えた５体の遺伝子は，
東南アジアや中国南部からの移住集団を示唆している。しかしこの集団は消
滅し，いくらかの空白期間の後，沖縄などから新しい侵入集団がいたと思わ

年表 5．南西諸島のヒトの時代

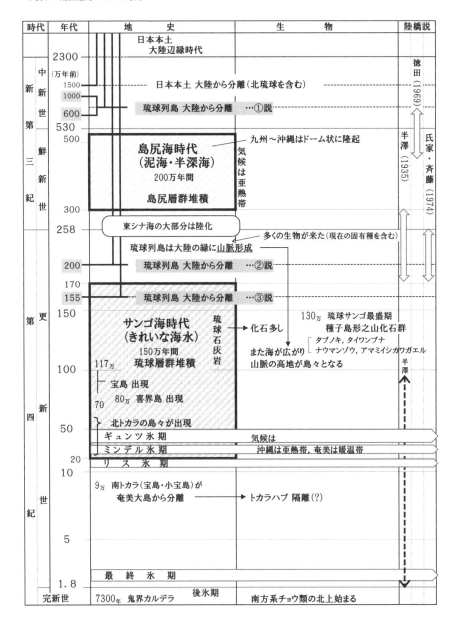

れる。4000 年より新しい時代（貝塚時代）の 3 体は，日本本土タイプであり，沖縄から八重山へのヒトの動きがあったとせざるを得ない（片山，2015）。

　沖縄県下の遺跡は，石器がほとんど出ず貝殻道具が多い，石器に依存しない文化だった。沖縄では港川人などこの時代の人骨が多く，世界最古の釣り針も出た。沖縄南部のサキタリ洞遺跡は，後期旧石器時代（2 万 3000 年前）のもので，海の貝，カニなどのほか，シカ，イノシシ，オオウナギも発見されている。森林を開いて採集・狩猟・漁労生活を続けていたのであろう。農地がないので，環境としてはやや単純だったか。しかしながら、奄美・沖縄では遺跡の発掘が相次ぎ、次々と新しい知見が生まれていることを付記しておく。

3.　貝塚時代（本土の縄文～弥生平安並行期）

　この時代は 2 期にわかれ，前期（7000 ～ 2600 年前）は本土の縄文時代，後期（2600 ～ 1000 年前）は弥生～平安時代にあたる。栽培植物でなく，野生種に依存する狩猟・採集・漁労時代であった。このような小さな島々で，堅果類とサンゴ礁資源とイノシシのような野生種だけで数千年，ヒトが生活した島の記録は世界でここだけという。動物性の食物は，始めはイノシシが魚類より多かったが，次第にこれが逆転している。徳之島の面縄貝塚では，2002 年の調査で判明した脊椎動物は，魚類（56％），イノシシ（7），アマミノクロウサギ（4），鳥類（3），ウミガメ・海獣（イルカ，鯨，ジュゴン）（3），犬（2），大型ネズミ（2）などで，アマミノクロウサギが普通に出土する。堅果類ではオキナワウラジロガシ，イタジイなどのドングリ，マメ科のほか，タブノキ，ショウロウクサギとあるが，後 2 種は何を食べたのだろう？

　いずれにしても，ここには自然度の高い森林があって，このような生活が長期間続いた。この時代は決して長期の停滞期ではなかったという。

　沖縄本島のうるま市，読谷村の遺跡から出た 14 体の DNA は 5 タイプよりなり，農耕民である渡来の弥生人も含まれる。しかし，渡来時期はここで農耕が始まる以前であるから，この時期に他の物流交易，"貝の道"などがあった可能性を示唆する。台湾の太平洋側の集団との共通するタイプもいるので，南方との海流交流もあったらしい。この時期に現在の沖縄集団の原型が出来ていたと思われる。奄美大島と徳之島，沖永良部島には貝塚時代前期

（縄文早期）から遺跡あり（小田，2001）。

4.　グスク時代（本土の鎌倉・室町時代）

　中琉球と南琉球が共に城_{ぐすく}を中心とした農耕社会に移行する時期で，鎌倉時代に当たる。人口も増え遺跡も多い。しかし人骨は少なく，ヒトの構成の実像は不詳である。在来集団と新たな農耕民集団の混合が進み，日本本土の中・近世人と変わらない琉球列島集団が成立した時代と言えよう。

　喜界島の中世〜近世の墓地遺跡からは数百体の人骨が出ており，内 32 人は 7 種の遺伝子タイプで，現在の宮崎県の集団によく似ているという。中世以降に奄美群島に渡った集団は，基本的には南九州の農耕民であった。彼らは琉球全域に広がり，在来集団と混血して現代の沖縄の遺伝子組成が完成した。

　貝塚時代の終わりからグスク時代の始めにかけて，奄美諸島では 8 〜 12 世紀，沖縄諸島では 10 〜 12 世紀に農耕が始まった。これは北から南へ広がったが，ほぼ同じ時期に起こったと言える。沖縄はアワが中心，奄美での作物は不詳である。狩猟時代に白人が入ったり，最初に農耕民が入った島は多いが，このように数千年の長期にわたる狩猟から，農耕への変遷があった島は世界的に珍しいという。喜界島ではコムギ，オオムギ，イネ，奄美大島ではイネ，沖縄本島ではアワ，コムギ，オオムギ，イネが遺跡から出ている。動物では，魚類が減って，ウシなどの飼育動物が増加している。

　なお，主要な食物であるリュウキュウイノシシは，ヒトが家畜として連れてきたものが野生化したという説もあるが，太田（2018）によると，DNA解析の結果は数万年以上前に大陸で分化したことを示唆しており，ヒトが渡来した 3 〜 4 万年前以降に逃げ出したものではない。近縁種は台湾でなく大陸にいるので，南琉球へは海を泳いで渡って来たかも知れない。ただし，南琉球と中琉球の個体群は遺伝的差異が小さく，広い海域に長い間隔離されているので，ヒトによる運搬の可能性が高いという。ちなみに，ほかには奄美大島から加計呂麻島と与路島へ泳いで渡る例がある。

　全体的には，同じ系統から各島の集団に分化したものであるが，時代が新しくなると，イノシシもブタも食用として運ばれていたから，徳之島のように隔離が長い島では，7 世紀にはイノブタも確認されている。

第4章
明治・大正時代

　この原稿を書いている平成30年は明治の維新から150年で，鹿児島県で
もいろいろな記念事業が進められた。確かにこの維新でヒトの社会体制は激
変したが，自然環境としての人里や農民の生活はそれほど変化していないよ
うに思われる。蓄積され始めた博物学的データや農林業の資料，少数の映像
などから当時の環境を推定してみる。タットマン（2014）は，1890年頃か
ら太平洋戦争の終結までを，帝国主義下の産業社会としている。

　本稿の日本の動きは「日本20世紀館」（小学館，1999），鹿児島のことは「鹿
児島大百科事典」の「別冊（年表）」（南日本新聞社，1981），「薩摩藩博物学
史」（上野益三，1982），「薩摩藩博物学年表」（長井實孝，1934）などによる。
また戦後については「写真と年表でつづるかごしま戦後50年」（南日本新聞
社，1995）を参考にした。

1．明治時代（1868～1912年）

　約45年間であったが，台湾，朝鮮が日本の領土となり，これらの地域で
の自然の調査記録も出始めた。鹿児島県では，明治15年，鹿児島測候所（気
象台）が創立され，16年に石造りの興業館（旧県立博物館）ができ，18年
は県立中学造士館が設置され（24年旧制中学となる），19年は県令が知事と
改められる。3年計画で甑島の住民を種子島に移し，20年には大島糖業組合
が結成された。22年には市町村制が実施され鹿児島市や町村が誕生する。

1）自然調査の始まり

　そこにどのような動植物がいるかという調査が，博物学的記録，自然誌（ナ
チュラルヒストリー）的記録で，リンネの二名法が確立した後に，動植物の
種名（学名）が明記されている記録である。日本では江戸の末期から明治に
入って，外国人が先鞭をつけた。彼らは収集した動植物をヨーロッパの博物

館などに送って，多くの新種などを記載した。この作業はまもなく日本人自身の手によって行われるようになり，今日に至っているが，そして私たちはこれをごく当たり前のことと受け止めているが，欧米以外で，この時代にこれを実行できた国は多くない。

　外国人の活躍は江﨑（1934，1953）が詳細に総括しており，チョウ類は白水(1958)の労作がある。九州，奄美関係の昆虫などの調査状況は以下の通り。

明治 8 年：レイン（ J. J. Rein ）ドイツの地理学者。1875 年 4 月 1 日〜 5 月 27 日，天草から鹿児島，霧島山で，昆虫も採集。西南の役の前年のことである。

明治 14 年：ルイス（ G. Lewis ）イギリスの昆虫学者。1881 年九州（長崎，熊本県）へ。ルイスハンミョウなどに名を残す。

明治 15 年：カーペンター（ A. Carpenter ）イギリスの海軍士官。軍艦で奄美大島に来て，採集した標本はロンドン自然史博物館に所蔵され，ムラサキシジミ，キチョウをバトラー（ A.G.Butler ）が記録している。軍艦に博物学者が同乗して来るとは凄い。

明治 19 年：リーチ（ J.H. Leech ）イギリス人。1886 年 4 月下旬〜九州をまわる。甑島でアサギマダラの集団静止を見ている。5 月 20 日，鹿児島市付近でミカドアゲハ（日本初記録），ナガサキアゲハ，モンキアゲハ，ムラサキツバメ，ムラサキシジミ，サツマシジミ，ゴマダラチョウ，ツマグロヒョウモン（幼虫採集），コチャバネセリを記録。

明治 19 年：プライヤー（ H.J.S. Pryer ）イギリス人。1886 年 5 月，琉球への途中，鹿児島湾に寄港し，モンシロチョウの大群を観察。

明治 24 年：フェリエ（ J.B.Ferrie ）フランスの宣教師。奄美大島に来任，現地の採集人も養成して，甲虫類やチョウ類を採集，採集品は本国に送って，20 編近くの論文を出している。現在の希少種フェリエベニカミキリほか，アマミハンミョウなどの学名に彼の名が残る。チョウ類はフルストルファー（ H. Frhustorfer ）が，フェリエの採集品から 11 種（アゲハチョウ，モンキアゲハ，ナガサキアゲハ，アオスジアゲハ，モンシロチョウ，ツマベニチョウ，ウスイロコノマチョウ，"コジャノメ"（リュウキュウヒメジャノメ），ルリタテハ，アカタテハ，イシガケチョウ）を記録。

明治 26 年：ワイルマン（ A. E. Wileman ）イギリスの外交官。1893 年 7

〜8月に薩摩（鹿児島，谷山，喜入，桜島，枕崎，知覧など），9月に大隅（垂水，高隈山），9〜11月宮崎県，熊本県へ。多数のチョウ，ガ類を採集している。

　明治32年：フルストルファー（ H. Frhustorfer ）ドイツのチョウ類研究者。9月〜10月，長崎から熊本へ。

　明治38年：アンダーソン（ M.P. Anderson ）アメリカ人。1905年屋久島でほ乳類につくノミを採集。

　明治45年：トンプソン（ J.C. Thompson ）アメリカ人。1912年3月鹿児島，4月屋久島，沖縄で採集。

　日本人の研究としては，明治37年「日本蝶類図説」（宮島幹之助）が発行され，明治42年，渡瀬庄三郎らは奄美大島でオオシロアリなどを採集している。

2）自然環境のようす

　森林　日本の山林は1910年に至る数十年間 に乱伐され，全国で木材が不足した。日露戦争中は公園の木まで伐ったらしい。1905年ロシアから復帰した樺太（サハリン）の木材や輸入木材で対応したが，国内需要のせいぜい1/3程度だった。江戸時代の植林は1890年代に成果がで始めたものの，スギ，ヒノキなど樹齢の揃った単一樹種になる。

　鹿児島県では，明治3年以降の木材の乱伐が数十年続き，造林は農民の経済意識の低さ，地租負担の過剰もあって低調だった。1877年9月，西南の役は終わったが，当時の城山も荒れ果てていただろうか。1886年にはパルプ工場も出来て，材の木質部も利用するようになり，山林の負担は増加した。1907年には合板工場も出来た。輸送に森林鉄道も使われ，森林の皆伐に拍車がかかる。1920〜30年代にはいくらか元に戻り始めていた。屋久島の明治以降の伐採史は，稲本（2006）に詳記されている。奄美群島でも大径木が択伐され，多くの枕木が日本本土，朝鮮，満洲に送られた（米田，2016）。

　草原　富国強兵で軍馬の育成も重視され，北の岩手，南の鹿児島が優良馬の生産県となった。牧が多かった？

　耕作地　明治8〜12年頃，耕耘が鍬から鋤に変わったため，牛とくに雄牛が増加した。しかし牛の牧はなかった。道路がよくなり，荷物の運搬は馬の背だけでなく，ダシゴロ（木の車輪がついた荷車）がよく使われた。

2. 大正時代（1912 〜 1926 年）

　約 15 年間，第 1 次世界大戦に参戦し，戦後に南洋群島（グアム，サイパン島など）を統治することとなる。経済成長，大都市の人口集中，農村では小作人の台頭があった。大正元年，路面電車運用開始。大正 3 年に桜島大爆発。

1）自然の調査

　県本土の記録より奄美諸島の調査例が多いかもしれない。1917 年（大正 6年），岩田収二が鹿児島県のチョウの分布表を作成（鹿児島高等農林学校学術報告 2 号）。1924 年，矢崎正保がヤクシマミドリシジミを新種として発表（動物学雑誌）。七高に江崎悌三も在学していた。シルベストリー（F. Silvestri）（イタリアの昆虫学者）が，1925 年 6 月 10 〜 17 日，鹿児島，永吉，加世田，9 月 18 〜 22 日，霧島神宮，高千穂峰，鹿児島で採集。

2）自然環境のようす

　第一次世界大戦や関東大震災で木材需要は増え，一部の民間林業は森林伐採で巨利を得たが，造林は減り，乱伐による荒廃が増大した。外材の輸入が増え，民間林業は衰退した。1920 年代までに林地の測量はほぼ完了し，国有林 37％，私有林 44％，地域共有林 18％に分かれた。山林はほとんど国有林。原野は共有地，私有地は雑木林が多い。

　1920 〜 30 年代，セメントが河川工事に使用されるようになり，直線化など極めて不自然な河川，河床が増えた。年間通水の廃止などもあって氾濫は減ったが，美観も生態系も貧弱になった。とは言え，昭和中期の高度成長期の激変に比べると小さなものだったと思う。

第 5 章

昭和の戦前・戦中・戦後
—自然が最も豊かな時代？—

1.　戦前（昭和元年 〜 16 年；1926 〜 1941 年）

1）時代の背景

　世界的な不況，経済パニックで始まり，軍部が台頭し始めた時代。私が生まれた昭和 8 年（1933 年）には，満州問題で日本は国際連盟を脱退し，孤立化への道を歩み始めた。昭和 12 年日中戦争が始まり，泥沼化して軍拡時代へ。しかし，昭和 11 年にはプロ野球リーグが始まり，双葉山の 69 連勝，ベルリンオリンピックもあって，ミルクキャラメル，クレパス，サクラフィルム，バスクリン，ゴム草履なども登場，ハイキングブームもあり，この中には捕虫網を手にした人達もいた。

　鹿児島県では，昭和 2 年に県立図書館（現：県立博物館）落成，昭和 6 年には山形屋デパート 7 階建てが完成し，市街地化が進む。昭和 3 年に鹿児島市電車が，昭和 4 年に市営バスが運行開始，昭和 11 年には指宿線が山川まで運行を始めた。

　自然環境に直接かかわる農村は，凶作や肥料代などで窮乏し，娘の身売り，一家心中，米騒動などがあり，救済施策として道路建設や河川改修，新天地の満州（中国東北部地域）への移民が勧められた。鹿児島県では，昭和 5 〜 6 年（1930 〜 31 年）に出水市米ノ津干拓工事，谷山・和田干拓工事が竣工している――と言うことは渚が消失している。

2）昆虫の調査状況

　全国的に博物学隆盛の時代で，県内では鹿児島高等農林学校内（現：鹿大農学部）に事務局を置く「博物同志会会報」が昭和 2 年に創刊された。創刊号には，チョウ，曽於郡の鶴，海藻，夜光虫，メヒルギ，タバコガなどの記事がある。その後，本誌は昭和 10 年の 15 号まで発行されたが，同年 1 月から鹿児島博物学会発行の「郷土博物時報」として，少なくとも 3 巻 2 号（通

巻11号：昭和10年3月）までは出た。少し戦時色あり？

　これらを主宰したのは，鹿児島高農にいた岡島銀次で，1875（明治8）年生，1955年80歳で逝去。1909～1936年鹿児島時代に書いたチョウの文献は12編，1933年作成のチョウ類分布表には96種があり，高度な調査がなされていたことが分かる。

　第七高等学校造士館（現：鹿大理学部・法文学部）の「生物研究会会誌」第一号（1935年）には，後の九州大学農学部昆虫学教室の教授江﨑悌三の「吐噶喇列島の蝶類」，第二号には，「鹿児島の思ひ出」などがでている。校舎や寮が城山の麓（現：黎明館敷地）にあって，城山がよい昆虫採集地になっていたことが窺える。当時，市内にハラボソトンボが普通であったらしい。雑誌は2号で終わってしまった。鹿児島のチョウの記録は，「昆虫界」（1933 - 1952年発行：東京），「Zephyrus」1929 - 1947年発行（蝶類同好会；九州大学に事務局）などの全国誌にも出ている。

　アマチュアの昆虫愛好者も賑やかで，鹿児島1中の学生だった竹村芳夫は，昭和7年，中学3年春から昆虫採集を始め，自作の用具で，鹿児島市内の各地から入来峠，冠岳，高隈山，霧島山などを歩き，多くの標本を作成した。標本は戦災で焼けたが，残ったノートの記録を戦後に報告している。鹿児島市の上荒田に住んでいたが「一歩外に出ると，虫たちはどこでも溢れていた」と「鹿児島の昆虫昔ばなし」（竹村，2002）を書いている。

　鹿児島商業学校（現：鹿児島商業高校）の教師だった新貝八州男は，全国誌の「昆虫界」に投稿し，校内に昆虫好きの生徒を集めて鹿商アマチュア倶楽部をつくり，坂元久米雄，佐々木博，二宮裕，坂上勝巳ら多くの愛好者を育てた。ただし，彼らの標本は戦災で焼失し，当時の様子は「話」だけで，印刷物として報告されたものはごく少ない。ただ，特筆しておきたいのは松田隆一で，彼は鹿商卒業後，当時日本の領土だった台湾の台北帝大に進み，戦後1952年に渡米，34年間アメリカの3大学とカナダで研究生活を送り，1986年に没したが，昆虫形態学の世界的な研究者としての彼の業績は，日本昆虫学会の「昆虫」15巻3号（2012年）などに追悼，詳記されている。

　昭和11年には鹿児島朝日（新聞）主催の「昆虫と貝類展覧会」が山形屋で始まり，当時，昆虫の部では鹿児島商業学校のメンバーが上位を独占していた。これは昭和10年天皇陛下が鹿児島に行幸の折，竹製の昆虫玩具をお

買い上げになったのを契機として始まったもので，戦時の中断はあったが，戦後の昭和30年に復活，植物，岩石部門も加えて現在まで続いている。この経緯は福田・中峯（2014）が Nature of Kagoshima 40 号にまとめた。

3）自然環境と自然との触れ合い

　昭和元年から8年までの鹿児島県内の森林伐採と人工造林の面積をみると，どの年も伐採面積が1.5倍前後上回る。一方，昭和2年には水源涵養林が設定され，15年には県の10年計画も策定されている。人里や草地や農地などの様子はデータとしては適当なものが見つからないものの，鹿児島の自然が最も豊かだったのはこの時代ではなかろうか。森林にほどほどに人手が入り，外来種もいくらか混じって，水田を中心に水系も自然の形態を活かしつつ整備され，里地，里山の生物多様性が高かった。しかしこれは私の少し楽観的な感想に過ぎないかもしれない。それほど，その後が悪かった。

　私が鹿児島市立中郡小学校に入学した昭和15年頃は，結構恵まれた時代で，豚皮製のランドセルに学生帽，白いエプロン姿の一年生だった。住まいは鴨池動物園の近くで，夕方には象の鳴き声が聞こえたもので，何回も出かけて動物園の様子は熟知していた。周りは田んぼと畑で小川が流れており，トンボ釣りも小鮒掬いも出来て，メダカを捕って洗面器に入れて飼った。「藻の花や水ゆるやかに手長蝦」（国語の教科書にあった俳句）の風景をいつも楽しめた。先に鳥もちを塗り付けた竹の釣竿を買って帰る途中，路上に乱舞していたウスバキトンボ（盆とんぼ）が多数勝手にくっついて困った。少し遠征すれば高等農林学校の玉利池のトンボも見れて，田上川でハヤ釣りもできた。鴨池の海岸も埋め立て前で，広い干潟が広がっており，ボラの子が群れていた。水上（から発着出来る）飛行機が来たと見物に行った。

2. 戦中・太平洋戦争中（昭和16〜20年；1941〜1945年）

　第二次世界大戦時代は，僅か3年8月余りのことであるが，戦争一色の時代である。この間，森林伐採は激増し，昭和16年に紀元2600年記念造林があったらしいが，民間造林はほとんどされなかった。それ故か，私には自然環境はあまり変わらないように見えた。私は小学2年（12月8日開戦）から6年の夏休み（8月15日終戦）まで，小学生時代のほとんどが太平洋戦争の時代だった。

　昭和 16 年（1941 年）4 月，小学校が国民学校に改名，12 月 8 日，太平洋戦争始まる。昭和 17 年 3 月，知覧の飛行場完成（後の特攻基地）。昭和 18 年 2 月，日本軍ガダルカナル島撤退。敗退が始まり，学徒出陣開始。加世田市大浦干拓工事着工（戦後の昭和 37 年完工）。串良町，溝辺十三塚原，頴娃町青戸，加世田万世，徳之島浅間に飛行場作り開始。昭和 19 年，サイパン島日本軍全滅。本土では隣組の防空演習始まる。県下食糧増産隊編成。昭和 20 年（1945 年）3 月，県本土と種子島に初空襲を受ける。4 月，アメリカ軍沖縄上陸。県内飛行場より特攻機による反撃開始。8 月 15 日終戦。

1）昆虫の調査状況

　動植物の調査もさすがに低調で，昆虫の増減などのデータもないと思う。鹿児島商業学校の昆虫少年・青年たちも戦場にかり出され，昆虫採集は中学校の宿題程度だったらしい。竹村芳夫は，昭和 18 年，マラリアの侵入を防ぐため，野村健一（後千葉大教授）よりハマダラカの調査を依頼されて，18 年度は鹿児島市，19 年度は指宿市で，毎月 1 回定点で採集し，湿地で幼虫を採って送った。マラリアは南方に送られた戦士たちにとってやっかいな伝染病であった。

　全国誌の「採集と飼育」「宝塚昆虫館報」などに昆虫の報文はあったが，鹿児島県，沖縄県関係のものは少ない。1942 年には，台湾博物学会々報 220 号に「正宗厳敬教授採集の徳之島産蝶類」（楚南仁博）が出ている。16 種採集した内の 6 種は徳之島新記録であった。ちなみに，当時の日本の国土は，現在の領土の他，朝鮮，千島列島，樺太の半分，台湾，南洋群島（マリアナ諸島）で，昆虫図鑑にはこれらの地域全域の種がでていたが，これを知ったのは高校生になって昆虫採集を始めてからで，図鑑を眺めるのにはよかったけど，志布志で採集した普通種でも同定（種の判定）に苦労した。

2）自然との遊び

　昭和 16 年春父の転勤で移った志布志町での生活には，さらに豊かな自然との付き合いがあり，戦時中の小学生生活を体験した。国外での戦場や空襲を受けた都市の人々の体験記，小学生（国民学校）の学童疎開の話は多く残されているが，私が受けたこの地域での体験は，それらとはかなり違っており，あまり記されていないので，敢えてここで語ることをお許し頂きたい。この中に，ヒトと自然との触れ合いの濃さを見て頂ければありがたい。志布志

湾はアメリカ軍が 11 月 1 日に上陸する予定地のひとつであったが，志布志
の町は 8 月 15 日（終戦）の時点までは爆弾，焼夷弾の投下は受けていない。
　志布志町西谷での話。春は小川に遡上してくる稚鮎を笊で掬い，遠征して
菱田川の用水路で小鮒を釣る。初夏のコガネグモの採集と飼育そしてクモ合
戦，グミや野いちご摘みと続く。夏のトンボ釣り（図 3-4）。ギンヤンマがこ
れほど多かったことは，今のトンボ研究者に話しても理解出来ないらしい。
なにしろ上の台地の畑ごとに，いも畑でも野稲（陸稲）畑でも，"お廻り雄"
がおり，時には家の前の菜園にまで飛来し，夕方には採餌飛翔をする個体が
空一面に飛び交っていた。ヤゴを探したことはないが，それほど発生源の水
域も豊富だったということだろう。
　セミ捕りは，網など売っていないから，母が作った白い布袋を使った。家
の前の道路に十本余りのサクラ並木があり，四季おりおりの表情を見せて，
私の木登り技術を上達させた。セミの出現期の夏は賑やかだった。水泳はプ
ールなどなかった
から，志布志港と
前川で覚えた。川
石を起こし，箱眼
鏡で覗いてテナガ
エビを三つ又の
ヤスで突いたが，
時々ウナギが出現
する楽しみもあっ
た。秋の栗や椎の
実拾い，アケビ採
りを経て冬のメジ
ロ捕りに入る。
　まず，モチノキ
の樹皮を鎌で剥ぎ
取り，川縁の石で
砕き，雑物を洗い
流すと，串先につ

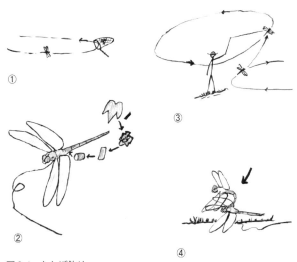

図 3-4　とんぼ釣り

トンボ（ギンヤンマ）釣りは全国的なもので「とんぼ釣り今日はどこまで行っ
たやら」という句がよく知られた時代である。いろんな方法があるが，志布志
では，① まず畑で占有行動（お廻り）をしている♂を網で捕獲し，② 腹部の青
い部分（♂の特徴）に，サツマイモの葉を揉んで，べたつく小片を貼り付けて
疑似♀を作り，糸で胸部を結び，③ 竹に結わえて「トヤマ来い，トヤマ来い」
と言いながら振り回す。すると♀と思った♂が追って来て，「♀」に止まり，連
結しようとする時に地面に下ろして，素早く手でかぶせるようにして♂を捕獲
する。

いた飴のように鳥もちが出来る。それを小枝に塗りつけて，餌の熟し柿を刺しておくとメジロが小枝に止まり，鳥もちにくっついてぶら下がる。それを手のひらに抱くようにして捕らえる。おとりの雌をかごに入れて雄を誘引する手もある。いずれにしても，近寄ったメジロが鳥もちの枝に止まる寸前の期待感，かかったメジロを手にした時の鳥の体温の暖かさと，筋肉の力強さは，いのちを体感した瞬間で，あの感覚は今も鮮明に残る。

　これらの動植物は，多産したから遊び相手になれた。それを生んだ環境は，畑も周辺の草地，薮，低木林，松林，道も，もちろん水路，小川も，現在に比べると格段に多様だった。多彩で細かで小さな特徴ある環境が多かった。この多様さはまた，おそらく体験なしには理解困難であろう。一方，チョウはほとんど見えず，アゲハチョウ類すら全く記憶にない。関心をもたないと，自然は見えないものだと改めて思う。

3）小学生の生活

　学校での勉強は―2，3年生時代（男女同学級時代）は―，戦争も日本軍の勝ち戦時代であったから，それなりに充実した授業を受けたが，学校給食などはなく，理科教育はほとんど受けていない。理科の教科書があったかどうかも記憶にない。しかし，多分これが戦後の旺盛な知識欲の源泉になっていると思う。教職についてからでも，"教えすぎない教育"の大事さを何回も思った。

　戦争が激しくなり，敗色濃厚になった小学4～6年生時は，お米は配給制で不足していたから，弁当は薩摩芋を持って来いと指示されたこともあったし，勤労奉仕にもかり出された。男が戦争に行って農家の働き手が不足してきたから，農家の手伝いに行くのである。学級ごとに，数キロ離れた畑まで手車を押し，鎌や鍬をもって出かける。冬は麦踏み，初夏は麦刈り，田んぼに入れる"かしき"切りも体験し，食糧増産のため，チガヤ草原を開墾してサツマイモを植えた。学校の校庭に堆肥舎まで出来，落ち葉を積んで人糞尿を掛けて堆肥を作った。飛行機用の油を絞るとかで茶の実を集め，トウゴマ（ヒマ）も家の前の路傍を耕して育てた。このトウゴマは下剤（ひまし油）の原料でもあり，何回かお世話になった。後年，台湾にチョウの調査に行った時，この葉を食べているカバタテハの幼虫を発見したが，この毛虫にも親近感を覚えた。

　5年生頃からだったか，校舎の半分が日本兵の宿舎になり，二部授業（半日交替）になった。校舎に寝泊まりを始めた兵隊さん達から，虱（コロモジラミ）が，私たちの家庭にまで広がった。シラスの崖に避難用の防空壕（洞穴）を掘る作業はもちろん，軍隊の弾薬庫で緑青のついた機関銃の弾丸磨きも体験した。シラスの防空壕には蚤がたくさんわいた。早朝の示現流の立木打ち，集落毎の少年団の軍歌などを歌いながらの駆け足，午後は学校が集配所となった新聞配達もした。担任の先生も兵隊さんになり，なじめない代用の先生が来た。

　6年生の一学期は空襲が激化，志布志湾上空は敵機編隊の航空路になっており，1万m上空を北上するB29爆撃機を見る日が多くなった。毎日のように警戒警報と空襲警報のサイレンを聞き，爆撃機を護衛するのかグラマン戦闘機の機銃掃射を受けた。前川にテナガエビ捕りに行った時の機銃掃射は，竹の茂みに隠れてやり過ごしたが，弾が竹に触れて残した鋭い金属音が今も耳に残る。別な場所であるが，友人の1人はそれで片腕を失った。警報のサイレンが鳴ると，登校しなくてよかったから，登校出来た日が何日あったろうか。父は中学生を引率して北九州の工場に行き，母は在郷軍人から竹槍の使い方の訓練を受けていた。

　かといって，じめじめした雰囲気はなく，校庭に土俵を描いて相撲を取り，兵隊モドキの訓練では，銃に見立てた如意棒のようなカシの棒を担いで行進をした。中学生になったら軍隊養成の学校に行って，戦場で華々しく散る――ということに迷いはなかった。ただ，かすかであるが，天皇陛下が死ねと言われた時に，自分はほんとに死ねるか？と疑問を持ったことを思い出す。

　そして終戦の日を迎えた。庭で頭を垂れて玉音放送を聞く大人達を見ていたが，それほど鮮烈な記憶はない。敵機が飛んでこなくなり，なんとなく開放感が広がり，それまでの日々の世界が大きく崩れ落ちるのを感じた。かくて，国破れて山河は残ったが，大人達の言うこと，大多数の世論でも，そのまま信じてはいけないという苦い体験が一生消えない世代になった。

　全県的には伐採は激増し，造林はほとんどなく，山は荒れたというが，私の生活範囲ではシイノキの森は安泰であった。しかし，ガソリンは軍用にまわり，バスは木炭でのろのろ走っていたから，容易に追いついて後部にぶら下がって遊ぶことができた。ほんの短期間だったが，田畑が手入れ不足で，

河川，湿地にも人の採取圧がかからないと，かなり生きものが増えるということも体験した。戦後，多くの人が復員し，人口増加で食糧不足の時代になると，食用としての乱獲で激減するところが多かったので，改めて戦時中の多さを認識した。

3. 戦後（昭和 20 年 8 月～ 31 年：1945 ～ 1956 年）

「戦後」は人によって多少違うが，ここでは太平洋戦争が終わってからの 10 年余り，高度成長期の激変が始まる前までとする。私の小学 6 年生時の夏から，中学・高校・大学生時代のことである。以下，戦後混乱期の 1940 年代後半は，後の体験記などを参照，いやはや大変な時代でした。

1951 年 5 月，中学生初の集団就職列車運行。10 月はルース台風で大被害。12 月に十島村の下七島が日本本土に復帰した。

1953 年 12 月，奄美群島が日本復帰し，琉球大学から鹿大への転入生が来た。そして，自然調査も奄美ブームに変わっていった。1954 年 5 月には奄美群島学術調査団が鹿大水産学部の練習船敬天丸で鹿児島港を出発している。

1955 年 6 月，日南海岸国定公園に志布志，有明，大崎，串良，高山海岸を編入。9 月は錦江湾国定公園（桜島，佐多，指宿）が指定される。10 月，昭和天皇が大島高校に貝殻採集を依頼。

1）森林の荒廃

戦中から累積した伐採跡地の復旧造林が最大の課題であったが，1950 年の朝鮮動乱で木材需要が増加し，価格も急速に上がった。しかし国内の森林は疲弊しており，外材の輸入と造林の促進が図られた。とくに 1950 年代から 1970 年代には，伐採後に必ず植林するようになって，スギの植林が奨励され激増を始めた。

スギの植林増加　鹿児島県林業史（1993）で，明治 40 年から平成 28 年までのスギの植栽面積を見ると，とくに多い時期が昭和 24 ～ 32 年と昭和 43 ～ 47 年にある。これらは昭和 21，22 年を 1 とすれば，前者は 4 ～ 6 倍，後者は 4 倍となる。これらスギの苗は，スギ林の伐採後に植える場合と，照葉樹を伐って植える場合があるが，この戦後（24 ～ 32 年）のデータはないものの，私の感じでは照葉樹林の伐採地にスギを植えるところが多かった。我が家ではちょうど家を新築した頃でもあり，スギ林の跡地には当然のように

スギを植えた。県のデータも昭和43〜47年には照葉樹林の伐採→針葉樹植栽が，スギ林伐採→針葉樹植栽の10倍以上を示している。詳細は不明としても，スギが増え照葉樹林は激減した。スギ林に棲むチョウは少ない。

松食い虫の猛威　戦後の森林被害で最大のものは松食い虫による松枯れである。私が入学したころの旧制志布志中学（現：志布志高校）は，志布志湾沿いの白砂青松の地にあり，校内を鉄道が走り，その先の松林を抜けた波打ち際までが校内の敷地で，真偽はともかく，干潮時は日本で3番目に広いキャンパスと言われた。松林の林床は燃料としての松葉掻きもよくされ，松露が多かった。そこに昭和21年から鹿児島県初の松食い虫の被害が出始めたというが，校内の老松は健在で，私はまったくそれに気付かなかった。この地方では“谷杉丘松”と言われるように，杉は谷沿いに，松は乾燥した丘によく植えられた結果，海辺だけでなく路傍や丘に松林が広く見られ，春から初夏にはハルゼミの大合唱が聞かれた。

松食い虫の正体は昆虫ではなく，線虫類のマツノザイセンチュウ（体長0.6〜1mm）で，これを甲虫のマツノマダラカミキリが運搬している。この線虫は北米原産の外来種で，日本には明治時代の1905年に長崎県へ，1921年ごろ兵庫県に入ったらしい。被害は戦前の1939年頃から八代市，日南市で出始め，戦後の1946年に志布志で確認された。

それが大島地区を除く全県下に蔓延し，1949年には被害が本県史上最高となる。1953年は曽於郡の被害が最大で全県の33%となり，以下，薩摩，姶良，熊毛の順で，南薩地域では被害軽微であったが，川内川河口付近を中心とした薩摩地区で被害がでた。その後，1960年頃までは漸減傾向，1961年は最も少ない状況になる。これは老齢枯損型から幼齢小径木に被害が移る時期だったという。それからは地域によって被害の経過が異なるが，各地で松の美林は壊滅状態になった。1971年に原因が判明し，1972年に史上2番目の被害が出て，ついに殺虫剤の空中散布が始まった。その効果はあると言われながら，ご承知の通り現在も各地で惨状は続いている。

クロマツ，アカマツ，リュウキュウマツが枯死すると，これらに依存するハルゼミやタマムシ類などへの影響も大きく，薬剤散布による被害まで入れると，生態系，生物多様性への影響は見過ごせない。1951年には松食い虫防除補助金の横領容疑で県議逮捕のニュースまで出た。

木炭と広葉樹　シイ，カシ類を焼いてつくる木炭は，家庭用，農水産業，工業用，自動車用の熱源として多量に使われていたが，昭和 30 年代には，都市ガス，プロパン，石油，電気器具の進出，燃料革命で，家庭燃料としての需要は減少の一途をたどる。しかし，工業用の需要が台頭，鹿児島県は全国 6 位の生産量で，5 割を県外に移出していた。広葉樹がパルプ，坑木用としても利用が拡大され，原木の入手困難となったが，竈の改良，品質改良などで対応した。1968 年の貿易自由化で，オーストラリアなどからの輸入が増加し，国内生産は減ったものの，鹿児島県は九州では一位だった。

2）貧困生活の回想

　昭和 20 年 8 月 15 日終戦で，学校は 2 学期が始まり，教育内容は 180° 転換したが，私自身にはそれほど混乱はなかった。それより，9 月に進駐したアメリカ軍人たちの方が印象的で，初めて見るジープや大型自動車，道路を簡単に補修するブルドーザーなどなど。ジープを追ってチューインガムをせがむ少年たちの群れに私もいた。ラジオの英会話教室のカムカム英語や，父が買ってきた日米英会話集で憶えた英語を少し使ってもみた。陽気なヤンキーたちが多かったと思う。

　結局，小学校の最後の運動会も，修学旅行もなく，ほとんど受験勉強もなしで，翌春，志布志中学を受験した。その入試も試験用紙となる紙がなくて，口頭試問のみであった。試験問題は「イネと唐芋（薩摩芋）は，どちらが栽培しやすいか」と，「ここに弁当がある。腹が減ったのでまずその1/3を食べた，後でその1/2を食べた，いくら残っているかね」というのもあった。今思うと，食糧不足の時代を反映している？

　昭和 20 年，多くの日本人が軍隊や外地から引き上げてきて人口は増え，深刻な食糧難時代が到来した。これを解消すべく 10 月，連合軍が出水，国分，串良，志布志，岩川の飛行場を畑にすることを許可した。11 月に緊急開拓事業実施要項決定，12 月，第 1 次農地改革と，耕作地環境の変化が始まった。

　昭和 21 年 7 月に川辺郡の学校で調査したところ，1 日 1 食の児童が 58 人おり，昼の弁当泥棒が 1 月に 148 件あった。お腹をすかした子が，他人の弁当を失敬して食べてしまったのである。私がいた志布志小学校では，それは気付かなかったけれど，似た状況にはあったと思う。食塩も不足し，志布志湾沿岸を始め県内各地の海岸で塩炊きが行われた（23 年頃まで）。県は食糧

危機突破へ，カボチャと大根の緊急出荷をした。

　昭和 22 年 1 月学校給食が始まったというが，私の世代はついに生涯，学校給食の恩恵を受けられなかった。

3）昔の農業体験と自然

　私は中学 2 年から高校 3 年まで，純農村の西志布志村（現：志布志市有明町）で，家の農作業を手伝いながら過ごしたが，生活の貧しさや辛さもさることながら，展開される農作業の洗練された技術に感嘆することが多かった。これらは江戸時代あたりからあまり変わっていないのではないかとも思ったが，代々の農民たちの努力と工夫の積み重ねの結果であるに違いなかった。この時代はまた，鹿児島の自然が最も多様だった時代かもしれない。

　私は自叙伝のような回想記は好まないが，前記の小学生時代と同様に，自然との付き合いの深さを理解してもらいたくて，いくらかの体験記を綴っておきたい。

　昭和 22 年 3 月，農地改革推進のため，県農地委員会が 49 町村の農地買収を決める。2000 ヘクタールが小作人へ譲渡されるという。少しばかりの農地確保のため，私達一家は志布志町から隣の西志布志村，父の故郷に移転した。これで中学 2 年から高校 3 年の 5 年間は，片道 10km を，1 年間は歩いて，後はおんぼろ自転車での通学となった。これは私にとっては，農業体験と共に，体力，脚力の強化には役だったが，勉強不足を招く最悪の時代にもなった。

雑木林を拓いて出来た我が家　2 年ほど藁葺きの隠居家で過ごし，高校 1 年の春に新しい家に移った。父と私で雑木林を切り拓いて敷地とし，青年学校の工作隊に頼んで 1 年がかりで新しい家ができた。といっても，まだ井戸もなく（もらい水），畳も不足し，屋根瓦も載っていなかったけど，後ろは雑木林，下は小さな草地（牧場），前は畑に通じる荷車道で，一家 8 人で移り住んだ朝，しきりにアカショウビンが鳴いていた。灯火採集にはうってつけの位置にあり，電灯には毎晩，たくさんの虫が来て，ノートや教科書には，ぺしゃんこのツマグロヨコバイなどが挟まって入ることも珍しくなかった。蚊帳にはよくウマオイがきて"スウィーツ，チョン"と鳴き，庭の薮にはクツワムシが多かった。庭に花を植えたから，チョウも多く，カバマダラやリュウキュウムラサキまでやってきた。

先祖伝来の農業　農業は牛馬による昔式で，私の家は牛馬を飼っていなか

ったので，耕耘や運搬は他人依頼であったが，農作業は多彩だった。農家は必要な作物は一通り自家用に栽培していたが，その畑地利用法と特化した用具による作業の効率化は洗練されていた。

畑地　昭和 28 年 7 月，笠野原台地の畑地灌漑計画ができる。主要作物の種類は多くはなく，一見，単調な環境が広がってはいたが，麦畑にヒバリが巣をつくり，いも畑に鳴く虫が多かった。「道ぼこりまだぬくみあり虫時雨」は農作業帰りの父の句である。裸足の生活が普通であったから。

春はさつまいもの苗床づくりから始まり，なたね（アブラナ）を収穫し，ムギ畑の畝間にダイズの種子を撒く……。こう書くと簡単だが，高さ 1 m に伸びた麦畑の畝間に大豆を，肥料と共に均等に撒く作業を想像して欲しい。まず，1 人用の鋤を腰と肩につけ，後退しながら畝間に溝を開ける。そこへ堆肥と金肥とダイズの種子をほどよく混合しておいたものを笊に入れて手で撒いていく。最後は"ケラの手"と称する土かぶせ器を腰，肩につけて，後退しながら覆土していって終わり。機会があったら，郷土資料館でこれらの優れた道具を見て欲しい。

ダイズが 10 cm くらいに成長したころ，ムギ刈り・脱穀（穂を叩きつけて種子を落とす）して，8 月の暑い日，今度はダイズの収穫前に株間にアワを蒔き，ダイズは根ごと引っこ抜いて干し，"廻り棒"でたたいて落とす。後はアワが実る。ソバは"二百十日は地の内"（台風が来る日はまだ種子は地中にあって，台風通過後に発芽するように）と台風の被害を避けた。まだ陸稲も作っていたが，主役はカライモ（薩摩芋）である。お茶は畑の周囲に植えられた茶園薮の状態であった。養蚕が盛んだった時代の桑の木が少し残っていて，子供達が唇を赤くして桑の実を食べ，大きなクワカミキリもよく見かけた。肥料としての人糞尿も必需品の位置を保っており，天秤棒で糞樽を担いだ。父が「それ，原子爆弾だ！」と言いながら，野菜の側に人糞尿を施肥したことを思い出す。原子爆弾のように効果抜群の肥料という意味である。

牧や採草地はほとんどなく，草地は田畑の畔道や周辺，路傍にあったが，特に鉄道線路の土手は細長く安定した草地であった。家の近くの家庭菜園は，栽培作物の多様性が高く，それに依存する虫たちも多かった。草刈り鎌や薮祓い鎌を使っての作業では，かなり入念に刈り取ったつもりだったが，草地や薮の多様性は残った。

水田　この頃から，県内各地の干拓事業が始まった。昭和 22 年は出水干拓（40 年完工），国分干拓（25 年完工）。昭和 24 年 6 月は志布志市野井倉開墾で初通水（26 年に水路完成），南さつま市大浦干拓汐留工事成功。昭和 25 年大浦干拓第二工事着工（40 年完工），谷山干拓第一工事開始（40 年完工），9 月は野田村のため池 16 年ぶりに完工。昭和 28 年種子島熊野干拓着工（41 年完工）。

　私の高校生時代には，イネの早期栽培は始まっておらず，動力耕耘機も使われず，従来の方法が続いていた。水路は不完全で，大雨の後，田んぼはしばしば冠水した。つらい作業は除草と害虫防除で，誰かが「草取りに生まれしごとき父と母」と一句ひねったが，親だけでなく私たち子世代も不可欠な労働者だった。私はむしろ主役で，毎土日がこの作業に当てられた。

　害虫駆除も大変で，イネノクロカメムシを 1 匹ずつ捕らえて瓶に入れるという超原始的な作業もやった。もちろん薬剤散布もあり，最初は除虫菊など従来の薬剤を肩掛け噴霧器でまいたが，ウンカ類が発生すると，早朝，竹筒に入れた油をイネの株間の水面に撒き，長い竹竿でイネを薙ぎ倒すように振って，ウンカを水面に落として殺した。朝露に濡れたイネを薙ぐと，驚いて飛び立つ小虫を狙って，たくさんのウスバキトンボが群れた光景を思い出す。これは注油駆除法と言って，18 世紀末，享保の大飢饉でウンカの多い九州で普及したという。鯨油を使ったが，鯨を捕る網の原料は自生のカラムシで人吉の特産だったらしい。そのカラムシの栽培品種 "ラミー" は繊維植物として栽培する農家もあり，その害虫としてアカタテハとフクラスズメの幼虫がたくさんいた。

　戦後にアメリカ軍から持ち込まれた殺虫剤 DDT，しばらく後に使われ出した BHC の威力は凄かった。いずれも今は人畜に有害として使用禁止になっているが，イネノクロカメムシ用に BHC5% 粉剤を手回し撒粉器でイネに撒くと，皮膚がひりひりしたことを思い出す。この有機塩素剤で小川のエビ類が壊滅したといわれる。私が大学生になって家を出たあと，カエルまで殺すと悪名高いパラチオンが登場し，水田の動物相は大打撃を受け，ほどなく使用禁止になったが，時すでに遅し。この頃から始まった水路の整備（コンクリート三面張り）と共に，田んぼの生物多様性は減少の一途をたどる。枯草剤 24-D も登場したが，私は撒布の体験はない。まだ，ビニール袋，ポリ

袋もない時代の話である。

4）自然との付き合い

　草地の盛衰は，牧の盛衰，馬の頭数の変化から分かるかも知れない。鹿児島県の馬の頭数は，軍馬供給時代は増え，戦後はその軍馬の払い下げもあり，1954年は戦後最高の頭数だったが，1968年から動力耕耘機とトラクターが1500台を超えて農耕馬を上回り，馬は1000頭以下となった。その大部分は競争馬である。

　身近な里地，里山，市街地にも，動植物の種類や個体数が多かった。環境が多様で，草刈りなどの撹乱は弱く，各農家が自給自足で，必要な作物をそれぞれ栽培していたから，現在の田畑と違って作物の種類も多かった。一般人の家庭菜園も同様である。

　多くの人が自然からの採取，捕獲の生活に戻ったようで，タヌキ，ノウサギ，キジなどは猟銃で，ヒヨドリ，ツグミ，モズ，スズメなどの小鳥は空気銃で撃ち，巧みな罠で捕獲し食用とした（図3-5）。私も年長者たちから，罠による小鳥の捕獲方法を伝授され，おおいに活用したが，食用というより飼育して鳴き声を楽しむことと，小鳥たちの多様性，種類の特徴に気付くことが面白かった。熟し柿に来るメジロは知っていたが，シジュウカラ，エナガなどの外道も捕れ，粟を餌にすると，ノジコ，ミヤマホオジロ，ホオジロ，コカワラヒワがかかった。昭和28年10月には，ツルの渡来地，大崎町野方村付近が禁猟区となったというが，私が郷里の西志布志村に戻ったころ（S.22〜23年）は，ナベヅルが多数飛来し，その編隊飛行や鳴き声をよく聞いた。食用にしているという話は聞かなかったが，畑の作物を荒らすと追っ払われていたらしい。居心地が悪かったのか，その後飛来しなくなった。河川の魚もエビも，多くの人が捕り尽くすかのようであったが，それでも減る気配はなかった。

　よく「昔の里山の管理は，生態系を壊さぬように，長年使えるように，伐採や植林が巧く行われていた」といわれるが，結果がたまたまそうなっただけで，農家としては便利な樹林を適当に使っていただけの話と思うが……。それが凄いと言われればそうかも知れない。

5）自然調査の再開

　佐多岬ブーム起こる　1946年2月にトカラ列島以南，奄美諸島と沖縄県は

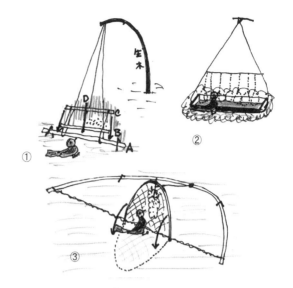

図 3-5 小鳥のトラップ
①Bに鳥が止まると棒が下にずれて，止め棒になっていたDが外れて，CがAに向かって落ち，小鳥を抑える。
②水わなで，竹筒の半切りに水を入れて，上に馬の尻尾を抜いて作った投げ縄式締め縄で，水飲みに来た小鳥を捕らえる。
③弓に2本の弦を張り，半円形の網を弦の間に差し込み，何回か回して生じるバネのような力で，粟の穂をつつくと，止めてある竹がはずれて小鳥を生け捕りにする。

米軍政下に置かれ，屋久島が日本最南端の地となったが，昆虫調査で脚光を浴びていたのは本土最南端の佐多岬であった。もちろんここはそれまで調査記録がなかったわけではない。ツマベニチョウは，1912 年に岩田收二が「佐多岬地方には，或いはすでに産するや否や，まだ一回だも採集を試みざりき地方なる故，断言すること能わざるも，又多少の望みなきにあらず」と記している。その後 1920 年，江﨑悌三は「これはまだ内地では未記録と思う。これは鹿児島近傍ではまだ採れないし，多分とれないだろうと思う。けれども大隅の南端なる佐多地方で岡島先生が採集された」と記述する。その岡島銀次は，1921 年に本種の分布地として「大隅」とのみ記して，詳細なデータは発表していない。確実な記録は 1949 年の朝比奈（1950）の報告が最初である。

　おそらくこれも江﨑（九大教授）をして，いち早く 6 人の選りすぐったメンバーで，佐多岬一帯の調査を敢行させたのであろう。江﨑率いる朝比奈正二郎（トンボ：予防衛生研究所），長谷川仁（カメムシ：農業技術研究所），加納六郎（カ・ハエ：伝染病研究所），中根猛彦（甲虫：西京大のち鹿大），平嶋義広（ハチ：九大）の一行を，鹿児島駅で出迎えたのは，鹿大農学部の渋谷正健，教育学部の横山淳夫，文理学部の平田國夫ら鹿児島在住の昆虫関

係の教授陣であったという。この調査の模様は雑誌「新昆虫」6巻3号の「九州特集号」に「日本の果て佐多岬に虫を採る―大隅採集旅行記」（1952年5月20〜31日）として詳細に記述されている。私は大学一年生であった。当時の新聞にも4段抜きで掲載され「昆虫の珍種100余を発見，サソリモドキ，ミナミヤンマなども捕獲，学会の権威ら佐多一帯にメス」なる見出しがついている。

　これで佐多岬は"日本の台湾"として一躍有名になり，その後，多くの昆虫学者や愛好者の佐多岬参りが続く。私も1953年以来，ここでいろいろな虫を調査しているが，次第に観光地化され今は当時の面影はない。

　日米科学協力研究　このプロジェクトは「太平洋地域の昆虫類の地理的分布と生態」をテーマとして，南西諸島でも実施され，日本昆虫学会誌「昆蟲」（1964〜1966年発行）に成果が報告されている。1964年32巻（1〜3号），1965年33巻（1〜4号）には，クロアゲハとミヤマカラスアゲハの交配実験，ゴキブリ，トンボ，カメムシなど，32巻1号には，アサヒナキマダラセセリ，ヘリホシジミ，リュウキュウウラボシシジミがある。

　鹿児島市城山の採集記　鹿児島市では復員した鹿児島商業アマチュア倶楽部の虫屋たちが，昭和22年（1947年）に「鹿児島昆虫同好会」を立ち上げ，会誌「蟲之友」1号を発行したが，後は続かなかった。この謄写版刷りの冊子は，文字がかすれて判読困難な部分が多いが，「復員後ノ城山ニ誘レテ」（内貞雄）にはこうある。

　「大約三年ブリノ登山，…正登山道ヲ額ニ汗シテ採集ニカカル。…附近ハ昨年ノ空襲騒ギデ荒廃シ盡シテ，……嘗テ採集シタトノ"ヤツデ"ノ木ニハ"センノキカミキリ"ハ遂ニ発見シ得ズ。……頂上ヲ極メ戦災ノ全貌ヲ眼下ニ睥睨スレバ感無量……遊曳ノ引揚船ハオモチャノ如ク…」

　その城山は，昭和27年4月24日，私の大学生活が始まったとき，現在の黎明館，県立図書館の敷地にあった鹿大一般教養部と県立大学病院，民家32戸が全焼する火事があり，山の一部（クスノキなど）も焼ける。私は伊敷町の間借り家から，走ってこの火事を見に行った。

　県立博物館は，照國神社近くの石造りの建造物（前：県立博物館考古資料館）にあり，エラブウナギの卵生の発見者，第1回南日本文化賞を受けた永井亀彦先生が1人おられた。

高校時代に誕生した会誌SATSUMA　戦後は全国各県に昆虫同好会が誕生
した。現在はメンバーの高齢化で消滅したり，存続の危機に瀕しているとこ
ろが多いが，この50年間に各地の昆虫相解明は大いに進んだ。近年のレッ
ドデータブックの"昔の記録"の多くは，この時代にアマチュア研究者によ
って報告されたものである。

　私は中学生時代に植物採集（薬草，イネ科植物，コケ類，シダ類）をやり，
高校一年時夏休みの宿題としての昆虫採集がきっかけで，チョウの生活史研
究を続けることになった。鹿児島昆虫同好会は，志布志高校生物研究会が母
体となって，1951年に大隅昆虫同好会として発足，1952年に鹿児島昆虫同
好会に脱皮して現在に至ったもので，会誌「SATSUMA」は，当時学会未
知だったサツマシジミの生活史解明を祝って名付けたものである（図3-6）。
もっと詳しく言うと，高校2～3年時に生物研究会の会誌「モンシロチョウ」
を1号から3号まで出したが，高校を卒業すると調査結果を発表する場がな
くなる，ということでSATSUMAを創刊した。その元祖，高校2年時に発
行した「モンシロチョウ」1号の"巻頭言"に，私はこう書いている。

　　　敗戦により日本はせまくなったけれども，我々の住む九州南端の大隅
　　地方にはまだ科学のメスの加えられていないところが多く，ことに生物
　　学の研究は地理的に見てもすこぶる興味ある問題がすくなくない。この
　　未知の地に生まれた我々の研究会は，今まで昆虫を中心とし，植物，微
　　生物，その他のあらゆる方面に研究を進めてきたのである。そしてここ
　　に，今までの研究をまとめ，今後の研究にそなえるために機関誌「モン
　　シロテフ」を発行するに至ったのである。これが今後，この地方の生物
　　を知るためにもつ意義は大きいといえる。また，各地に多くの同好者を
　　つくり，お互いに助け合って研究する様になることをのぞむ。(H.F)

　他に，野鳥，植物，貝類などの生物関係の同好会がこの頃，各地に誕生した。
この背景には，戦時中に抑制されていた何かを調べる喜びへの回帰，理科の
知識に飢えていたこと，ロマンへの渇望などがあったと思う。小学生時代に
まともな理科教育を受けなかった私にとっては，なおのことである。生物の
図鑑も映像も見たことがなく，中学生になって，初めて顕微鏡を使い，水中

微生物の世界を飽くことなく見続けたものだった。

　＊県内のその後に発行された高校生物部誌は，鹿児島県立博物館のホームページで，引き出して読むことができる。

図 3-6　モンシロチョウから SATSUMA へ

志布志高校生物部誌「モンシロチョウ」1 号は，1950 年 12 月 26 日発行。県内の生物部誌としては最古か。謄写版刷り（ガリ版刷り）で，もう文字の判読困難な部分が多い。これを 3 号まで出した後，1952 年 1 月 10 日，大隅昆虫同好会として SATSUMA を発行。66 年後の 160 号へと進化した。最新号は 163 号である。

第 6 章
高度成長期の激変とその後

　昭和 30 〜 48 年（1955 〜 1973 年）の 18 年間は日本経済の高度成長期で，
そのころ起こったヒトの生活と自然環境の激変は，その後も様々な形で 40
数年間も続いて今日に至り，自然離れやその反作用としての自然保護思想の
高まりなどを伴って，新しい展開を生みつつある。私は戦前の少し豊かな生
活から，戦中，戦後のどん底生活を経験したのち，この高度成長期の激変を
体験した今や希少な世代のひとりである。

　高度成長期は，私の大学 4 年生時代から教職について働き始めた前半期
にあたる。1956 年に鹿屋農業高校に就職し，月給 9800 円を頂いて，最初に
6000 円の中古自転車を月賦で買った。これを 6 年間駆使して大隅半島を調べ，
加世田高校に移った時は，転勤旅費をはたいて，ホンダのスーパーカブ号（バ
イク）を買い，4 年間，薩摩半島を走り回った。そして北薩の出水高校に移
った翌年には，中古の軽自動車ホンダ N360 を求め，さらに普通車のパブリ
カに乗り換えた。初めてテレビ（白黒）を買ったのもこの時代である。わず
か 7 年間の出来事であった。これによって調査の範囲は広がり，効率は向上
したが，自然の変貌はこれより速く大規模だった。人々がものの豊かさ，快
適さ，安全を求めた新生活，消費生活へ走った時代である。当時を偲ぶいく
つかの用語を並べておこう。

　電化製品（3 種の神器：テレビ，洗濯機，冷蔵庫），石炭から石油の時代へ。
マイカー，マイホーム，薪からガスへ，台所改善，合成繊維，プラスチック，
家庭菜園の減少，野菜や果物を購入する時代へ。団地族，核家族。

　そして，自然環境の激変を回顧し，その後の変化もまとめてみよう。

1．森林の激変

1）鹿児島県林業史（1993）から拾う経過

　昭和 33 年から労働力と資金の不足で造林困難となったが，対応する政策
で補助し，その後上昇した。学校造林の開始時期は分からないが，昭和 35
年〜平成 16 年のデータ（5 年おき）では，高校では 35 年度が，小中学校で
は 40 年度が最高（面積）で，その後激減し平成に入ってからはないか，ご
く少数に留まっている。

　昭和 32 〜 41 年は県内各地で林道造りが最盛期であった。高隈山は私が鹿
屋にいた時代（昭和 31 〜 38 年）にはなかったが，ほどなく山腹を横切る林
道ができた。これで伐採も進んだが，昆虫調査の効率が上がったことも確か
である。スーパー林道（特定森林地域開発林道）も昭和 40 年（1965 年）か
ら出現した。これは林業のほか，農業，酪農，レクリエーションなどにも活
用し，地域開発促進にも資するという。奄美スーパー林道(奄美中央林道)は，
昭和 41 〜 46 年（1966 〜 71 年），10 億 5000 万円を投じて完成している。チ
ェーンソーも本県では，昭和 32 年頃から導入された。自動車などによる運
搬方法も進み，あちこちが"はげ山"になった。

　鹿児島県では昭和 35 年初めて外材を輸入し，港や貯木場などを整備して，
昭和 40 年代から大量輸入時代に入る。鹿児島港は国内 4 大輸入港となり，
62 年に志布志港も指定される。輸入したのは，南洋材（マレーシア，イン
ドネシア，フィリピンなど。ラワン材など多様な種類)，米材（北米，カナダ。
ツガ，マツ，スギ類など)，北洋材（ソ連。カラマツ類)，ニュージーランド
材（マツ類）であった。そう言えば，当時，貯木場で外国産の甲虫類が採れ
たという話も聞いた。

2）伐採された照葉樹林

　照葉樹を伐採してスギを植えた記録は前記したが，各地の山地や河川沿い
には，人の撹乱が少ない古いシイ・カシ林が残っていた。しかし，これらも
パルプ材としての需要などで大規模伐採が進んで消えてしまった。霧島山，
紫尾山，高隈山，大隅半島南部の山々，そして屋久島や奄美大島でも同じだ
った。もちろん，照葉樹林の伐採跡地には，スギなどを植えずに放置すれば，
切り株からの"ひこばえ"や，地中に眠っていたパイオニア植物が真っ先に

芽生えて，森林を再生するが，少なからぬ植物，動物，そして特有の菌類も
消滅して戻ることはない。

　屋久島は稲本（2006）「屋久島国有林の施業史」に，ヒトと樹林との関わ
り史が詳記されているが，その小タイトルを示すと，（明治～大正）国有林
経営の開始まで；（昭和初期）本格的国有林経営の開始・機械化；（昭和10年代）
皆伐施業の展開；（昭和20～30年代前半）復興資材生産と皆伐・人工造林；（昭
和30年代後半～40年代前半）高度成長期の施業；（昭和40年代後半）自然
保護への対応；（現在）の森林施業と森林の将来像。

　このうち，高度成長期については，この時期に国有林の木材生産のピーク
となったが，その多くは広葉樹で，薪炭材かパルプ材として九州各地へ送ら
れた。西部林道（42年完工）を含む一周道路も完成している。これで私が
最初に登った1954年～1967年頃は，安房から小杉谷一帯は，皆伐で累々た
る枯木の世界が広がっていたことも頷ける。

　奄美大島の樹林には，米田（2006）によると，本土復帰の1953年以降，
建築用材が，60年代後半からはパルプ材の需要が増加し，林道の整備，チ
ェーンソーの普及，架線による集材の効率化などで伐採が進み，90年代前
半まで約30年間高い生産量が続いた。この間に生産されたパルプは，この
島の広葉樹林の蓄積量の半分，リュウキュウマツまで含めた全蓄積量の三分
の一に相当するという。なお，沖縄県については，芝（2016）に詳記されて
いる。

3）放棄された里山・雑木林

　家庭の燃料が薪炭からプロパンガスへ替わった。とくに農村地帯では，
1959年には70％が薪炭に依存していたが，同年プロパンガスの販路が定ま
ってからは，その普及は速く，1963～1964年に逆転した。

　薪を使って釜でご飯を炊いた経験をお持ちだろうか。灰落としのついた石
造りの竈で薪を燃やす。竈を造る石材（溶結凝灰岩）を，石切屋（石切どん）
に切ってもらい，天秤棒に担いで運搬した。重かった！　さまざまな思い出
が詰まった竈—薪生活が，栓を捻るだけで使えるプロパンガスに代わり，森
の木を切ることも当然不要となったのである。その後，都市ガスや電気に替
わっても，薪を使った囲炉裏が電熱器を利用した掘り炬燵に替わっても，も
はや里山は無関係であった。木炭生産量も，昭和20～30年代は多かったが，

40 年代から減り始め，50 年代以降は激減している。

　その後，農村の過疎化が追い打ちをかけ，雑木林は放置，放棄され，植生の遷移が進んで林床は暗くなり，かつての山道は藪になって分からなくなった。近年はこれに孟宗竹が入り込み，どうにもならない状況下にある。これは私の僅かばかりの持山でも然りで，ミズイロオナガシジミの食樹だからと，私の願いをいれて，父が売らずに残してくれたクヌギも，大木にはなっているが，雑木に押されて気息奄々，はたしてミズイロオナガシジミがまだ棲んでいるかも分からない。道がない上に，大木になり過ぎて調査が困難となった。

　伐採地で生活をしていた虫たちも困った。数量のデータはないが，あのアゲハチョウですら減った。若葉を食べる虫は多かったのに，彼らはもう春の若葉とその後の季節外れのひこばえ，台風による被害木からの若葉などしか使えなくなった。でもこれが本来の姿であろう。ヒトの撹乱が減少したのである。ヒトの持ち込みによるというクヌギは，薪炭材のほか椎茸栽培のほだ木としてよく利用され，成木の伐採と新植が盛んになったが，これでミズイロオナガシジミやミヤマセセリが増加することはなかった。むしろ減少した。年に 1 回しか発生しない彼らは，広域伐採，皆伐と若木の更新の激しさについて行けなかったらしい。

2.　草地の変化

　草はどこにでも生えて，たいていの地面は放置すると草だらけになる。しかし，草地，草原の変化に気付く人は少ない。ましてその保全，保護など思い及ばない人が多い。ところが，小さな虫たちにとっては，チョウにとっても，小さな草地から広い草原まで，とても大事な環境となっている。そしてここにも高度成長期の激変の荒波が押し寄せた。

1）牛馬から耕耘機へ

　戦後は軍馬の育成は消えたものの，牛馬による田畑の耕耘や荷車による運搬，肉用牛や子牛の育成は，農家の大事な仕事であった。これが石油で動く耕耘機に替わるのは早く，私の村では 1960 年に導入された耕耘機の台数は，1966 年に馬の飼育頭数を超して逆転，1973 年には馬が消え，ほとんどが動力耕耘機になっている。わずか 10 年程度のことである。これの自然環境へ

の影響は大きかった。

　飼料用の草地も草刈り作業も不要になったのである。牛馬時代は土手や路傍の草を草刈り鎌で刈り取っていたが，人力でやるから多様な草地や薮があり，アザミなどの花も多く，草原性のチョウもバッタ類もたくさんいた。これが今や里山同様に放置された。すると当然,植生の遷移が進んで薮になり，木が伸びてくるから，農作物にも人の通行などにも困る。

2) 草刈り機と除草剤の登場

　そこへ登場したのが，動力草刈り機と除草剤である。楽々と雑草が駆除できるし，後が「美しく，気持ちが良い」という日本人のきれい好き精神も関与してか，美化コンクールのように，私から見ると必要以上に雑草が除去され始めた。これは草原の多様性を減らし，草原性昆虫，草原の好きな動物たちの激減をもたらした。薮化と草刈りの両方からダメージである。キツネもウズラもヒバリも影響をうけたに違いない。私の母の時代にはキツネもウズラもよく見た，ウズラは秋に南下してきて，ソバの収穫期にソバの実を食べによく畑に出てきたという。しかし，私はもう見ることはなかった。いや，キツネは沢原高原で1回だけ，見事な親子連れを見たのみである。

　草地としてあまり広くない田畑の畔道，鉄道線路の土手，車道の路傍，河川の土手，団地の斜面の草地なども危機的状況に陥ったが，ほとんどの人は気づかなかったと思う。阿蘇にあるような広大な草原は鹿児島県にはない。もっとも，阿蘇の草原も放牧，採草，野焼きなど人手を入れて維持されている半自然草原であるが，それですら本県では少なく，湧水町とえびの市に跨がる沢原草原しか思い浮かばない。これは自衛隊の演習地として人為的に維持されている。

3. 耕作地の激変

1) 畑の風景が変わった

　畑は動物たちから見れば，変化の激しい草地である。収穫されると一夜にして裸地になり，種子が発芽し，苗が植えられると草地に転じ，ある程度均一な多様性の乏しい草地になる。もちろんこれを食物とすれば，有害動物や害虫にはなるが,彼らはしばしその恩恵にあずかるだろう。花の蜜をもらい，花粉媒介に一役買うチョウやハチなどの虫たちもいる。ヒバリのように麦畑

で子育てをする野鳥もいた。

　戦後しばらくは，一家で一年中消費する作物，自家用の作物を多種類栽培しており，冬のアブラナ，大麦，小麦，夏は薩摩芋を主役として，大豆，小豆，粟，陸稲，ソバ，ゴマ，これにジャガイモ，里芋などが加わり，畑の周囲には茶があって，賑やかであった。もちろん，家の近くの菜園には各種の野菜や草花があり，庭には果樹が植えてあった。

　しかし"儲かる農業"が重視され，販売用として同じ作物が広範囲に栽培され始めた。あの頃，主要作物だったアブラナは「一面の菜の花」の風景を作っており，私は自分で育てた菜の花畑から西側に広がる畑地と高隈山の山並みに夕日が沈む風景を見た。しかし，まもなく確か菌核病の蔓延と輸入品の大豆におされて消えたと記憶する。

　その後私は就職し，家の農作業は出来なくなったが，父母は賃金を払って農業も続けていた。農業政策には従わねばならないとかで，いも畑がミカン園に変わり，数年後は収穫の楽しみを孫達が味わうことになったが，これからと言うときに，過剰生産による政策転換で，全部伐採してお茶畑になった。あの頃の一面の菜の花畑は，今一面のお茶畑になっている。その経緯はもう私はよく分からないが，専業農家が増え，作物の種類が減る，ハウス栽培，マルチ栽培などが採り入れられて，動植物の多様性は激減した。これは善し悪しの問題ではない，ただ自然環境の実情を記したのみである。

　要するに，畑作地帯が生物多様性を減らす方向に動き，雑草の世界は外来種が優先し，過剰な草刈りも多くて，単純化，均一化が進行している。これらに依存する動物もそれに伴い，種類数も個体数も減る。さらに機械化は進み，農業機械が実用化され，そのための農地，農道も整備された。

2）田んぼも変わる

伝統的な稲作の体験　昔の稲作を知る人はもう少ない。田んぼにイネが育っている風景は似ているが，田んぼの生態系は，栽培法の変化で，まるで違ってしまった。「米」の字は，「八十八」の人手が必要だからこうなったとよく聞かされたが，真偽のほどはともかく，たくさんの難儀を要することは身を以て体験した。

　秋に種子を蒔いたレンゲソウが春に花盛りを過ぎると，牛馬に引かせた鋤で耕して緑肥にする。田んぼ一面に水が張られ，蛙の合唱が始まる。苗代は

短冊形のきれいな区画にイネの種子を蒔くのであるが，その区画作りになんと，家の雨戸が使われたのには驚いたり感心したりだった。区画の一辺に雨戸を立てて，それに打ち付けるように種子を蒔く。やがて出そろった早苗は見事なものである。もっとも，ときどき冬眠から覚めたイシガメが侵入，通過した形跡が残る。

　6月下旬，一斉に田植えが始まる。時期を違えて植えると，イネが実る時期が他の田んぼと違って，スズメの集中攻撃を受ける恐れがあるから，やらない方がよい。かくて，農業高校ではこの時期を「田植え休み」として，生徒たちに家の手伝いをさせる。私にとっては絶好のチョウの調査期間となった。

　田植えは共同作業で，目印のついた紐を張り，竹で行を揃えながら後退しつつ苗を植えていく，“田植えの風景”である。田んぼによっては足によく蛭がついた。一面，稲田になると，後は水の管理と雑草，害虫との戦いが始まる。私の家の田んぼは，山間の迫田と少し遠い新田（蓬原開田）にあったが，山田の田んぼは時に見回って，水のかかり具合をチェックした。これは私の仕事でもあったが，川縁の竹藪によくゴイシシジミが発生した。幼虫が竹につくアブラムシを捕食する肉食性のシジミチョウである。

　雑草はもちろん手で引き抜く。ヒエ，ヒルムシロなどなど共通種はあるが，田んぼによって違った草が生える。イネがある程度成長して分蘖をはじめる頃には，炎天下のきつい作業だったけど，田車を押して中耕と除草をした。枯草剤24‐Dが入ったのはたぶん昭和30年代で，私はもう大学生時代で，使用した体験なし。害虫はニカメイチュウ，ウンカ類，イネノクロカメムシなどの常連だったが，DDTとBHCの威力も使ってみて納得した。

　後は「出穂みて二十日，出揃て二十日」，つまり，穂ばらみ期からの稲穂が出揃うのは20日後で，その20日後が稲刈りとなる。稲刈りは，鎌を片手に人力でやる。二株分くらいを左手で掴んで，右手の鎌でざくっと刈り，地面に横たえる。刈り取った時の穂先の重量感（稔った種子，米粒の重さ）は収穫時の喜びで，今のように稲刈り機に任せる手法では味わえまい。秋空のもと黄金の波をなす田んぼが，切り株の並ぶ明るい湿地に変わっていくのも，気持ちの良いものであった。竹で稲架を作って掛け干しにすれば美味い米になるらしいが，私にはそんな余裕はなかった。湿田ではなかったから，地面

に数日干したあと稲小積みにしておき，次の日曜日に足踏み脱穀機で籾を落
とし，唐箕にかけて手回しの風力で選別し，籾を"かまげ"（かます）に詰
めて終わり。自宅への運搬は馬が引く荷車に頼んで，縁側や小屋に積む。ネ
ズミも多いが，そこはもう猫に任せる。必要に応じて，筵を敷いて日干して
から，近くの精米所に持って行って，白米とぬかと籾殻になる。今のような
米太郎はなく，精米所にはちゃんとおじさんがいた。そして頂く新米の味は
また格別，本当に粒々辛苦の作品であった。

　昭和 31 年 4 月，イネの早期栽培が鹿児島県本土で普及段階に入ったが，
私はもう耕作に参加することはなかった。

3) その後の水田の激変

　水田整備　水田地帯の生態系を変えたものに，いわゆる耕地整理がある。
自動車や農業機械の活用を図るために，農道を整備し，小さな不定形の田ん
ぼを広い長方形にする。小川や溝をコンクリート三面張りにして，用水路，
排水路を整備する。国も県も市町村も，農民も，誰もが願った生産性を高め
るために必要なこの事業は，土地改良事業団体連合会(土改連)などの主導で，
高度成長期にそれこそ「あっという間に」各地で完了に近づいた。家の田ん
ぼも，私が農作業をしなくなった大学生時代に整備され，鰻やエビの多かっ
た小川や溝がただの水路に変貌した。「こげんなこつして」（こんなことをし
て）と，父がぽつりと言った一言を今も思い出す。私もそうだったけど，国
民の多くがこの時の生物界の変化に気付かなかったと思う。必要な時期だけ
水が流されるようになって，年間通水だった小川，あの"小鮒釣りしかの川"，
"春の小川"の風景は消えた。これは当然，子供達の遊び場を削減し自然か
ら遠ざけた。古いため池や湿地も整備されて，多くが危険防止のため立ち入
り禁止になった。

　しかし，それもつかの間，多くの人が，森も草地も，海も川も，そして田
んぼもか，とこの激変に気づき，生態系の均一化，多様性の喪失が，ヒトに
とって憂慮すべき事態になっていることを知る。水田というところは，イネ
だけの効率的な培養地として"改良，改善"され，池沼，湿地，草地として
の環境の生物多様性は低下している。それではいけない，イネの増産と草地
環境としての役割を両立させようという施策は始まった。

　土改連の新しい仕事　昭和 33 年（1958 年）鹿児島県土地改良事業団体連

合会が発足し，農業と農村へ次のような対応をしている。

　昭和33〜43年：食糧増産のための開拓事業。

　36年：農業基本法制定：新農村建設（構造改善—区画整理，圃場整備，農地の集団化）で農地造成。

　44〜53年：米の生産調整のため水田の汎用化促進の圃場整備（区画整理と集団化），畑作振興策（南薩の畑地潅漑，コラ層の改善）。

　54〜63年：農村の過疎化，混住化，高齢化，後継者不足，土地改良投資への不安。

　平成元年〜10年：農村の激動変革時代（米の自由化など）。

　そして平成14年：水田が果たす生物多様性への役割を重視して，土地改良法の一部が改正され，「環境との調和」を追加し，ガイドブックも出来た。鹿児島県土改連もこれに応じて，環境アセスを開始，平成17年には「農村環境保全専門委員会」を立ち上げて今日に至る。私もその一員として，平成17（2005）年から10年余り，離島を含む県内各地の田畑やその周辺の昆虫を調査し，いくつかの市町村の農村環境整備計画の策定に当たった。鹿児島県内では，平成17年から29年にかけて土改連が手がけた農村環境整備計画は，鹿児島市，いちき串木野市，指宿市，南九州市，薩摩市，長島町，霧島市，旧菱刈市，曽於市，志布志市，西之表市，中種子町，南種子町，奄美市，龍郷町，徳之島町，和泊町，与論町となる。これはモデルになる調査地域を決め，春，夏，秋に，植物，脊椎動物，昆虫などの調査を実施して，地元の関係者との協議を重ねて，農地の生産性と良い環境の維持，向上をどう図るかを考えた。

　これは時すでに遅しの感もあったが，それなりの成果は上がり，バトンはそれを使いこなす市町村の力量に委ねられた。私にとっては，かねて調査対象にしない田畑は懐かしく，そして調査は面白かった。普通種が多かったけど，貴重なデータが得られ，各分野の専門家との話し合いは有益だった。久しぶりに田んぼや畑を調べて回って，その変わり様も実感し，それに対応している動植物たちの姿も見た。

　早期栽培田と普通作田，その中間的な田んぼもあって，田植えの時期が幅広くなっている。休耕田，放棄田，水だけ溜める田んぼ，無農薬栽培田，アイガモ田，飼料用のイネ田といろいろある。稲刈り跡の田んぼの活用も，レ

ンゲソウだけでなく，飼料作物，ただ耕起するだけの田などと多様。田んぼ
で働く人が少なくなっていた。機械化が進んで，耕耘だけでなく，実に羨ま
しいような優れた農業機械が実用化されている。育苗は農協の育苗センター
でやるし，それをイネ植えトラクターで植え付ける。収穫もコンバインで刈
り取り，脱穀をして，籾が瞬時に袋詰めとなるようだ。凄いと言うべきだろ
うけど，収穫の喜びはどうなのかな——などという時代ではなくなった。

4. 昆虫の世界はどう変わったか

　高度成長期の人の生活や自然環境の激変が，チョウにどのような影響を及
ぼしたというのか。そして，それがヒトの生活とどう関わるのか。

1）レッド種

　まったく遅ればせながら，国は1991年，鹿児島県は平成15年（2003年），
レッドデータブック（絶滅のおそれのある野生動植物）なるものを作成した。
それでも危惧状況は解消せず，県はその改訂版を平成27年（2016年）に出
した。私はこれらの中の昆虫，とくにチョウ類の調査，記述に関わったので，
まずはこの内容を紹介しよう。

　昆虫類はトンボ，甲虫など30グループ（目（もく））があるが，そのうち県内に
研究者がおり検討データの揃っている10目が取り上げられ，旧版（2003年版）
では145種，新版では213種と増加した。これは，絶滅，絶滅危惧Ⅰ類，絶
滅危惧Ⅱ類，準絶滅危惧，情報不足の5段階で判定されている。

　このうち，チョウ類は旧版で36種，新版で39種となる。下線は格上げ，
＊印斜体は新入。

　絶滅種：旧版のゼロから2種になった。（ハヤシミドリシジミ，タイワン
ツバメシジミ（南西諸島亜種））

　絶滅危惧Ⅰ類種：9種から10種に増えた。（ルーミスシジミ，ウスイロオナ
ガシジミ，アイノミドリシジミ，ヒサマツミドリシジミ，クロシジミ，シル
ビアシジミ，タイワンツバメシジミ（本土亜種），ウラギンスジヒョウモン，
オオウラギンヒョウモン，ヒメイチモンジセセリ）

　絶滅危惧Ⅱ類種：4種から14種に増えた。（オナガアゲハ，アカシジミ，
ミズイロオナガシジミ，コツバメ，オオウラギンスジヒョウモン，クモガタ
ヒョウモン，ウラギンヒョウモン，サカハチチョウ，シータテハ，オオムラ

サキ，ジャノメチョウ，ミヤマセセリ，キバネセセリ*，ホソバセセリ*）

　準絶滅危惧種：16種から13種に減った。（メスアカミドリシジミ*，キリシマミドリシジミ（県本土産），トラフシジミ，イワカワシジミ，カラスシジミ，スギタニルリシジミ，クロツバメシジミ，メスグロヒョウモン，ミドリヒョウモン*，ヒオドシチョウ，コノハチョウ，アカボシゴマダラ，ギンイチモンジセセリ）

　情報不足種：5種からゼロになった。

　環境別に見ると次のように，ほとんど全面的に危機を招いており，人為の影響の大きさを示唆する。

　古い照葉樹林の種では，常緑カシ類を食樹とするルーミスシジミ，（アイノミドリシジミ），ヒサマツミドリシジミ，キリシマミドリシジミ。落葉広葉樹の種は，カシワ林，クヌギ林に生息するハヤシミドリシジミ，ウスイロオナガシジミ，ミズイロオナガシジミ，照葉樹林の中や林縁の落葉広葉樹に見られるスギタニルリシジミ（食樹：キハダ），シータテハ（ハルニレ），オオムラサキ（エノキ），ヒオドシチョウ（ヤナギ類），他に林縁や薮にいるコツバメ，トラフシジミ，オナガアゲハも加えてよい。霧島国立公園に生息する種は，樹林の多くが保護されているので安全と思ったが，火山活動や意外な伐採で危なくなったので，新しく加えた（キバネセセリ，メスアカミドリシジミ）。亜熱帯林系のコノハチョウ，イワカワシジミ。

　草地，草原の種は，ヒョウモンチョウ類7種，ジャノメチョウ，タイワンツバメシジミ，シルビアシジミで，"大物"が多い。

　耕作地（水田）の種，ヒメイチモンジセセリは奄美諸島の稲作の減少が大きい。奄美の人里の種，アカボシゴマダラ，甑島などの海辺の岩場にいるクロツバメシジミ。

　このほか，地域個体群として，紫尾山のフジミドリシジミ（消滅危惧Ⅰ類），ヤマキマダラヒカゲ（消滅危惧Ⅱ類），屋久島のコミスジ（消滅危惧Ⅱ類）がある。

　以上はチョウを素材に陸生の生態系を見たが，このほか樹木内部にまで潜入する甲虫群に危惧種が多い。

　一方，水生，半水生昆虫も壊滅状態に追い込まれている。トンボ類では，ヤゴの生息地が流水域（河川，小川，溝，用水路など）の種が12種，止水

域（湖沼，水田，湿地など）の種が17種，その他がおり，カメムシ類のタ
ガメ，アメンボ類，コオイムシ類，コウチュウ類のゲンゴロウ，ミズスマシ
などがあり，海浜性のハンミョウ類も例が多い。

2）ただの虫

　上記の危惧種もさることながら，もっと身近な虫たち，ただの虫に起こっ
た異変の方が，私たちの生活には影響が大きいかもしれない。鹿児島市でも
カラタチの垣根が消え，家庭の庭はミカン類が激減して（買って食べる），
ナガサキアゲハ，アゲハチョウが減ってしまった。舗装道路が増え，ハンミ
ョウ（道教え）も見なくなり，イヌの糞も始末するから，糞虫も稀となり，
もちろん台所のゴキブリも激減し，便所で発生していた金バエ類も消えた。
庭の片隅で鳴くツヅレサセコオロギの声も聞かないし，小さな池にトンボが
くることも少ない。

3）なぜ，虫たちは絶滅，激減したのだろう？

　たしかに，高度成長期のヒトの生活の激変による多様な環境変化が，虫た
ちにも影響しているだろう。しかし，その原因の探索は決して簡単ではない
ことを付記しておきたい。

　もちろん明快に答えが出せることもある。生息地の消失，宅地造成で森が，
埋め立てで渚が消えた，などは考えるまでもない。しかし，生息環境の変化，
悪化は，自然であれ人為であれ証明困難な面をもつ。低地照葉樹林の伐採や
放置，草地の草刈り，除草剤散布，火入れによる変化，河川の護岸工事など
など，各地で普通に見られる変化が，どのようにして，その昆虫にダメージ
を与えているか。あるいは，よく言われる近年の温暖化が，どう関わってい
るのか，明快に答えが出せそうな環境変化が多過ぎるので，あたかも全てが
そうであるかのように思うかもしれない。これは危険である。

第 7 章
反作用としての新しい問題

　このような自然環境の激変は，反作用としてヒトに新しい問題を提起した。それは多分，変わった自然への，なんとなく感じる不安，対応への自信のなさ，自分への危機感，それらの多くが自分の生活向上に由来することからの戸惑い，解決困難なことへの焦り，無力感，あるいは逆に，出来るとするおごり，無関心層の増加への危機感などが，ない交ぜになって生まれたものである。これらを少し整理してみよう。

1.　自然保護思想と保護運動の台頭

　その震源は，物理化学的ないわゆる公害問題と生物多様性の喪失の二つに分けられる。4 大公害などで問題化した化学物質による汚染は，その後，洗剤など家庭からの排水や，農薬の影響まで加わり，食物連鎖による生物濃縮の実態まで突きつけられて，石油製品のゴミ問題も発生し，さらに光化学スモッグ，そして二酸化炭素排出による地球温暖化問題へと発展した。もちろん，これらは世界的な運動となった。いくつかは解決への手立てが打たれ，いくらかの成果をあげている。第 2 の震源，生物多様性の激減では，多くの種の消滅速度の速さや個体数の減少からの不安で，レッドデータブックが作成され，国際的なものから，各国，県，そして市町村の保護条例が出来た。これは種指定の保護，特定の地域保護，そして特定期間の設定（猟期，漁期）などであり，それなりの効果は認められるものの，次項で述べる深刻なマイナス面が生起した。

2.　ヒトの生活の自然離れ

　これは食生活の変化，すなわち食べ物は自分の畑や付近の野山，河川，海から調達するものでなく，お金で買うものという変化で，採取に行くような

自然が減少したことも一因であろう。採集禁止を含む保護条例もこれに関わる。自然の中で遊ぶという欲求はあるが，身近に自然と触れ合う場所が少なくなったこともあろう。川での魚釣りもお金がいる時代になった。優れた生産機械や電化製品の普及でレジャーも盛んになったが，飛行機，自動車を効果的に使った旅行では，自然は眺める（see）もの，せいぜい自然 watching か looking 程度で，観察 observe までは届かない。ホタル舟もその例になろうか。別に自然に触れなくても，生活には困らないと思う人，自然への無関心，無体験，無知な人が増えた。

　そして，これに伴う安全安心な生活への希求からか，生活環境の異常なまでの無菌，無虫化空間を良しとする時代が到来した。ゴミ拾いなど環境の"美化運動"も盛んになったが，見た目に美しいという環境は，必ずしもよい環境とは言えないということには，なかなか気付かない。

3.　子供たちの自然体験不足

　子供は元来，身近な生き物に強い興味を抱く時期がある。現在の子供たちもそれは失っていないと思われるが，それに気づき，見守り，育てようとする大人が少なくなった。また，そのような身近な"よい遊び場"も減少した。学校や家庭での，指導者，保護者の自然体験不足などなどもそれに加わるであろう。もう一つは，私が体験したような，農業など家の手伝いが不要になったことも一因と思う。テレビや図鑑など映像，写真による実体験のない知識の増加は，実自然との触れ合いからの感動や好奇心を減らす。遊び道具の多様化，安全志向，責任者の負担増，禁止区域の増加などマイナス要因は多い。子供時代に，五感に衝撃を受けるような深い自然体験の不足から，自然は見えなくなり，その対応策も不完全なものになった。

　それでも，子供達はよく遊ぶ。爺はトンボ釣り世代，親はカブト・クワガタ世代，子はダンゴムシ世代，孫は？？　感心したり，気の毒に思ったりするが，飼育重視は自然のペット化を招く恐れがある。愛称をつけて虫を飼育するのはよいかもしれないが，自然物にヒトの意のままになるペットと同じように接することは危険だ。ヒトの他の生物に対する奢りを生む恐れがある。じじつ，地球はそう思うヒトの時代になっている。

4.　世代間の自然体験の差異

　ヒトの自然体験の度合いが，高度成長期の前後で，つまり年齢やその人の生活環境によって大きく異なる。仮にヒトが自然を認識する年齢を小学生時代，10歳前後とすれば，高度成長期の初期1955年ごろに小学生だった年齢層は，1945年生まれのベビーブーム世代となり，昔の自然体験をもつ世代は，現在は70歳を超えた高齢者になる。仮にあと10年を入れても，現役では53歳以上のリーダー層がかろうじて入る。

　ロスト・ジェネレーションという世代が気になって調べて見た。彼らは日本が最も豊かな時代に生まれ，少年期は"第2の敗戦"（バブル崩壊)，そして"失われた10年"に大人になった世代で，今の働き盛りの人たちが2000万人いるそうだ。アメリカでは，既存の価値観を拒否した世代，新しい生き方を求めてさまよう世代で，どこにも何にも属せない，属さない世代だというが，日本でもまだ，さまよい続けているだろうか。

　昆虫少年は日本の特産物で，これに相当する外国語はないが，彼らの自然体験の変化は，前記のように爺世代から孫世代へと変化した。要するに，今の働き盛りの現役組を始め，ほとんどの人がそんな昔の自然体験をしていない，そしてこれらの人たちが，これから自然をどうするか，考えなければいけないということである。人口減，高齢化社会の心配のひとつにこれも入れておきたい。

5.　郷土の自然を調べる人の激減

　身の回りの自然，とくに動植物の様子を調べるとは，そこで，何という生物が，どんな状態で生活しているか，種類と生活を調べて，それらの繋がり，その地域の生態系を知ることである。まずはどんな動植物がいるか，名簿作りが必要である。そんなものは，とっくに判明しているのでは，と言われるだろうか。大変な誤解である。正直に言って，まことに残念ながら，ほんの一部の生物しか分かっていないし，その一部の分野でも，調べて原稿にして，ちゃんと記録を残す人が激減している。つまり，子供たちが採集した標本の種名が確定できる人，それを指導する人もまさに絶滅危惧種級になっている。レッドデータブックの原稿を書ける人がいなくなる事態が到来する。

第 8 章

私の環境教育論—試案・私案・思案—

　これは学校での環境教育の問題になるが，ここに私が退職した 1994 年に志布志高校研究紀要「松径」2 号に書いた一文を採録しておきたい。これは日本昆虫協会の会誌にも転載されて，全国の会員にも届いたものである。

＊　　　＊　　　＊

　環境問題は教育の現場では環境教育，環境学習としていろいろな試みがなされてはいるが，私には今ひとつすっきりしない。昨年度から本校でも教育目標のひとつに位置づけてはみたものの，まだ単なるお題目からほんの少し踏み込んだという段階である。気になって周りを見回せば，みんなが騒ぐ割には，のんびりしているなあという感じを受ける。もちろん目の色を変えて取り組んでいる多くの人たちがいることも承知しており，私もずっと考え続け，いくらかの仕事はしてきたつもりである。

　私は高校生時代から鹿児島県の蝶を調べている。これが 40 年余りも続いたのは，いつしか蝶を使って鹿児島県の自然の歴史を明らかにしてみたいと思うようになったことも一因である。現在の蝶たちの姿から，彼らがいつ，どのようにして本県に棲みつき，今後いかなる運命をたどろうとしているか。これは鹿児島県の自然史を解明する仕事であり，環境問題の基礎部分を知ることにつながる楽しみと不安の多い作業である。そのため，県内のかなりの地域を何回となく歩き回った。小学生時代は太平洋戦争中で自然との遊びに明け暮れ，人手の加わる自然や放置された自然がどうなるかも体験と結び付けて知ることが出来た。中学・高校時代に昔タイプの日本古来の農作業の経験をたっぷり積み，大学では農学を修め，害虫学を専攻したから農薬問題にも弱くはないつもりだし，迷蝶研究のため東南アジア各地に出かけたので熱帯雨林の現状も見てきた。また，生物学の教師でもあるから，バイオテクノロジーをはじめとする科学の成果や生態系なるものの理解も普通の人よりは

深いであろう。

　しかし，こんなことは自慢話にもならない。このような私が環境教育について，何とかしなければいけないと思い始めたにもかかわらず，どうしてよいのか戸惑いを感じているのである。もちろん何もしなかった訳ではない。県立博物館時代の「路傍300種に親しむ運動」は，県教委施策のひとつとして社会教育や学校教育の現場で実践されているし，その解説集は県内だけでも二万部近くが行きわたっている。いくらかの環境調査も手がけ，多くの会合にも出席した。

　いま教職を去るに当たって，いったい何が問題で，何を迷っているのか，そのすっきりしない部分を自分なりにチェックすべく駄文を草してみた。

1. 世の中の動き

　環境問題は地球上に人が誕生したときから始まっている。しかし，みんなが本気で地球規模の心配を始めたのはつい20年余り前のことである。

　国連環境会議のいわゆる地球サミット，環境と開発に関する国連会議（UNCED）は，1972年スウェーデンのストックホルムを皮切りに10年置きに開かれることになり，第2回は1982年ケニアのナイロビで，第3回は一昨年（1992）ブラジルのリオ・デ・ジャネイロで183カ国2万人を集めて行われた。この時，日本は宮沢総理が欠席し，そのビデオ演説は計画倒れになったことなどで，ゴールデン・ベビー賞を受賞したことは記憶に新しい。ちなみにこの賞は地球環境に無責任で幼稚な国と揶揄した賞であるという。わが国はこの問題について後れを取っていない面も多いし，真剣な取り組みが各方面でなされているだけに残念なことであったが，世界の人々の目は決して甘くないことを思い知らされた。

　日本では1971年に発足した環境庁が，1986年環境教育懇談会を設置，1988年には報告書「みんなで築くよりよい環境を求めて」を刊行した。その内容はかなりしっかりしており，課題として次のような点をあげている。

　①情報提供ネットワークづくりと情報内容の充実―要するに現状の正しい認識，つまり人々によく知らせること。

　②出来ることから行動に移すが，その拠点づくりやその支援体制づくりをすること―環境庁自体も，スターウォッチング・星空の街コンテスト，緑の

国勢調査，水辺の教室，自然観察会などの事業を開始した。

　また，これを受けてかどうか文部省も動きだし，1991 年 6 月「環境教育指導資料」（中高校編）」を出した。その内容は次の 2 点に要約される。

　①環境問題への対応，②豊かな自然や良好な環境とのふれ合いによる，潤いとやすらぎの確立への欲求や，快適な環境の保全や創造を求める心の育成を通して，環境に対する豊かな感受性や見識をもつ人づくりの教育。

　これまた，なんら文句をつけるところはない。ただ，①がどのように具体化されるか，②がどういう内容か議論の必要なところである。そして，後でも触れるが教育現場では肝心の①が忘れられて，②だけになっているケースが少なくない。

　鹿児島県では環境管理課が中心になって，1989 年環境教育検討委員会を設置し，翌年には県環境学習推進基本方針を策定して，「鹿児島の現場を知り，環境とともに生き，そして活かすために」という小冊子を作った。県教委からは諏訪園教育次長（現甲南高校長）と私（自然研究者の立場）が委員として参画したが，環境教育という言葉を環境学習に言い替え，いろいろなことが問題になった。環境管理課は「ウォーターフロント県民一斉クリーン作戦」などの事業も開始した。

　県教育委員会でも取り組みを開始した。とはいうものの，毎年発表される教育行政の重点施策の前面にはなかなか姿を見せない。近年でも例えば平成 3 年度にしても，「学校教育の充実」の項にはなく，わずかに総合教育センターの特別セミナー（60 人，年 3 回）として顔を出しているに過ぎない。社会教育部門でも博物館や少年自然の家のそれらしい事業はあるが，ねらいは必ずしも環境教育だけではない。平成 4 年度からは「生涯学習」がトップに出て，これで「環境学習」も並んでウェイトが置かれるかと思われたが，前年と同様であった。そしてついに平成 5 年度には重点施策から完全に姿を消した。もっとも，総合教育センターでは「学校ですすめる環境教育」（環境教育プロジェクト）をまとめるなど研究を重ねているが，その成果は現場の教室まではあまり届いていないように見える。

　この様なわけで，何はさておき取り組むべき重要課題に，学校教育はまことにのんびりした対応しかしていないが，本当にこれでよいのか。私がこの問題をオーバーに考えすぎているのか。

2.　地球環境問題とは何であったか

　少し立ち止まって，地球環境の問題を見直してみたい。詳細は多くの解説書があるから項目だけを整理してみよう。

　私たちを取りまく環境は要因に分解すれば，温度，光，水分，化学物質など無生物的なものと，天敵，食物，異種・同種の他個体など生物的なものになる。これらの要因のすべてに大なり小なり問題はあるが，生活圏で分けて整理すれば次のようなことであろう。

　大気圏－大気汚染（成分の変化といってよい）→温暖化，酸性雨，オゾンホール，砂漠化など

　水　圏－海洋汚染，河川・湖沼の汚染；水辺環境の悪化など

　陸　地－農薬汚染，ごみ問題その他の都市生活型公害；原生林・湿地・草原・里山などの破壊・放置，熱帯林の破壊，砂漠化など

　これに加えてエネルギー問題ともからむ放射能汚染，核兵器問題があるし，さらに食糧問題と人口問題という基本的な大問題が控えている。

　これらが複雑に絡み合った現代の環境問題の性格は，次のようにまとめることができよう。

　①人と自然との関わり方の問題で，古くて新しい問題である。→昔からあるといって，のんびりはしておれない。

　②人類の存亡に関わる問題で緊急な対策を要する問題である。→みんな対策が間に合うか心配している。

　③原因は分かっているのに手が打ちにくい。人類の全員が関与し，過去のデータが生かせない。→どうにもならないのか。そんなはずはない，と多くの人が迷っている。

　とくに最後の項目は"Think　Globally，Act Locally！"というが，Act Globally！の視点も入れないと，とても間に合わない現状のように思える。

3.　楽観論か悲観論か―それをどう教えるか―

　小学生に未来の生活の絵を描かせると，鹿児島湾に橋をかけたり，海中観光をしたり，宇宙船に乗って旅行したり，宇宙基地や月の世界で楽しく暮らしたり，衣食住すべてに新しい素材のものが満ち満ちていて，現代の大人た

ちが残したいと願う懐古趣味的なものは何もない。もっともこれらは子供たち自身の本来の夢ではなくて，たえず大人たちによって吹き込まれた夢ではないかという指摘もある。これは検討すべき課題である。未来の生活像は次第に年齢とともに形成されるとして，それはどのように啓発されるべきものか。中学生や高校生の夢の中に，例えば良寛和尚のような生き方への憧れがどの程度入っているだろうか。

　彼らは環境問題についてもあっけらかんとしている。地球が危ない！と地球大爆発の絵を平気で書く。この場合本当に危ないのは現代人であって，地球そのものではない――などということは大して問題でない。つっこんで話を聞いてみると当然かも知れないが，彼らの未来図の中にも楽観論と悲観論が同居しており，自由闊達に立ち向かおうとしていることは認めざるを得ない。しかし，結果はひとつしかない。近未来は明るいのか暗いのか。そしてこの視点を教育の中からはずす訳にはいくまい。

　「自然の終焉」（The end of nature）という本がある。著者はアメリカの若き科学ジャーナリスト，ビル・マッキベン（Bill　Mckibben：28歳），1989年刊行されるや白熱した議論を巻き起こし，世界の9カ国での翻訳が決定，わが国では河出書房新杜から1990年に発売された。何かの書評で何気なく買って読んだこの本からの衝撃は大きかった。「彼はこの本の中で，無数のデータを駆使し，さまざまなシナリオを示し，気候の人為的な変動がもたらすかもしれない危機を描いている。しかし，彼の本当のすばらしさは，こうした記述の背後にかくされた深い自己洞察にある」とは，かつてマッキベンにインタビューし，本書に紹介文を寄せた大谷幸三の言である。著者は地球環境破壊の問題をとことん調べ考え抜いた上での選択として，華やかなマンハッタンでの生活を打ち切り，人里はなれた山中で妻とつましい生活をふたりで送っている。子供はつくらないという。書名は，大気も大陸も海洋ももはや地球本来の自然ではなく，人類によって変質させられたものという意味である。"人間はなぜこれほどまでに地球を傷つけてしまったのか。その深い悲しみと将来への恐れなくして，われわれに未来はない！"という。

　マッキベンは本著の中でもちろん楽観論も検討している。彼が少し心配症なのだろうか。こういった議論のもとになるのは科学的なデータである。それはどのようにして測定され，どの程度の信頼性を持つものかの検討が不可

欠である。それらの中には専門家の間でも議論の分かれるものもあろうし，一般の人たちにはどれを信用してよいか戸惑いもあるが，最近は多くの研究者の意見は人類のこれからの道が厳しいものである点で一致している。これは世界の識者の気づくところとなり，にわかに世界環境会議の開催が重視されるようになった。環境問題こそ先に来鹿した鉄の女，サッチャーすら走らせたほどの大問題ではなかったか。

4. 人々の敏感な反応と鈍感な反応

　世間の反応はさまざまであった。いち早く出来ることから実行に移すことは大事なことであるが，過敏に反応した人々も少なくない。割り箸（熱帯林の破壊！），無農薬野菜（害虫も友だち！），水道水（発ガン物質！），洗剤（シャボンダマもこわい！），・・・・昆虫採集の禁止（殺さないことは良いことだ！），自然保護とは自然放置であるという思いこみ，その他いろいろあるが，過ぎたるは及ばざるが如しとはこういうことであろう。北村美尊の「地球はほんとに危ないか？」（光文社，1992）は，逆説的だがこのような人々の過敏な反応は“人類終焉への序曲である”と憂慮している。

　もちろんいずれも必要な取り組みだったかも知れないし，リサイクル運動や節約運動，正しい自然保護運動は多くの成果を挙げつつある。その中からホタル保護の問題を概観してみよう。

　ホタルは昆虫の中の甲虫目ホタル科に属し，鹿児島県本土には成虫が発光するものとしてゲンジボタル，ヘイケボタル，ヒメボタルの3種がいる。このうち各地で増殖運動が起こっているのは最も大型のゲンジボタルである。3年前に「鹿児島県ホタルを育てる会」が発足して，現在連絡紙「ホタル便り」は48号まで出た。この会の活動で分布や発生状況が少しずつ明らかになってきたが，後2種の科学的な調査は遅れており，ヘイケボタル（幼虫は水生でモノアラガイ類を食べるはず），ヒメボタル（幼虫が陸生のカタツムリ類を食べると推定される）ともに本県の自然状態での生活史はほとんど分かっていない。もちろんこの会の責任ではないが，基礎となる調査活動が遅れていることを指摘しておきたい。

　ゲンジボタルの増殖運動はいくつかの学校の他，市町村や有志のグループで進められており，その目的や性格は次のように分類できる。

　・懐かしいあの感動を子孫にも残したい。－－－懐古派。熟年型（低年齢化？）

　・ホタルのいない環境は人にも好ましくない。－－－いわゆる“自然保護派”。好事家型

　・故郷の活性化につなげたい。－－－過疎対策派，観光開発型。事業家型

　・郷土の自然を知る素材として調べよう。－－－自然探求派。いわゆる“研究者型”

　・学校教育の教育素材にしたい。－－－理科教育，環境教育，情報教育，郷土教育。教師型

　いずれも多くの人のねらいが環境問題の解決であり，これらはそのアプローチの一部だろうから，大いに進めてもらいたいことである。ただ，究極のねらいがあまりにも遠くにあり過ぎて，時にはそれを忘れている場合がなきにしもあらずで，これは人のためか，ホタルのためかと問いかければ，どのような解答が返ってくるか判断しかねることがある。

　このように環境問題について，人々がすばやく過敏に反応を示す場合はまだよいが，困ったことに，ほとんどまったく関心を示さない人たちも多いのである。一方，自分たちの近未来に絶望感に近い不安を抱いた人々は，どのような行動にでるだろうか。歴史はいろいろなことを教えてくれるが，地球規模でこの様な姿を持って，全人類にふりかかったものはかつてなかった。スケールは違うが私はふと「タイタニック号の最期」を思いだし，あらためてあの記録を読みなおしてみた。

　タイタニック号は全長265m，幅28m，当時イギリスが誇る世界最大の豪華客船であったが，1912年4月14日サザンプトン港からニューヨークに向かう処女航海の途中，北大西洋で夜中の11時40分，氷塊に衝突し90mの裂傷を負って3時間40分後に沈没した。死者1500人，生存者700人。アメリカのウォルター・ロードが生存者の多数の証言を記録したのがこの本である。

　直ちに沈没を確信し死を覚悟した設計技師と船長。ぎりぎりまで懸命に排水活動を続ける水夫たち，SOSの無電のキーをたたき続ける人。絶対に沈まない船と最後まで信じ続ける船客。沈没を覚悟しながら女や子供が優先と，船に残り，妻をボートに乗せる老人そして新婚の夫。女装をして救命ボート

に乗り込む男。海に飛び込んで泳ぐ人，船が傾き始めるまで演奏を続ける楽団までいた。あわてる人，こわがる人，ずるい人，落ちついた人，あきらめた人……。

　宇宙船地球号そのものは今すぐには沈没しないが，その上の人類の命運はまさにタイタニック号と似ているではないか。人類が危ないと言われたとき，パニックが起こり，変な宗教が増えるだろうか。楽観論者もいるし，それぞれの生活を最期まで充実させよういうとする人々も確かに存在するだろう。学者も芸術家も教育者も経済人も公務員も静かに仕事を続け，サッカー競技も野球もオリンピックの誘致運動だって続くような気がする。終身刑の人が無気力な生き方になるのに比し，死刑の宣告でかえって意欲的に生を充実させようとする人がいるのと同じだろうか。ガンの告知のようなものか。おそらく，いくら地球人類が危ないと言われても，すべての人々が理解を示し，一致協力してこの危機を乗り切るべく生活を変えることはしないだろうし，また出来ない相談ではなかろうか。現時点での世界環境会議で，自国のエゴが見えかくれするのも当然かも知れない。人に未来があるのか。

　地球の歴史は多数の生物たちの興亡の歴史でもある。ヒトもやがて同じ運命をたどる，と考えざるをえない。ただ，それが出来るだけ永く平穏に続くことに努力するしかない。環境問題はその時期が少し差し迫ってきたことと，平穏無事な生活がやりにくくなりそうだと言うことを警告している。いや，すでにそういう時代に入っていることを示している。

　そうすると，私たちは自分の生活を，そして教育を，いったいどうすればよいのか。おびただしい環境問題の本が出版されており，学校教育で取り組まなくても，子供向けの啓蒙書，解説書も多い。岩波ジュニア新書だけでも「環境とつきあう50話」など数冊が刊行されている。しかし，教科書はまだない。

5. 教育現場では

　文部省が1991年に発行した「環境教育指導資料」（中・高校編）に要点は一通りまとめられている。ここでは環境問題の概説から環境教育の意義，目的を明示し，すべての人が生涯学習の重点項目として位置づけるべきであるという認識のもと，学校では全教科で取り組むこととし，かなり具体的な提

示，解説がしてある。いちおう良くできていると評価したい。これを受けて，県教委（総合教育センター）から出た鹿児島県版も，アンケート結果なども加えて，大体まとまっている。もっとも，このアンケートの問いかけや解答項目，その処理結果には多少疑問を感じ，首をかしげるものもあるが，ここでは不問にしよう。

　このようにして，学校現場で，教室やフィールドで，やや華々しく環境教育なるものが開始されたはずである。やっているな，と印象づけられたのは，なんと平成4年3月の高校入試の国語の第1問（現代文）に環境問題の一部が登場したことであった。出題者に環境問題への配慮があったかどうかは不明であるものの，「地球環境キーワード事典」（環境庁編）からの引用という原文は，野生生物を素材に人と自然との関わり方の難しさなどを考えさせるタイムリーなものであった。うまくまとまった良い文章で，設問も悪くない。ただ，私が考えさせられたのは，原文で二回も三回も出てくることだが，"野生生物種をなぜ減少させてはならないか，なぜ守らねばならないか"という基本原理を，中学生が，いや少し失礼ながら問題を作った国語の先生方がどの程度理解しておられるだろうかと言うことであった。これは入試の設問にはなかったようだが，原文では，これは難問だと言いながらいくらかの解答を示している。私も自分なりの答えを考えて，これまでいろいろな人に訴えようとしたが，挫折感を味わうことが多かった。なんのために自然を保護するのか，という根本問題の意味が実は分かりにくいのである。どこまで分かればよしとするか。

　ところで，学校教育における成果は徐々に現れ始める頃である。高校生の中にも将来は環境問題に取り組みたいという者が増えてきた。大学が学生募集にやたら環境のつく学科，学部を作ったからだけでもあるまい。しかし，環境問題に興味を持つという人が増えた割には，自然離れが非常な勢いで増加しているし，科学研究者への希望も少ない。何かおかしいのではないか。

　気になるのは，学校での環境教育なるものが，核心にふれていないのではないかということである。環境教育という名のもとに多彩な試みはあるが，混沌としている。本県で良く出てくる「さつまいもの栽培」ひとつを取ってみても，単なる理科の自然観察学習であったり，勤労体験学習，郷土の産業学習，体力づくり，農家に感謝する心の教育，ボランティア精神の育成，害

虫駆除もしないで生きものを哀れむ式の修身教育のなごり，少しひどくいえばたんなる遊びを教える場にしか過ぎず，とても地球環境にまで思いを馳せるところまで行かない。余談だが，幼稚園児の"いも掘り遠足"のテレビで唖然としたのは，いもの蔓がすっかり切り払われて，子供はただ運動場のように土だけにされた畑で，適当な蔓の根っこを，えいと引っ張るだけの作業であったこと。これはゲームの宝探しのようなもので，しないよりはましか，いやかえってマイナス面が大きいかも知れない。その理由はもう敢えていう必要もなかろう。

　中には自然破壊につながるのではないかとすら思われる"美談"がある。動物をむやみに放すこと，ホタル，メダカ，コイ，ツマベニチョウなどの放流，放蝶はよほど慎重に考えてやらないとマイナスである。ごみ拾い，空き缶集めはそのままでは単なる美化作業か廃物利用程度にしかならない。これらが悪いはずはないが，いろいろな問題にすり替えられて，本来の目的を見失っていないかもう一度点検すべきであると思う。「河川の水質と生き物調べ」は取り組みやすそうなテーマで，調査方法を学び自然環境への関心を強める効果はあるが，結論は最初から決まっている感じで，測定の難しさ，生物界の複雑さから来る名前調べの面白さと難しさ，多様性への畏敬の念などは簡単にネグられているのではないかと思われる場合が多い。環境問題のタレント生物，有名動物ブランド指向だけに留まらず，校庭の身近な雑草からも，もっともっと学ぶようにしなければいけない。環境問題はあらゆる教科，教育の場で展開するシステムが奨励されている。これは当然そうあるべきだが，それだけではあまり成果を期待できないのではないか。独立の環境学なる教科あるいは学科を早急に作るべきだと思う。これには理科で扱う地球の歴史，社会科の人類史をミックスし環境変化史なども新鮮な内容で登場させる。大学の環境学科は前述のように学生募集対策の匂いもするが，中学，高校では必修にすべきものである。とても地域ごとの副読本の作成だけでは間に合わない。ここまで考えて，ある資料を見たら，文部省も総合単元として「環境科」を試行しているとあった。やはりと思うが，教員の養成も同時に進めて欲しい。

6.　私が気にしている課題あれこれ

1）「生き物を殺す」ということをどう教えるか

　歴史は動く。人が人を殺すことは昔に比べて急速に減少した。ただ，戦争による殺りくだけはまだ楽観を許さない。人を殺してはいけないという大原則は，近年の遺伝子DNAの正体が明らかになるにつれ新しい解釈と対応を迫られそうであるが，安楽死，死刑，中絶などのやや特殊な（？）問題を残して，世界中の多くの人々の一致した生き方になっているように見える。問題は人対人でなく，他の生きものへの対応である。この中から植物をはずして，他の動物の問題に絞りこんでみよう。ただ，植物のために一言ふれると，美しい花や野菜だけでなく路傍の草や木にも温かい心が必要なのだが，私たちの脳は植物の命へは哀れみを感じにくく進化したらしい。

　動物に対してはいくらか宗教が絡むのであろうが，"無益な殺生はするな"という戒めは昔からあった。それが次第に行き過ぎの傾向を示し，高校の生物の実験からカエルなどの解剖の時間が消えてから20年以上もたつ。一時小学生の昆虫採集も禁止したところもあった。動物を殺すことすなわち悪であり，子供に残虐性を植え付ける恐れがあるということか。大はクジラから中は捨て猫，小はアリにいたるまで殺すことは毛嫌いされ，罪悪視され，何でも助けてやれば美徳，善行ともてはやされる風潮すらある。これは女性の教育力が大きくなったことや，一部の勉強不足のジャーナリストの責任もあろう。他の生物の命をとらなければ人は生きて行けないという当然なことも，忘れられはしなかったが，なぜか小さな部分に押し込められがちではなかったか。教育の場で真正面から取り上げているだろうか。

　テレビではニュースやドラマで毎日おびただしい殺人の場面がある。ましてや他の動物の死の場面はいくらでもある。生きのよいぴちぴちした魚が甲板ではねまわっている姿があり，活きづくりやおどり食いの映像もある。牛肉がきざまれ血のしたたるビフテキのコマーシャルが流れる。魚が有害動物のハブなどに変わっても非難は起きないが，蛙や鴨やイルカに変わるとひと騒動おこる。これだけ情報の入手し易い時代なのに，まず絶対に見ることがないのは牛や豚や鶏の屠殺場の映像であり，農薬によって苦しみながら死ぬ害虫の姿（これは後日，放映あり。ただし，昆虫採集での一幕）である。も

ちろんこれらを放映せよとは言わないが，教育の場では避けて通れないはずではないか。ヒトがもつ残虐性とほとけ心の切り替えがうまくできない人が多くなっている。だから前記のような過剰反応が起こり，これが人と自然とのつきあい方の模索にブレーキをかけているのではないか。例に昆虫採集をとりあげよう。

　昆虫採集論　ここでは学校での昆虫採集に限定する。小中学校の生徒たちに昆虫採集，すなわち昆虫を採集し，標本を作らせ，名前調べをさせることは，明治時代の教員養成制度の初期から教育内容の中に含まれていた。これはいくらかの紆余曲折を経たが，太平洋戦争前までに主に夏休みの宿題として定着した。戦中は物資不足などもあっていくらか抑制されたものの，戦後はたちまち隆盛を取り戻し，自然学習の主流のひとつになった。ところが昭和40年代，日本が高度成長期から安定成長期にかかる頃から公害や自然破壊が問題となり，その解決の矛先は汚染や開発より採集や標本作りの理科教育に向けられた。ここでは採集して殺すことが悪であるとされ，また身近な環境に昆虫も少なくなって夏休みの宿題としての昆虫採集は急速に減少した。子供たちは大人の販売ルートに乗ったカブトムシ，クワガタムシの購入，飼育で自然への憧れを満足させられることとなった。しかし，この誤り，行き過ぎは間もなく反省期に入り，昆虫採集は奨励とまではいかないにしても，自由課題として少し復権しつつある。

　この問題の推移や今後のありかたについては別な機会に詳しく検討したいが，自然保護協会などが進めていた「採らない，殺さない，名前にこだわらない」運動は多くの長所もあった半面，デメリットとして，これをそのまま盲信し過剰反応を起こした"指導者"たちが，子供たちを自然から引き離し，遠ざけ，無関心層を増やすという禍根を残した。もっとも，自然離れは子供に限らず，大人たちも同じで，最大の原因は教育より，目を見張り感動せざるを得ないような自然そのものの変質，減少や，私たちの物質的に豊かな生活への飽くなき欲求にあるというべきか。

　無益な殺生をなるべく少なくしてヒトは生きなければいけない。この古来の常識に立ちかえることが出来るだろうか。ただ，ほとけ心の方を強調し過ぎて，やむを得ない（有益な？）殺生を真正面から教え，考えさせる教育は欠落し続けるのだろうか。前者は楽であり，後者は自分の哲学を持たねば授

業にならない。難儀な方を避け，無難な道を進みすぎていないか。あれは日本と中国の子供たちの合同キャンプだったか，平気で鶏をさばく（殺して肉を解体する）中国の子供を，日本の子供たちが目を丸くしてみていたという記事があった。どちらにも命の教育をしっかりやっておかねはなるまい。その具体策の検討すら始まっていないのではないか。

2）「自然に親しむ」という意味を考え直す

　気になる言葉に「豊かな自然」と「自然に親しむ」がある。前者は特に鹿児島県では多くの森林と耕作地があるためか好んで使われる。他の県に比べると本当のことだからかまわないが，豊かとはどのようなことか，と聞かれると困る人が多いのではなかろうか。自然には地形，地質，空気，日光，水など地理，地質，気象学的なものを基盤としての多くの生物が含まれる。豊かな海岸，火口湖，太陽などと共に，だれしも動物や植物のことが頭をよぎるであろう。蝕まれる海岸線や観光地化される湖，夕日が美しいといわれてあずまやが建つ丘なども気になるが，ここでは生物的自然に注目したい。

　学問的に豊かな自然と言えば，動植物の種類が多いことで，一般的には熱帯に行くほどそのようになる。だから日本列島の中では鹿児島県は沖縄県と共にその条件に合う。また種類の多い生態系はある程度の広がりが必要である。その点本県は沖縄県よりも九州本土で広く，高標高地が多い上に，南北600キロにわたり，さらにトカラ列島を境にふたつの異なる大生物圏が接しているので，県単位でいえば沖縄県より豊かである。

　ところがこれは人が手を加えない原自然の話であって，現自然の話ではない。ビル・マッキベンの指摘を待つまでもなく，本県にも原自然はごくごく小範囲にしか残っていない。霧島山高地の特別保護区（といってもミヤマキリシマだけを大事にしてかなり人手が入っているが），屋久島（といっても急峻地形地帯および高地帯と西側の低中高地帯），あとは大隅の甫与志岳・稲尾岳の一部，奄美大島の湯湾岳・住用川上流域（神尾地区）くらいのもので，他はほとんど人手によって作り替えられた自然である。大多数の動植物たちは生息地を奪われ死滅したが，かろうじて狭い逃げ場に生き残っているものは，少数が天然記念物に指定され，多くの種は放置され，あるいは乱獲されて，生存は風前の灯火になっている。もちろん生物はしたたかな面も持つ。人の植栽したものをうまく利用して，雑草とか害虫などという名前をも

らって勢力を保っている植物や昆虫もいる。前記のような貴重種の生息地は小規模な水源保安林（照葉樹林）であり，人工林のクヌギ林やカシワ林であり，また野焼きや草刈りで維持される草原や，埋め立てを免れた小さな湿地であったりする。豊かな自然は原自然だけでなく，身近にもあることはあまり気づかれていない。

　ただ，ここで注目して欲しいのは植物群落の自然の変遷で，本県の自然は放置すれば照葉樹林に移行していく。したがって現在のほとんどの環境は人が手を入れないと消失する。自然の豊かさを保つには人手を加えることも大事なのである。自然保護は決して自然放置ではない。私たちの祖先は，いや私たちは30年前までは，そんなことは知らずにあるいは考えもせずに，自分たちの生活のために，いわゆる里山（雑木林）や松林や草地や湿地・水田を，人手を加えながら維持してきた。それが結果としては変化に富んだ環境を残し，多くの動植物を保護してきたのである。しかるに現在は農村の過疎化，農業形態の変化，観光開発，公園と称する遊園地やゴルフ場開発などで，放置されるか余計な手が入れられるかという憂慮すべき状況にある。もちろんごく最近はその反省期に入り，遅蒔きながら各種の手だてが講じられ始めたが，時余りにも遅かったかもしれない。行政が予算を組んで里山や湿地を手入れし，保護する時代になりつつあるという認識が普及しきれない。教育が不十分なのである。

　自然に親しむとは便利な言葉である。登山も遠足も川遊びも，山菜採りも草スキーもゴルフも，バードウォッチングも散歩も草原での昼寝もある。それでよいではないか。ただ，直面している地球環境問題の解決にみんなが努力しなければならないときに，いちばん積極的に推進さるべきこと，あまり好ましくないことは何か，チェックしておく必要があろう。学校教育の中でこの問題が本気で検討されているか。単なる楽しみや体力増強や友情の育成や思い出づくりだけに終始して良いのであろうか。

　自然に親しむという行為は，教育の場では環境問題の解決をもねらった新しい視点が不可欠である。里山の大事さを多くの人々が本当に理解できたとき，日本の自然環境問題はようやく解決の糸口をつかめるであろう。

3)「節約」の教育をどうするか

　ものを大事にせよ。粗末にすると罰が当たる，という教育は昔からあった。

米にしても水にしても難儀して手に入れた，あるいは作り出された貴重なものだから，感謝して使うべきものであると教えられた。戦中，戦後はものが欠乏していたから節約し大事に使わざるを得なかった。それがいつしか消費は美徳，使い捨て時代になったことはよく認識されている。もったいない，節約しようという反省も実行も多々ある。しかし，ここでも問題の核心に触れているか。

　資源の枯渇が心配され，生態系の破壊が気遣われ，都市型生活の将来が危惧されている。環境教育の場でも，空き缶回収，紙のリサイクル運動，そしてあのゴミ問題など当然対決すべきテーマであり，実際に各地で推進されてそれなりの成果を挙げている。しかし，その評価の視点が，感謝の心やボランティア精神の育成とか消費者の経済的負担の軽減，美化作業，何かの資金集め（！）とかいうところで止まってしまい，環境問題まで生徒たちの心がたどり着かない場合が多いのではないか。塵を捨てるな，塵を持って帰れ，塵は拾え，という教育は道徳教育，マナーの教育であって現代の環境教育と言えるだろうか。

　昨年末の「文芸春秋」（12月号）に「ごみの山から地球が見える」というゴミ回収業者の座談会記事があった。サブタイトルに，「リサイクルなんて絵空事。この情状を見よ！」とある。内容はこれで理解されよう。私はその少し前にＭＢＣテレビの特別企画「女のトークセッション」でゴミ問題のパネルデスカッションに出してもらったこともあって，この記事は興味深く読んだ。

　ゴミの定義は大小あるが，広い意味にとらえる必要がある。家庭の廃棄物のほか膨大な産業廃棄物がある。いや人が作り出したものすべてが，自分の身体までもゴミの予備軍であることを思うと気が遠くなる。もちろん国際条約があり多くの法律がある。理想はゴミゼロ社会を目指す！　切り札は人工的な完全なリサイクルシステムの完成，要は地球環境の人による完全コントロールである。他の生物はそのために生存してもらわなくては困る。これには賛否両論あろうが，その決着はともかく，そんな社会が出来るはずはない。かりに可能であったとして，間に合うか。間に合ったとして，その時人類は幸せであろうか。こういった問題を教育ではどうするのか。

　私は博物館に勤務していたとき，いつも対決していたのは，何を残すべき

かという問題であった。過去の数少ないものは貴重だから残すべきものが多い。問題は現在の無数の生き物たち（当然，ゴキブリも雑草も含まれる）さらにおびただしい人類の生産物（日用品，建造物，芸術品など）の中から，どのような視点で何を選択し，いくら残すべきかは大変困る問題である。何しろそれ以外はゴミである。だから，博物館や美術館はものを残すか捨てるかという面ではゴミ処理場に対比すべきものである。残すものが多すぎると未来人の地球上の住み場所が狭くなる。私の友人，渋谷基周（勝弘）は「あなたの葬式あなたのお墓」（三一書房）でそういう意味からも墓地無用論をのべた。この問題の解決はおそらくある種の絶望感の中から生まれる教育であろう。いくらがんばっても駄目かも知れない。しかし，どうにもならなくなることが少しでも先に引き延ばされるよう精いっぱいの努力をしようではないか，という迫り方しかないと思う。今までこんな悲しい教育があっただろうか。これまで人類は常に明るい未来を目指して子孫に知識や技術を伝え，先輩や老人は誇りを持って教えてきた。しかし現状はどうか。自分たちも精いっぱい努力はしたのだが，どうにもならない。若い君たちは気の毒だが，どうか何とかしてくれ。こんなことを教育の場でどう扱えばよいのか。空元気を出してしった激励するか。科学技術に期待せよと言うか。

4）利己と利他の関係を再構築する

　佐倉統の「現代思想としての環境問題―脳と遺伝子の共生―」（岩波新書）は，分かるような分からないような何となく面白い本であった。＜自然対人間＞という二項対立を超えた議論を展開し，社会を遺伝子と脳の共表現型としてとらえ，コンピューターを中心とした科学に環境問題解決の希望を見いだす。最後には“そこに，突破口はある。確実に”と結ぶ。ほんとうだろうか。

　近年の行動生態学，社会生態学は生物が何のために，誰のために生きるか，個体のためか，種（仲間）のためかという論理で，ヒトはどうなのか，と迫っているように見える。やや単純化した言い方だが，人もとどのつまりは自分のために生きるもので，他人のため人類のためと言っているが，まやかしではないか，と問いかけているようにもとれる。これは古来いろいろな分野で人類が悩み考えてきた問題でもある。多くの宗教や哲学が生まれ，教育論が展開され，議論は尽くされたようにも見える。仮にそうだとして，ではヒト対他の動物や植物となればどうか。地球環境の問題は人のためか全生物の

ためか。

　戦争中であれば，お国のために自分を犠牲にせよと教えられたが，平和な世界では通用しない。現在はやっかいな問題に交通戦争がある。交通事故という共通の敵に全人類が立ち向かわねばならないという意味だろう。環境問題も同じで，まさに環境戦争であり，学校でもしっかり教育した環境戦士を送り出さねばなるまい。交通事故で心配なのは人間であるが，環境悪化で心配なのもそれでよいのか。他の生き物も含まれるのか。

　学校教育で，生き物を哀れむ心を教えるのは大事なことであるが，環境教育ではそのままではほとんど何にもならない。人と自然との共生が可能なのか。開発と自然保護の両立がありうるのか。これらは政治の世界から学校教育の場まで，苦悩に満ちた選択が模索されているはずである。言葉の上では「自然保護か開発か」なる問題は「持続可能な発展すなわち開発は，環境を保全した上でなければやってはいけない」という国際環境会議（1987年）の提唱した概念でいちおう決着したが，これは急進保護派からも開発派からも，甘い！と攻撃されているという。冬季オリンピックの会場づくりでどうなるか。屋久島の環境文化村でどうなるか。環境教育では，今後の地球は，やはり人にとって住み易い環境にしていくこと，他の生物についてはできるだけ努力する—という線にしか落ちつかないのか。このような議論を教室でどのように展開すれば良いのか。こういった難題を若い教師たちに残して去ることは心苦しいが，彼らに委ねるしか道はない。　（1994年1月21日）

第 9 章
あれから 25 年，それからどうした

　あれから 25 年余り，私のチョウとの付き合いは続いているが，一老人フリーターとなって眺めた，その後の世の中のことを最後に書いておこう。

1.　国や県などの対応
　環境省は 1995 年に最初の「生物多様性国家戦略」を作り，2002 年，2007 年に改訂。2008 年に「生物多様性基本法」を策定した。2010 年 COP10 が名古屋市で開催されたとき，第 4 次にあたる「生物多様性国家戦略 2010」を出す。2012 年「生物多様性国家戦略 2012 ～ 2020―豊かな自然共生社会の実現に向けたロードマップ―」を発表している。
　鹿児島県では 2011 年「鹿児島県環境基本計画」を策定，2013 年の「生物多様性戦略策定資料集」（322 頁）に次いで，2014 年「生物多様性鹿児島県戦略―新たな自然と共生する社会の実現を目指して―」（109 頁）を，2015 年には「生物多様性鹿児島県戦略　2014 ～ 2013」（22 頁），2016 年に「鹿児島県環境教育等行動計画」（23 頁）が出ている。
　市町村では，鹿児島市や指宿市，志布志市などでも，これに添った地域的な動きがある。特になにもないところもあるだろうか。土改連が進めた農村環境計画は前記の通りである。

2.　生物多様性への対応
　1992 年（平成 4 年）の地球サミットで「生物多様性条約」が採択され，翌 1993 年に発効し日本も締約国となる。いろいろな環境問題の中から生物多様性に限って見直してみよう。
　要するに，ヒトがよりよい生活をするために環境をどうするか，その際，他の動植物をどうするかという，いわば単純な問題である。環境省の答えは

明快で，「生物多様性国家戦略」には，生物多様性を重視し豊かな自然共生社会を目指すとある。具体的には，生物多様性を守る4つの意味として，①すべての生命が存立する基礎となる。②人間にとって有用な価値を有する。③豊かな文化の根源となる。④将来にわたる暮らしの安全性を保証する。これらがいわゆる生態系サービスである。

　面白いのは，最初の項だけが他の生物のことも含むが，他の3つは人間のためにとなっていること。当然と言えば当然だろうし，それも分かる。しかし，最初の項はそう簡単にはいかない。県の「生物多様性鹿児島県戦略」には，もうひとつ，地球と人間の歴史を後世に伝える，という項目が追記されている。すべての国で多くの人が現在と未来を心配していることは分かる。問題はやはり，他の生物と「共生しながら」の内容と程度で，これはなかなか分かり難いし正答が出にくい。

　生物多様性は bio diversity の訳であるが，これがまず日本語としては難解である。環境省の「生物多様性国家戦略　2014〜2013」には，生物多様性とは，「すべての生物に違いがあることと定義し，生態系の多様性，種間（種）の多様性，種内（遺伝子）の多様性という3レベルがある」としている。そして，「しかしながら，生物多様性という言葉自体が分かりにくく，また，日々の暮らしの中で何をすればその保全と維持可能な利用に役立つかわからないということが，生物多様性に関する理解が進まない原因の一つと言われています」とちゃんと記してある。そして「つながり」と「個性」なる用語を使うと分かりやすいといって解説しているが，ますます分かりにくい！　「生物多様性鹿児島県戦略」では，生物多様性を「簡単に言えば，多くの生物の『種』が存在することです」とした。これでよい。地球上にたくさんの種類の動植物がいる方がよい。ヒトのためにはそうでなくては困る，と前記の必要論にもどる。

　定義はそれでよいが，ほんとにヒトのためにたくさんの生物が必要なのか，という問題を置き去りにできない。地球では全生物が生態系の糸で複雑に繋がって生きている。クモの巣の糸（web）の世界である。それはそうだろうが，私が生きていくのに，アフリカで象の1種が絶滅したとしても，ほとんど影響を受けないだろう。生態系の糸は，縁の遠いものと近いものがある。今，地球上では毎日少なからぬ生物種が消えて行くと言われても，何となく

気にはなるが，そんなに心配することはない，ヒトが生きてよい生活を維持するための最小限の生態系が維持出来たらよいのではないか——という意見もあるだろう。もし人類が地球以外の星に引っ越すとしたら，どの動植物を一緒につれて行くか，と言う問題と同じである。どの程度の多様性が良いのか，誰にも分かるまい。しかし，少ないよりは多い方が何となく安心であるから，多様性の保護に努力しよう——ということではなかろうか。

　イギリス人などはどう思っているのだろう。ちょうどエジンバラ大学のシルバータウン教授が編集した「生物多様性と地球の未来—6度目の大量絶滅へ？—」という本がでた（2018年，朝倉書店）。生物多様性とは何か，どのようにして生じたのか。それにいま何が起きているのか。それを守るために何が出来るか。生物多様性はなぜ重要なのか，ということを考える本である。「生物多様性を気にかけるべき十分な理由は，少なくとも4つある」として次を挙げる。

　①人類が生き延びられるかどうかは，地球上の生物を支える多様性にかかっている。②生物多様性は有益だ。③多様な生物がいる世界は美しい。④直接的であれ間接的であれ，人類は数多くの種を危険にさらしている。それでいて「気にしない」のは，「人の道に反する」のではないか。

　イギリスは日本と同じく大陸に近い島国であるが，生物相はやや単純，しかし豊かな博物学の伝統をもち，ダーウィンを産んだ国である。それが今の人と自然との関わり方，生物多様性に対する考え方はこのようなことだという。

　なんとも普通の文章で，それぞれは分かりやすい。ひとつひとつが説明や解説でなく，呼びかけ的，問いかけ的になっている。しかし，一読して「なぜそんなことが言えるの？」「それがどうした？」などと反問したくなる。それはヒトのためか，全生物のためか，については，①〜③項が文句なしにヒトのため，④項が他の生物を気にしているようだ。

　そして豊富な事例を多くの写真や図表を駆使して解説し，いまヒトが危ないと警告して，具体的な提案もしている。これらは，そのまま日本に持って来ても違和感はない。この問題はアメリカ大陸であれ，東西の島国であれ同じで，今や地球規模，人類規模の問題になっているということだろう。しかし，その対応策は今でも容易ではない。

3. 環境教育は変わったか

　私が退職時に心配した，たくさんの問題はどうなったか。2016年に出た「鹿児島県環境教育等行動計画」を読み直してみた。これは私も審議会の一員として関わったと思うが，痛切な反省を強いられることになった。

　まず生態系，生物界，生物多様性に関する記述が貧弱で内容も乏しい。これは環境問題の2大分野，物理化学的分野（特定の物質の増減が引き起こすもの）と，生物系分野があることの認識不足かもしれない。生物分野でも「環境」のとらえ方がごく一部，森林に偏り全体を見ていない。どのような子供を育てようというのか，全体的に抽象論に終始し，別に環境教育でなく，他の教育分野にも通用することが多い。県の指針，概要だからと言ってもこれは不十分だった。

　もちろん，それでも多くの学校や公民館などで，意欲的な環境教育が推進されておれば，言うことなしなのだが，私の見た限りではどうもそうなってはいない。もっと，学校で，教室で，出来ることはないのか。「少年自然の家」に行って，どんな環境教育をするというのか。確かそこには理科の専門家はおらず，子供達の大好きな昆虫標本もなく，捕虫網も置いてない？　私の心配はますます増大してしまった。実はこれも，この小著を書こうという気にさせた一因である。参考になる，ならないは別にして，後記の私見にも目を通していただきたいと願う。

4. 農村環境もさらに変わる

　2001年から約10年間，県土改連などの依頼による県内各地の田畑の昆虫相調査で私が見たものは，大部分がすでに耕作地としては整備されていた。水田の用水路，排水路はほとんどがコンクリート三面張りになり，田んぼの昆虫相は貧弱というか，期待された状況にはほど遠いものであったが，休耕田，放棄田，早植え，遅植えなどなど，田んぼの多様性にも気付かされた。

　もちろん，関係者，当局の努力は多とするものがあり，新しい試みもなされている。ビオトープも出来て，多様性に配慮した新水路もある。コオイムシも生きており，小学校の環境学習の場にもなっている。しかし，食糧生産と環境整備の2兎を追うことの困難さを改めて感じることが多い。どうする？

第 10 章
これから　どうしよう

1. どのような自然が望ましいか

　まず移り変わってきた現実の自然を正しく理解しよう。すでに地球上の大部分の生物的自然はヒトによって改変されており，その変化は一方向で，復元はない。確かにそれはそうだが，チョウの記録は，このほかに"得体の知れない要因"があることを示唆している。あれほどいたシルビアシジミ，オオウラギンヒョウモン，最近ではウラギンスジヒョウモンがほとんど一瞬（1～3 年？）にして激減，消滅した例があり，誰にも気付かれないように静かに消えていくように見えるサカハチチョウ，ダイミョウセセリ，オオチャバネセセリなどもいる。ヒトの撹乱を受けても生息環境はほとんど変わっていないのに，どうしたのだろう。背後に何か大きな自然の変化，温暖化や天敵相も影響してはいるのだろうが，多くは激減，消滅した後で気付くので調査のしようがない。そう言えば，鹿児島では今年（2019 年）の春はほとんど全種のチョウがひどく少なかった。これはおそらくチョウだけでなく，他の多くの昆虫がそうだった。後追い調査にはなるが，何とかしてこの原因を探らねばならない。好奇心で繁栄してきたヒトの活券にかかわる。

　とりあえずは，消えて行きそうな種を選び出して，とりあえず保護の手立てをしてみようというのが，今各地で行われている運動である。これは希少，貴重，必要なものを確実に残す工夫と，新しい生態系，風景を造るという選択肢のみとなる。

　残すものについては，様々な取り組みがなされてはいるが，面積的には狭い地域に限られる場合が多い。広大な地域は，都市や農耕地を含めて，外来種の多い均一な世界，ヒトには快適な環境になっており，トマス（2018）に言わせると，そこそこの種の多様性をもって新しい生物進化の営みが始まっている。それがどうなるかは，ヒトにはもう多分見えないし，関係ないかも

しれない。

　これ以上，必要な，欲しい，新しい自然環境は何だというのか。心が洗われるような美しい田園風景か，清潔で安全な人里か，誰もが存分に遊べる広場か，確かにそれらは必要だろうが，これを構成する環境要素に目を向けると，そこは裸地か，草地か，樹木の世界か，水系かで，それぞれに多様な動植物が生息している。アスファルトで塗り固めても，人工芝を敷き詰めても，無菌室でもない限り，そこは何らかの生物の生息地となるだろう。ヒトはヒトだけでは生きられない。多様な生きものたちと共に生きたい――。それが今，世界の人々の生物多様性を高めたいという欲張った願いである。

　そこから生まれたのがビオトープを造ると言う発想だろう。森，草地，池，小川，いずれも結構であるが，実は頑張ってわざわざ"ビオトープ"だ，何だと特別視しなくても，今ある土手の草地，数本の樹木，小さな花壇や池や川でも，ほんの少し手を入れたり，手を抜いたりすれば，環境が多様になって多様な生物が棲みつく。場合によっては少し汚かったり，危険だったりするだろうが，そこはヒトの賢さで乗り切ろう。

　以下に，このような現在と未来の自然環境とどのように付き合うか，私見を述べる。

2.　一般家庭で出来ること，やりたいこと

　自然体験を豊富にしよう。野外に出て生きものと触れあう体験を増やそう。もちろん，これは昔も今もある。春の花見，野草つみ，ホタル見物，川遊び，海遊び，クリ拾い，などなど。それが昔に比べて著しく少なくなっていることと，触れ合いが浅くなっていることに問題がある。

　良い場所がない？　確かに昔に比べてこれも減った。取りあえずは，身近な公園や田畑に子供と一緒に行ってみよう。大丈夫，子供はいつも遊びを発見する天才である。ボールがないと遊べない，遠足に来た気がしないという中学生や高校生は，小学校時代の野外体験不足である。小さな草地を歩く子供の興味を示した先のものをみよう。好奇心の対象に気付こう。アリ？　バッタ？　草の穂？　いっしょにそれを手にとって見よう。知っていたら，虫や草の名前を教えよう。知っていなかったら，子供にその名前を考えさせよう。バッタ1号，赤アリさん，テントウムシのテンコちゃん……。先年，奄

美大島の子供がアオバハゴロモを「はとぽっぽ」と呼んでいたのには感心した。もちろん，子供が気付かない他の生きものに目を向けさせることも大事である。コケの花（胞子嚢），草をひっこ抜く——その時の根張りの強弱，「力草」（オヒシバ）をご存じだろうか。畑の草取りに難儀した農民の体験から付いた名前だろう。庭先でも見られるアブラムシとアリの共生，そこに割り込むテントウムシたちの教科書によく出ているドラマ（テントウムシがアブラムシを食う，アリが撃退する）を観察しよう。肉眼でも見れるが大きな天眼鏡が便利。

　虫がいたら，いや必ずいるから，捕虫網を持たせてみよ。自分で持って見るとよい。とたんに，“探索する目”になる。いろいろな動くものが見え始める。でも，野鳥や蛇は捕れない。虫や魚なら捕れる。危ない虫，ハチはもちろんいる。よく似た虫，アブは刺さない。しかし，ムシヒキアブにはご用心，口が危ない。

　捕らえた虫は虫かごに入れる。なければポリ袋でもよい。そしてどうする？道は3つ，家で飼育する，後で放す，いや，殺して標本にする。全部を体験して欲しいが。生と死の体験は，わざわざやらなくても，この過程で実体験ができる。何かを感じ取る。たぶん，このあたりで，ムシ嫌いな子と大好きな子の違いがはっきりしてくる。無理して全員，虫好きにすることはない。

　ヒトの多様性も大事である。また，食わず嫌いは避けたい。少なくとも，夏休み明けに，昆虫標本を教室に持ち込んだ生徒に，「残酷！」と非難するような教師や子供にはしたくないだけである。

　飼育はカブトムシやクワガタムシで経験済みかもしれない。青虫もモンシロチョウやアゲハチョウでおなじみか。ただし，ペット化はご用心。カマキリやバッタの子でも，芋虫でも，幼虫の成長が見えるから，飼育にはよい材料である。カブトムシの幼虫は，それが不十分。スズムシ，コオロギ類もよいが，年に1回しか成虫にならない虫の飼育は根気がいる。しかし，どの虫を飼っても，幾らかは死ぬ，最後には全部死ぬ。その時，どうする？　虫好きの小児科医，田中洋先生は，病棟で子供達が飼っていたカブトムシが死ぬと，そのまま放置されているのを見て，死骸を集めて標本にした。そして，角の長さを測定させ，見事な変異のグラフを作成させ，理科記録の何とか賞を受賞させた。

　草原や小川で捕った虫や魚を，帰り際に放してやることも「良いことをした体験」となる。ただし，その時の子供の「惜しそうな表情」を見逃すまい。放してやりたい，いや持って帰りたい——子供の葛藤を見逃してはいけない。同じ種をたくさん捕っていたら，放してもよかろう。でも，一応持って帰って名前（種名）を調べて欲しい。現地で生きたまま図鑑を開いて調べられる虫もいる。写真撮影して放す手もある。しかし，虫でも草木でも，種名を調べようとすれば，直ぐに難儀なことが分かるであろう。良い図鑑であればあるほど，よく似た種がたくさん出ていて，同定（種名を確認，確定すること）は困難を極める。同時に，生きものの形の確かさと不思議にふれる。標本にしてじっくり調べる意味はここにある。虫は殺して，昆虫針を刺すだけでよいから，タッパーに標本を並べてみよう。草の穂を押し葉にして並べてみよう。驚くほど変異があることに気付く。それだけでも種類，種という生物界の分類の単位が見えてくる。種の多様性の姿が少し分かるようになる。スマホの出番でもあろうが，これには私は何とも言えない。

　野外にでるということは，種を発見する機会が増えるということである。遠足を兼ねて遠くへ行くのもよいが，身近なところ，家の庭，土手の草原，公園の樹木などでも結構，小さな大発見ができるものだ。私の在任中，県立博物館でやった「路傍三百種に親しむ運動」は，採ってきてから名前をしらべるのでなく，図鑑で探したい種類を決めて，それを探しに出ようというものであった。家庭に図鑑を。子供用のほか，種類数の多いもの，地元の生物を主にしているものを揃えよう。

3. 学校教育への期待と願い
1) 小学校への期待

　教育を専門にする場と言っても環境科はまだない。生物多様性についても，理科，生活科を中心に全教科で取り組むことになろうが，校庭と教室，遊びと学びの場の相互乗り入れが必要で，教師の腕の見せ所になる。

　校庭の環境は単純で，裸地（運動場）と草地（運動場，畑，花壇），樹木（林），水系としては観察池，プール，これに動物舎であろうか。裸地にもアリやバッタはいるし，草地や樹木にも，そこそこの虫がいるだろう。子供たちは遊びの名人，草むらの虫やダンゴムシを捕る子，せっせとコオロギをポリ袋に

入れる子，パンジーにつく毛虫（ツマグロヒョウモンの幼虫）を捕って数を競う子供たちもいる。

　教師がどの程度これを活用しているか。観察用の畑，池，飼育動物などは生物多様性の学習のためにあるようなものだが，幾種類かの立て札を見た限りでは寂しい気がする。朝顔の鉢が並んでいるが，これで何が教えられているのだろう。

　先生方は，忙し過ぎる，管理が厳しい，自由が少ない，保護者がやかまし過ぎる，生物は専門外，などなどを勘案の上で，私の希望を少し。① 校庭をもう少し活用する―樹木に名札をつける。これは現地の雑草にもつけられる，採取して瓶に水差しして廊下に並べる手もある。校庭で採集した雑草や虫の標本を並べる。写真でも図鑑代わりに可能。校庭の自然の「今」を伝える掲示板を設置（今週は，この木の花を，ここにある草の…，このセミが鳴く…，池のトンボは…）。美化コンクール用？の花も悪くはないが，これに使う時間とエネルギーのいくらかを理科や環境の教育に。② 夏休みの自由研究の中の昆虫採集は，立派な？正式な？標本作りだけでなく，簡易な方法も紹介し，コンクールを意識しない作品を大事にし，授業でも活用したい。③ 理科が不得意な先生も，環境問題ではプロであって欲しい。勉強をしてください！

2）中学・高校への願い

　この過程は専門教科の教師がいること，青年期の教育であることが小学校との違いになる。急速に成人に近づく時期でもある。

　生徒の個性が輝き始める季節であるから，① 生物に強く興味をもつ生徒を少数でよいから，まず発見し育てる。② 生物部があればよいが，なければ好きな生徒を軸に小グループを作る。② 放課後でも，休日でも，野外にいっしょに出て，雑草や虫を採る。③ 必ずノートにその日の記録を残し（個人でも，グループでも。学級日誌のように），後日総括して印刷物として残す。自分たちの雑誌でもよし，何かに投稿してもよし。④ その成果を全生徒に還元する。文化祭でも，特別展でも，授業でも。

　以上は，もし私が今，再び教壇に立つなら，という仮定の話である。実現困難なことも承知しているが，環境問題，生物多様性の学習には，基本的なことと思う。運動部の優れた選手1人の存在が，全校生徒にいかに好影響を

及ぼすかを見れば分かる。それを生物学，環境科学の分野でも挑戦して欲しい。これは必ずしもコンクールで1等賞をとることではない。もちろん，それはそれで結構ではあるが。

　フィールドワークの得意な教師は減り，生物部の活動は衰微しているらしいが，これはそういう時代の歴史や背景があるのであろう。それでも，無理にでも自然環境の教育を充実させないと，これからの社会で生徒たち自身が困る時代になっている。私たちの教師時代にくらべて"実力者"揃いの先生たちだから，きっと何とかしてくれる，そう願う。

3）大学への希望

　ここは私が口を出す分野でもあるまい。高校時代に"受験生物学"を学んで入って来た学生たちに，フィールドも入れたほんとの生物学，環境科学を教えて欲しい。これも大事な地元への還元であろう。理科系，自然科学系の学生には，卒業論文の他に，地元の生物に関する新知見，情報の「短報」を何かの雑誌に，少なくとも一つは投稿して印刷物にすること加えて欲しい。短報の原稿が書ける卒業生を歓迎する。

4．行政マンへの7つのお願い

　環境省や県，市町村の環境問題担当者，いや知事さん，市町村長さん，議員さん方への注文である。

　①県立博物館（自然史博物館）に行って欲しい。展示を見て回ったら，内側に入って学芸員と話をし，できたら収蔵庫まで見せて貰う。

　②本を買う。帰りに本屋に立ち寄って，環境関係，生態学，進化論，人類史などの読みやすい本を買おう。新書であれば，岩波ジュニア新書もよい。岩波新書，ブルーバックス……など。もちろん，単行本でも。特定分野に強く，全体も広く見渡せる人でありたい。

　③フィールドへ出よう。昼休み，職場の草地，池，植木，周辺の田畑などもよい。目的物を決めて，探しに出る手もある。出来るだけ，図鑑を持って行きたい。スマホでもOKか。

　④仕事場に送られてくる環境関係の雑誌，大学の紀要，同好会誌など，市販されていない書籍を大事にしよう。専門外が多いと思うが，一通り目を通して，書いた人と，記された自然の，必要なところをメモしておく。

　⑤地元の自然の研究者, 愛好者との付き合いを深めよう。学校の先生でも, 町のアマチュアでも, ……いないようだったら, 発掘して育成して欲しい。課題を与える手もある。

　⑥生物の情報がどこから, どこに集積されているか, または, されていないか, 知って欲しい。

　⑦関係書類, 条令原案などは, 自分の文章で書く努力をしよう。環境省の指針を使うのは当然であるが, 丸写しは止めよう。

5. 新しい自然史博物館が欲しい

　最後の最後に, 書き留めておきたいことがこれである。"箱物を造る時代は終わった"と言われる時代であったが, 私は11年間勤務した鹿児島県立博物館を辞する1992年, 館の研究報告 (11号) に"新館への夢"として「県立自然史博物館構想 (私案)」を13頁ほど書き残した。内容は, その必要性, 活動内容, 施設・組織の概要, 建設地域の検討などという夢のたたき台で, その後の若い人たちによる討議も期待していたのであるが, あれから27年, 何の反応もないのが少し悲しい。

　＊鹿児島県立博物館研究報告は, 博物館のホームページで簡単に引き出して読むことができる。

　もちろん, すぐに出来ないことは分かっている。だからこそ, それでも, 鹿児島県に相応しい理想的な新館構想を練り上げなくてはいけない。良い企画には予算がつく——。これは博物館時代に私が実感したことで, 貧乏県鹿児島でも通用する。もちろんその"良い企画"作りは容易でないが, 理想像が描けないと, 適切な現在の博物館活動もできないだろう。人口減に向かうこの時代, 悲しい軍事予算も組まねばならない時代, お金をどこに使うかも, その時代のヒトに託されたことであるが, 鹿児島県に暮らすこれからのヒトの行く末を思いつつ, 新しい自然史博物館構想を練るのは, やりがいのある楽しい仕事ではないか。すぐに実現はしなくても, それを見て誰もが造りたくなる構想を見てみたい。

結　章：要約

第1部：南九州と鹿児島県本土

①中生代白亜紀，アジア大陸地塊の東縁に付加体，四万十層群が形成され，そこに日本列島の基盤となる生態系ができた。

そして，日本海の拡大により，1500万年前に九州相当地域が大陸から分離する。気候は温暖ですでに照葉樹林と落葉樹林はあったが，激しい地殻変動と火山活動にチョウたちは翻弄されながら，火山性草原に生き，そはやき山地の樹林などに生存を続けた。その後，第四紀の氷期を含む寒冷期には，中国大陸北部，朝鮮半島から入った満鮮要素，温帯性の広葉樹や草本とそれに伴うチョウ類が繁栄する。

②しかし南九州とくに鹿児島県本土の生物相は，2.9万年前の始良カルデラ火山の噴火で壊滅した。その後，鹿児島県本土へは，北の熊本県と東の宮崎県から侵入したはずで，ミズイロオナガシジミ，ウマノスズクサなどのように，まだ県本土全域に分布を広げきらないものをその例と想定し，他に同様な例はないかという問題を提起した。

③最終氷期に入ると，温帯系の植物とチョウ類の世界となり，照葉樹林系の種は九州南端部や当時繋がっていた種子島，屋久島などに避難した。この時期には種子島や屋久島低地にもヒョウモンチョウ類など温帯性のチョウも多かった（分布南限種）。

④後氷期，気温の上昇期になると，温帯系植物やチョウ類の衰退，消滅と暖帯系の照葉樹林やチョウ類の北部への分布拡大が見られ，これに南方から北上したマレー型チョウ群が加わり，遠くは九州を経て本州まで分布を広げた。これら3つの生物群のせめぎ合いは現在も続行している。

⑤しかし，この生態系は3万年前に渡来したヒトの撹乱を受けることになる。狩猟採集生活時代はヒトによる他生物への影響は軽微であったが（大型獣類は減った？），定着生活に入ると伐採や火入れなどによる森林の減少と種構成の変化，栽培などによる多様で不安定な草地，耕作地の出現で，近隣の動植物相への影響が大きくなった。しかし，このような多様な環境の形成は，それに適応した多様な生物相をもたらし，ある意味では生物多様性が豊

かになった。その様子を霧島山地，北薩地方，鹿児島湾・桜島，大隅半島，薩摩半島に分けて概観した。

第2部：南西諸島

⑥南西諸島は沖縄トラフの拡大で大陸から分離したが，その時期は1000～500万年前，200万年前あるいは155万年前などと諸説があって，筆者には断定出来なかった。ただこれにより北琉球，中琉球，南琉球の島嶼群に分かれたことは一致しており，これで黒潮の流れも変わって，流域の温暖化が進み，生物の漂流分散が促進され始めた。

⑦北琉球では，7300年前の鬼界カルデラ噴火で竹島，硫黄島が形成され，屋久島や薩摩半島南部の生物相が壊滅的被害を受けた。屋久島では南東部に残存した生物群が回復して現在の姿になっている。種子島には温帯性チョウ類の消滅の過程を示唆する記録が残っている。数十万年前に北トカラの島々が出現し，中琉球に属する宝島，小宝島と，悪石島の間のトカラ海峡が生物分布境界線として注目され，渡瀬線が提唱された。本稿ではその渡瀬線設定のいきさつと，チョウの分布で言われる三宅線にも言及した。

⑧中琉球は，大陸から分離後は孤島状態が続いて，多くの固有種，固有亜種を生じたが，チョウ類でも奄美大島と徳之島のアカボシゴマダラ，沖縄本島と奄美大島のフタオチョウなど注目種がおり，その分布についての私見を述べた。また島のチョウ相の比較を試みた。

⑨南琉球は，宮古島の過去の多様性の高い生物相を紹介し，八重山諸島は石垣島，西表島，与那国島，波照間島のチョウ相について，私の調査結果をもとに概観した。チョウの固有種はいないが，大陸や台湾産とは異なる亜種が生息し，近隣地域からの迷チョウが多い。

⑩最後に全域の問題として，1950年以降に南西諸島を北上，定着したチョウ6種を解説し，迷チョウの飛来形式，飛来源などによるグルーピングの私案を示した。

第3部　ヒトが来た

⑪ヒトによる自然の撹乱は，縄文時代から歴史時代まで順に見て，とくに私自身が体験できた時代は，戦前，戦中，戦後に分けて，当時の自然とヒト

の関わりを自分の生活体験を入れて記述した。ヒトがいつも悪者であったとも言えず，この時代は最も自然の多様性が高かったと言えるかもしれない。しかし，1950年代後半からの約20年間の経済の高度成長期にヒトの撹乱は最高潮に達し，生物界に壊滅的打撃をもたらし，ヒトと自然との関わり方にまで大きな影響を及ぼすことになった。この問題は，退職時に記した「私の環境教育論」を再掲している。そして，その後の実態と今後の対応に私見を述べた。

　⑫ヒトの生活が急速に生物的自然から離れていくこと，そこから生じる自然への無関心，無知の増大，一方では，快適，安全な生活への飽くなき欲望が生む自然の撹乱と，それによるヒト自身への反作用が危惧される。これらは緊急性が薄いのか，ヒトの反応は遅く，のろくて，甘い。消えゆく生物を残す努力と，ヒトに好適な生態系を造ることだけで良いのか。ここで基本に立ち返って，若い人達に自然との触れ合いを多少無理してでも深めさせ，体験させて，後は彼ら自身に対応を考えてもらう。これがこのような自然にしてしまった私たちの勝手なお願いである。

引用文献・参考文献

　本文に引用した文献のほか，全体的にあるいは一部を参考にして，本文中にとくに示さなかった文献も含む。このほか，インターネットの百科事典的な情報も活用したが，ここには示してない。各文献は出来るだけ簡易に記述したので，より詳細な情報は必要に応じて探す労をとって欲しい。

【昆虫】

青山潤三, 1987. 鹿児島県島嶼部におけるツクツクボウシの分布と鳴き声パターンについて(上). 昆虫と自然 22(1):11-15.

青山潤三, 2001. 世界遺産の森屋久島. 平凡社新書.

朝比奈正二郎, 1950. ツマベニチョウを捕る. 新昆虫 3(4):26-27.

浅野隆・金子操, 2012. キリシマミドリシジミの長尾型産地で出現する短尾型. 月刊むし(497):22-24.

荒谷邦彦・細谷忠嗣, 2006. 島流しにあったハチジョウノコギリクワガタに一体何が起こったのか? 昆虫DNA研究会ニュースレター(2):25-30.

荒谷邦雄, 2014. 今, 伊豆諸島が面白い. 昆虫DNA研究会ニュースレター(20):3-6.

荒谷邦雄・細谷忠嗣, 2016. 奄美群島固有のクワガタムシ類の自然史.p.36-56.水田拓編著:奄美群島の自然史学.東海大学出版部.

荒谷邦雄, 2017. 奄美・琉球の昆虫相について. 昆虫と自然 52(5):2-5.

有馬海誠ほか6名, 2017. 屋久島方言で鳴くツクツクボウシの研究II. Kagoshima Students'Science Reports 16:62-63.

有田斉, 2019. 屋久島ルーミスシジミとの出逢い. Butterfly Science (14):1.

東清二監修, 2002. 増補改訂琉球列島産昆虫目録. 沖縄生物学会.

東清二, 2013. 沖縄昆虫誌. 榕樹書房.

Bascombe,M.J.,G.Johnston. F.S.Bascombe, 1999. The butterflies of Hong Kong. Academic Press. London.

千葉秀幸・築山洋, 1996. ユーラシア産コキマダラセセリ属の再検討. Butterlies 14:3-16.

榎戸良裕, 2014. 鹿児島県のハンミョウ科. Satsuma (151):1-24.

江﨑悌三, 1921. 日本に於ける昆虫の地理的分布とその境界線に就いて. 動物学雑誌 33:444-466.

江﨑悌三, 1929. 蝶類の分布より見たる屋久島と九州本島との動物地理学的関係. 日本生物地理学会会誌1(2):1-16.

江﨑悌三, 1933. 昆虫の分布より見たる九州. 植物及動物 1(10):37-42.

江﨑悌三, 1953. 外国人による九州の昆虫採集. 新昆虫 6(3):2-7.

江﨑悌三ら,1953. 大隅採集旅行記. 新昆虫 6(3):32-45.

藤岡知夫，1973．蝶の紋．河出書房新社．

藤岡知夫，1975．日本産蝶類大図鑑．講談社．

藤岡知夫・築山洋・千葉秀幸，1997．日本産蝶類及び世界近縁種大図鑑，解説編，出版芸術社．

福田晴夫・田中洋，1962．鹿児島県の蝶類．鹿児島昆虫同好会．

福田晴夫，1971．日本に南方から飛来する蝶類．日本鱗翅学会特別報告（5）：29-72.

福田晴夫ら，1971．屋久島，8月の昆虫類．Satsuma 20 (60)：51-79.

福田晴夫，1972．下甑島で採集されたテングチョウの記録から．しびっちょ（5）：17-24.

福田晴夫・岩崎郁雄・神園香，1979．鹿児島県におけるキリシマミドリシジミの分布記録．Satsuma 28 (79)：1-13.

福田晴夫，1992．鹿児島のチョウ．春苑堂書店．

福田晴夫，1995a．栗野岳（霧島山）の昆虫保護条例について．蝶研フィールド10（8）：15-16.

福田晴夫，1995b．鹿児島県栗野町の「昆虫保護条例」の経緯と課題．やどりが（164）：9-12.

福田晴夫，1995c．第5回日本鱗翅学会セミナー（1994年，鹿児島），「蝶と人との新しい関わりを求めて」．やどりが（164）：19-25.

福田晴夫，1997a．南九州沢原高原におけるオオウラギンヒョウモンの生態と保護 (1). Butterflies, (16)：4-17.

福田晴夫，1997b．南九州沢原高原におけるオオウラギンヒョウモンの生態と保護 (2). Butterflies, (17)：22-32.

福田晴夫，1998．その後の鹿児島県栗野町のカシワ林と昆虫採集禁止条令．やどりが（175）：36-38.

福田晴夫，2002a．栗野町の希少昆虫と昆虫保護条例―米満町長への手紙―．自然愛護（28）：2-5.

福田晴夫，2002b．桧物正美氏の調査による宇治群島の蝶類．Satsuma 52 (126)：102-112.

福田晴夫・森川義道，2004．2003年7月奄美大島のチョウ類．Satsuma 54（130）：33-37.

福田晴夫・中峯芳郎，2005．大隅半島肝属川流域と鹿屋体育大学構内のシルビアシジミの調査から．Satsuma 55 (133)：123-128.

福田晴夫・塚田拓，2008．鹿児島県のハタザオを食草とするツマキチョウ．Satsuma 58 (139)：93-98.

福田晴夫・久保田義則，2008．分布南限地，屋久島におけるツマキチョウの現状．Satsuma 58 (139)：99-107.

福田晴夫ら，2009．奄美諸島の徳之島で発生したコノハチョウ．やどりが（221）：18-23.

福田晴夫・久保田義則，2012．分布南限地，屋久島におけるウラナミジャノメの盛衰．Butterflies (60) : 16-30.

福田晴夫，2012a．1950年以降に南西諸島を北上したチョウ類 (1)．やどりが (232) : 16-33.

福田晴夫，2012b．1950年以降に南西諸島を北上したチョウ類 (2)．やどりが (234) : 28-39.

福田晴夫，2012c．なぜ6種のチョウが南西諸島を北上したか？やどりが (235) : 20-28.

福田晴夫，2012d．栗野のウスイロオナガシジミへの詫び状．アルボ (146) : 1209-1212.

福田晴夫・守山泰司，2013．鹿児島県産チョウ類の分布ノート．Satsuma (150) : 3-40.

福田晴夫，2014．近年日本列島に飛来・発生するクロマダラソテツシジミの生活史とその特異性．Butterflies (66) : 4-21.

福田晴夫・中峯敦子，2014．「鹿児島県昆虫・貝・植物・岩石展」の過去・現状と課題．Nature of Kagoshima,40 : 273-279.

福田晴夫・守山泰司・尾形之善，2015．種子島のウラナミジャノメは高標高地のみに生息している．やどりが (246) : 2-9.

福田晴夫，2016．2007年から日本列島で急増したクロマダラソテツシジミの飛来・発生とその原因．Butterflies (72) : 24-45.

福田晴夫・守山泰司・金井賢一，2016．鹿児島県三島村の硫黄島及び竹島のチョウ類 2015年の調査結果とチョウ相成立史の検討．鹿児島県立博物館研究報告 35 : 1-14.

福田晴夫・久保田義則，2017．旧北区のチョウ，ベニシジミが屋久島まで南下した．蝶と蛾 68 (1) : 8-19.

福田輝彦，2019．1匹の蛾から (1)．アルボ　171 : 1587-1588.

Hasegawa, T. & K. Saito, 2014. Description of two new species of the subtribe Theclina (Lepidoptera : Lycaenidae) from Central Vietnam. Butterflies (Teinopalpus) 67 : 4-11.

長谷川大，2015．キリシマミドリシジミ属の自然史．月刊むし（533）: 45-49.

橋元紘爾，1967．福山町の蝶類．Satsuma14（1）: 1-4

林正美，2001．横当島産ツクツクボウシの採集追加記録．Cicada 16(3) : 38-4.

林正美・税所康正，2011．日本産セミ科図鑑．誠文堂新光社．

日浦勇，1970．日本列島における種分化と"第四紀的"環境．哺乳類科学(20・21合併号): 51-59.

日浦勇，1971．日本産蝶の分布系統．日本鱗翅学会特別報告．（5）: 73-88.

日浦勇，1973．海をわたる蝶．蒼樹書房．

日浦勇，1976．蝶の種数の地理的変化．南紀生物 18 (2) : 35-39.

日和住政・草桶秀夫，2004．ホタルの分子系統樹から見た地理的分布と遺伝子分化．昆虫 DNA 研究会ニュースレター，1 : 24-22.

今坂正一・下野誠之，2004．奄美大島でキンモンフタオタマムシ（？）を発見．月刊むし (396) : 2-3.

猪又敏男，1986．大図録日本の蝶．竹書房．

岩橋順一郎，2009．屋久島でカラスアゲハを採集．Satsuma 59 (141)：92.

岩崎郁雄，1978．栗野岳産ウスイロオナガシジミのルーツは？ Satsuma 27（78）：294-296

岩崎郁雄・村岡宏章，1993．九州南部におけるオオムラサキの分布と日本南限に関する考察について．宮崎県総合博物館研究紀要 18：1-19.

岩田收二，1917．鹿児島県下に於ける蝶類の分布について．鹿児島高等農林学校学術報告 (2)：141-159.

神谷寛之，1962．鹿児島県甑島列島のテントウムシ科甲虫相．昆虫 30：82-86.

柏原精一，1991．トカラと伊豆諸島のカラスアゲハはなぜ美しい？ 蝶研フィールド 6 (9)：6-16.

柏原精一，2010．奄美から望む中国大陸，特異な虫たちは何処から？ やどりが (226)：12-17.

川口佳宥・江平憲治，1981．徳之島の蝶類（1978 年-1980 年），Satsuma 30 (85)：93-108.

河上康子・立澤史郎，2001．大隅諸島馬毛島の昆虫目録．Nature Study 47 (1)：8.

金井賢一・福元正範・榊俊輔・東哲治・篠崎琢郎・竹浩一・南田いずみ，2013．2012 年 8 月霧島市神造島（辺田小島・弁天島）の昆虫調査．Nature of Kagoshima（39）：99-103.

金井賢一・福元正範・榊俊輔，2018．新島（鹿児島湾）の昆虫．鹿児島県立博物館研究報告（37）：1-6.

金井賢一・守山泰司，2018．トカラ列島のチョウ類．鹿児島県立博物館研究報告（37）：19-30.

霧島山総合研究会，1969．霧島山総合調査報告書．霧島山総合研究会（宮崎大学農学部宮崎リンネ会）.

小岩屋敏，2007．世界のゼフィルス大図鑑．むし社.

木村正明，2011．尖閣諸島の昆虫．昆虫と自然 46（8）：18-21.

Kubo, K., 1963. On the life history of the Great Nawab, or Polyura eudamippus weismanni Fritze of Okinawa Island. 蝶と蛾 14 (1)：14-22.

黒澤良彦・尾本恵市，1955．琉球列島産ツマベニチョウの地方変異について．国立科学博物館研究報告 2 (2)：64-69.

黒澤良彦，1978．沖縄のアカボシゴマダラについて．やどりが (93/94)：44.

黒澤良彦，1983．アカボシゴマダラ属とその周辺（2）．月刊むし (150)：9-11.

町田明哲，1956．大口市を中心とした伊佐郡の蝶相．Satsuma 5 (1)：1-4.

増井暁夫・玉井大介，2013．中国山東省から最近記載されたアカボシゴマダラの新亜種．月刊むし（504）：2-8.

松沢寛ら，1952．檳榔島昆虫採集調査行.採集と飼育 14(9)：268-273.

Marumo, N. 1923. List of Lepidoptera of the Islands Tanegashima and Yakushima.

Journ. Coll. Agr. Imp. Univ. Tokyo, 8 (2) : 135-206.

宮川美紗・八木孝司・石原道博, 2011. 日本列島に分布するキアゲハの遺伝的多様性とその成立背景. 昆虫 DNA 研究会ニュースレター（14）：26-29.

三宅恒方, 1919. 昆虫学汎論. 下巻. 裳華房.

守山泰司, 2018. 長島町獅子島と伊唐島のチョウの記録. Satsuma（150）：43-50.

長嶺邦雄, 2004. 南大東島の蝶（2002.4 ～ 2003.12）. 琉球の昆虫（25）：9-24.

長嶺邦雄, 2004. 北大東島の蝶・トンボ・セミ. 琉球の昆虫（25）：25-28.

長嶺邦雄, 2005. 南大東島の蝶（2004.4 ～ 2005.3）. 琉球の昆虫（26）：1-13.

中峯浩司, 2014. マリンポートかごしまのコンクリート上でエリザハンミョウを多数確認. Satsuma 150：153-154.

二町一成, 1981. 徳之島のアカボシゴマダラは本当に移入種か？ Satsuma 30 (85)：116.

二町一成, 2014. 昔はいた！ 紫尾山のアイノミドリシジミ. アルボ (153) : 1308-1309.

二町一成, 2017. 奄美大島で採集されたフタオチョウの記録. Satsuma (159) : 1-2.

西田信夫, 1986. 新種キンモンフタオタマムシの発見. 月刊むし (189) : 20-21.

小原嘉明, 2007.「まほろし色」のモンシロチョウの来た道. 昆虫 DNA 研究会ニュースレター（6）：4-10.

小原嘉明, 2010. モンシロチョウから「パイオニア雄」説へ. 昆虫 DNA 研究会ニュースレター（12）：1-5.

小田切顕一・小池裕子・三枝豊平, 2001. ミドリシジミ類の系統関係とその分布形成の道筋.（日本鱗翅学会京都大会講演要旨）. 蝶類 DNA 研究会ニュースレター（7）：11.

小田切顕一・小池裕子・三枝豊平, 2002. ミドリシジミ類の分子系統地理. 講演要旨：日本進化学会第 4 回東京大会 2002/8. 蝶類 DNA 研究会ニュースレター（9）：17.

緒方政次, 2010. クロマダラソテツシジミの北上と中国沿岸部の都市化との関係についての考察. 房総の昆虫, 44：55-57.

大場信義, 2004. ホタル点滅の不思議 --- 地球の奇跡. 横須賀史自然・人文博物館・特別展示解説書 7.

大屋厚夫, 2018. 琉球列島の蝶. 出版芸術社.

尾本恵市・星野幸弓, 2006. アカボシゴマダラ（Hestina）属蝶類のミトコンドリア DNA の解析. 昆虫 DNA 研究会ニュースレター（4）：34-35.

長田庸平, 2015. ミカドアゲハの日本産亜種の再検討. 昆虫と自然 50 (12) : 21-24.

長田庸平ら, 2015. 雌雄交尾器と DNA バーコーディングに基づくミカドアゲハ日本亜種の再検討, 特に沖縄島と対馬個体群の所属について. 蝶と蛾 66（1）：26-42.

Osozawa S and Wakabayashi J., 2005. Killer typhoon began to impact the Japanese Islands from ca.1.55 Ma, based on phylogeography of Chlorogomphus (Gliding Dragonfly). Earth Science & Climate Change S3 : 1-5.

遅沢壮一・田中浩紀・新城竜一, 2012. 徳之島, 奄美大島, 喜界島, 及び宝島の島嶼形成史.

昆虫 DNA 研究会ニュースレター (17)：5-12.

Osozawa S. et al., 2013. Vicariant speciation due to 1.55 Ma isolation of the Ryukyu islands, Japan, based on geological and GenBanku data. Entomological Science 16 : 267-277.

遅沢壮一・高橋真弓・初宿成彦，2014．ウラナミジャノメ属とコジャノメ属，ニイニイゼミ属の琉球での異所的種分化と COI 進化速度の推定．昆虫 DNA 研究会ニュースレター（20）：47-51.

遅沢壮一，2014．ヒメハルゼミの系統と徳之島と 沖永良部島の生物境界線の地質学的起源．昆虫 DNA 研究会ニュースレター（21）：18-21.

Osozawa S., Takahashi,M.& Wakabayashi,J.,2015. Ryukyu endemic *Mycalesis* butterflies, speciated vicariantly due to islation of the islands since 1055Ma. Lepidoptera Science 66 (1) : 8-14.

Osozawa S., Takahashi,M.& Wakabayashi,J.,2017. Quaternary vicasians of *Ypthima* butterflies (Lepidoptera, Nymphalidae, Satyrinae) and systematics in the Ryukyu Islands and Oriental region. Zoological Journal of the Linnean Society,XX : 1-10.

Osozawa K, Ogino S., Osozawa S., Oba Y. and Wakabayashi J., 2016. Carabid beetles *(Carabus blaptoides)* from Nii-jima and O-shima isles, Izu-Boin oceanic islands: Dispersion by Kuroshio current and the origin of the insular populations. Insect Systematics & Evolution. :1-19.

三枝豊平，2003．沿海州の蝶に思う．昆虫と自然 38 (4) : 12-17.

酒井久馬，1934．種子島六月の蝶．昆虫世界 38 (445) : 17-19.

定木良介・林辰彦・土屋利行，2014．日本のマルバネクワガタ．むし社．

清水敏夫，2002．南九州離島のクワガタムシ相．昆虫と自然 37（5）: 8-10

清水敏夫・村山輝記，2004．鹿児島県三島村黒島におけるノコギリクワガタの 1 新亜種．月刊むし (396) : 10-15.

新川勉・延栄一・石川統，2004．既存分類で見えなかったもう 1 種のウラギンヒョウモン．昆虫 DNA 研究会ニュースレター (1) : 43-44.

新川勉・岩崎郁雄，2019．日本産ウラギンヒョウモンは複数種の集合体・再分類 .p.7-31: 日本のウラギンヒョウモン、ヴィッセン出版．

白井和伸，2016．沖縄本島産と慶良間諸島産のリュウキュウウラナミジャノメの幼虫形態および DNA 解析結果について．昆虫 DNA 研究会ニュースレター（24）: 30-33.

白水隆，1947．従来の日本蝶相の生物地理的研究方法の批判及びその構成分子たる西部シナ系要素の重要性について．松虫 2（1）: 1-8.

白水隆，1955a．蝶類雑記（1）．新昆虫 8 (1) : 18-22.

白水隆，1955b．蝶類雑記（2）．新昆虫 8 (2) : 25-32.

Shirozu T. 1955. New or little known butterflies from the Northeastern Asia, with some synonymic notes III. Sieboldia 1 (3) : 229-236.

白水隆, 1958. 日本産蝶類分布表. 北隆館.

Shirozu, T. 1964. Two new butterflies from the Ryukyus. Konchu 32 (1) : 167-173.

白水隆, 1985. 蝶類の分布から見た日本およびその近隣地区の生物地理学的問題の2〜3について. 白水隆著作集Ⅰ：1-33.

楚南仁博, 1933. 台湾及び沖縄諸島の蝶類の分布に就いて. 動物学雑誌45（532/533）：97-99.

菅原春良・高橋直, 2014. 日本の迷蝶大図鑑. むし社.

高倉忠博, 1973. フタオチョウの累代飼育. インセクタリウム10（10）：4-7.

竹村芳夫, 2002. 鹿児島の昆虫昔ばなし. Satsuma125：80-84.；126 & 182-185.

竹村芳夫・坂元久米雄・福田晴夫, 1958. 霧島山一帯の採集地. p.83-87.；福岡虫の会・筑紫昆虫同好会編, 九州の昆虫採集案内. 陸水社.

髙﨑浩幸, 2002. 栗野岳にナラガシワの苗木を―ウスイロオナガシジミの絶滅を回避するために―. アルボ（107）：1-4.

髙﨑浩幸, 2003. なぜ栗野岳のウスイロオナガシジミは激減したか？ 原因と対策を考える. Satsuma (129) : 1-15.

田中良尚, 2017. 琉球列島に分布するマルバネクワガタ―成虫が秋に出現する謎を解く―. 昆虫と自然 52 (5) : 14-16.

築山洋・千葉秀幸・藤岡知夫, 1997. セセリチョウ科. p.31-138；藤岡知夫・築山洋・千葉秀幸, 1997.日本産蝶類及び世界近縁種大図鑑, 解説編, 出版芸術社.

東城幸治・伊藤健夫, 2015. 日本の地史と昆虫相の成立. p.106-212.；大場裕一・大澤省三編, 遺伝子から解き明かす昆虫の不思議な世界. 悠書館.

遠山雅夫, 1986. 日本産フタオタマムシ属の1新種. 月刊むし (189) : 18-19.

Toussaint,E.F.A.,et al, 2015. Comparative moleculer species delimitation in the charismatic Nawab. Butterflies (Nymphalidae, Charaxinae, *Polyura*). Molecular phylogenetics and evolution, 91 : 194-209.

植村好延・青嶋健文, 2017. 日本産蝶類分布表. やどりが 254 : 18-31.

八木孝司・加藤義臣, 2004. ジャコウアゲハの分子生物地理. 昆虫DNA研究会ニュースレター（1）：45.

八木孝司, 2002. 分子系統樹による日本列島のアゲハチョウ類の分布成立過程の推定. 蝶類DNA研究会ニュースレター（8）：8.-18.

八木孝司, 2018. 日本のアゲハチョウ類の分布形式を考える. Butterfly Science Newsletter, 14 : 2-6.

矢後勝也ら, 2007. シルビアシジミ属（鱗翅目：シジミチョウ科）の分子系統・分類と生物地理. 昆虫DNA研究会ニュースレター（6）：23-37

Yamane,S. & K.Kanai, 1994. A list of insects collected on Yokoate-jima,Tokara

Islands,Japan. WWF Japan Science Report 2(2) : 329-338.

山根正気，1994．開聞岳のアリ相．南薩の自然　鹿児島の自然調査事業報告書Ⅰ：78-81.

山根正気・津田清・原田豊，1994．鹿児島県本土のアリ．西日本新聞社．

山根正気・幾留秀一・寺山守，1999．南西諸島産有剣ハチ・アリ類検索図鑑．北海道大学図書刊行会．

吉尾政信・八木孝司，2004．ミトコンドリア全ゲノム解析に基づくナガサキアゲハの日本への新入経路と国内での分布拡大経路について．（講演要旨）．昆虫 DNA 研究会ニュースレター（1）：43.

吉尾政信，2005．日本産ナガサキアゲハのミトコンドリアゲノム解析と個体群構造．昆虫 DNA 研究会ニュースレター（2）：38-43.

Watase, S. 1912. Foot note for *Holotermopsis japonicus* Holmgren: 109. in Holmgren, N. Die Termiten Japans. Annotationes Zoologicae Japonenses, 8 (1): 107-136.

【動物】

船越公威，2013．屋久島と口永良部島の哺乳類特に食虫類，翼手類および齧歯類について．鹿児島大学総合研究博物館 News Letter (33) : 23-28.

稲留陽尉・山本智子，2008．北薩地域のタナゴ類の分布と二枚貝の利用について．Nature of Kagoshima 34 : 1-4.

稲留陽尉・山本智子，2012．北薩地域におけるタナゴ類とイシガイ類の分布と産卵床としての利用．保全生態学研究 17：63-71.

本村浩之，2015．琉球列島の魚類多様性．南西諸島の生物多様性，p.56-63.; 船越公威編，南西諸島の生物多様性，その成立と保全.日本生態学会・エコロジー講座8．南方新社．

松沼瑞樹ら，2007．絶滅危惧種スナヤツメ南方型の鹿児島県からの70年ぶりの記録．日本生物地理学会報 62：23-28.

太田英利，1996．吐噶喇列島における爬虫・両生類の分散，分化と保全.p.161-163.; 中村和朗ら編，南の島々.日本の自然：地域編 - 8

太田英利，2002a．は虫類・両生類・陸水魚類が語る琉球の古地理．遺伝56(2) : 35-41.

太田英利，2002b．古地理の再構築への現生生物学にもとづくアプローチの強みと弱点：特に琉球の爬虫・両生類を例として．p.175-186.; 木村政昭編：琉球弧の成立と生物の渡来：沖縄タイムス社．

太田英利・高橋亮雄，2005．琉球列島および周辺島嶼の陸生脊椎動物相―特徴とその成り立ち―.p.1-15.；琉大21世紀COE プログラム編集委員会編：美ら島の自然史．東海大学出版会．

太田英利，2005．琉球列島および周辺離島における爬虫類の生物地理.p.78-93；増田・阿部編；動物地理の自然史.北大出版会．

太田英利，2007．琉球列島の動物相．ナチュラルヒストリーの時間 . p.55-60. 大学出版部

協会.

太田英利・高橋亮雄, 2008. 宮古諸島の不思議な動物相.p.24-44.; 宮古の自然と文化を考える会編：宮古の自然と文化第2集.

太田英利, 2009a. 琉球列島の陸生動物—島々の歴史と種の多様性, 固有性—. 遺伝63 (6) : 101-106.

太田英利, 2009b. 亜熱帯沖縄の冬の寒さと動物たち. 琉球大学編：融解する境界, 沖縄タイムス社.

太田英利, 2009c. 宮古島の化石脊椎動物. : 478-484. ; 宮古市史編さん委員会, 宮古島市史第三巻自然編第1部みやこの自然, 宮古市教育委員会.

太田英利, 2018. 南西諸島の陸生脊椎動物—意外に多い漂流による分散者—. 科学88(6) : 620-624.

Okada, Y. 1927. A study on the distribution of tailless batrachians of Japan. Annotationes Zoologicae Japonenses, 11 (2) : 137-144.

Okamoto, T. 2017. Histrorical biogeography of the terrestrial reptiles of Japan : A comparative analysis of geographic ranges and molecular phylogenies. Pp.135-163. In: M,Motokawa and H. Kajihara (eds.) Species Diversity of Animals in Japan. Springer Japan, Tokyo.

Shibata H., et al.,2016. The taxonomic position and the unexpected divergence of the Habu viper, Protobothrops among Japanese subtropical islands. Molecular Phylogenetics and Evolution.101 : 91-100.

山田文雄, 2017. ウサギ学. 東京大学出版会.

【植物】

アスキンズ, 2016. 落葉樹林の進化史. 築地書館.

初島住彦・新敏夫, 1956. 九州西海岸に特殊な分布をする植物について. Acta. Phytotax.Goebot. 16 (4) : 98-100.

初島住彦, 1971. 琉球植物誌. 沖縄生物教育研究会.

初島住彦, 1986. 改訂鹿児島県植物目録. 鹿児島植物同好会.

初島住彦, 1991. 北琉球の植物. 朝日印刷書籍出版.

初島住彦・天野鉄夫, 1994. 増補訂正・琉球植物目録. 沖縄生物学会.

初島住彦, 2004. 九州植物目録. 鹿児島大学総合研究博物館.

堀田満, 2000. 奄美の希少・固有植物と絶滅問題. 鹿児島大学合同研究プロジェクト, 南西諸島における自然環境の保全と人間活動. : 19-40.

堀田満, 2001. 北からと南からと, そして西からも—植物の場合—.p.24-39；第四期の自然と人間（日本第四紀学会・普及講演会資料集), 同会.

堀田満, 2002. 奄美の植物世界と人々. p.156-182.; 秋道智彌編, 野生生物と地域社会. 昭和堂.

堀田満, 2003a. 九州南部から南西諸島の自然環境と人々の暮らし. 人環フォーラム (13)：40-45.

堀田満, 2003b. 九州南部から南西諸島地域での植物の進化—隔離と分断の生物地理—. 日本植物分類学会「分類」：1-18. (同学会 2003 年受賞記念講演)

堀田満, 2003. なぜ九州南部から南西諸島地域には絶滅危惧植物が多いのか. 鹿児島県レッドデータブック (2003)：589-596.

堀田満, 2004. 奄美群島の希少・固有植物の分布地域について. 鹿児島県立短期大学紀要 (自然科学編) (55)：1-108.

堀田満, 2006a. 屋久島の植物相とその特性.p.37-58.; 大澤雅彦ら編；世界遺産屋久島, 朝倉書店.

堀田満, 2006b. 西南日本植物相の由来. 日本植物学会第 70 回 (熊本) 大会公開シンポジウム要旨：3-12.

堀田満, 2013. 奄美群島植物目録. 鹿児島大学総合研究博物館研究報告 No.6, 同館.

片山なつ, 2016. 水生被子植物カワゴケソウ科の多様化とその要因. 植物科学最前線 7：279-287.

門田裕一, 2006. 南北に長い森の国. p.81-92；国立科学博物館編.日本列島の自然史.東海大学出版会.

前原勘次郎, 1931. 南肥植物誌. (個人出版物：熊本県球磨郡人吉町)

宮島寛, 1989. 九州のスギとヒノキ. 九州大学出版会.

野呂忠秀ら, 1993. 日本産カワゴケソウ科植物の分布. 植物研究雑誌 68：253-260.

大野照好, 1992. 鹿児島の植物. 春苑堂出版.

瀬戸口浩彰, 2012. 琉球列島における植物の由来と多様性の形成.p.21-77.；植田邦彦編著, 植物地理の自然史. 北海道大学出版会.

芝正己, 2016. 沖縄の新林業の歴史的展開と今後の展望・持続的森林管理へのパラダイムシフト. 琉球大学農学部学術報告 (63)：51-60.

清水善和, 2014. 日本列島における森林の成立過程と植生帯のとらえ方—東アジアの視点から—. (駒澤大学) 地域学研究 (27)：19-67.

志内利明・堀田満, 2015.トカラ地域植物目録. 鹿児島大学総合研究博物館.

鈴木英治・宮本旬子, 2018. 南西諸島における島嶼間の植物相比較.p.26-37.；奄美群島の野生植物と栽培植物.鹿児島大学生物多様性研究会編, 南方新社.

鈴木時夫, 1969. 霧島山の植物社会概観.p.145-175.；霧島山総合研究会編,霧島山総合調査報告書,(同会).

田川日出夫, 1995. 自然の動きと植物の世界.P.162-182.；内嶋他編,日本の自然・九州.岩波書店.

田川日出夫, 1999.鹿児島の生態環境. 春苑堂書店.

田川日出夫, 2007. 屋久島の植物.p.96-120.;屋久町郷土史4.屋久町教育委員会.

寺田仁志, 1998. 鹿児島県竹島と硫黄島の植生と硫黄島の植物相. 鹿児島県立博物館研究報告 (17)：1-33.

寺田仁志, 2019. 姶良市の植生. p.32-64.；姶良市誌第1巻, 姶良市.

戸田義宏・荒木徳蔵・中山至大, 1969. ススキ, p.193-196.；霧島山総合研究会編, 霧島山総合調査報告書, (同会).

外山三郎ら, 1969. 霧島山におけるクロマツ, アカマツ及びその中間種の分布並びに核型. p.201-220.：霧島山総合研究会編, 霧島山総合調査報告書, (同会).

植村和彦, 2006. 日本列島の生い立ちと動植物相の由来, p 68-78；国立科学博物館編, 日本列島の自然史.東海大学出版会.

横川水城・堀田満, 1995. 西南日本の植物雑記 II, 霧島山系におけるミヤマキリシマ, キリシマツツジ, ヤマツツジ諸集団の形質変異. 植物分類, 地理 46（2）：165-183.

横田昌嗣, 2015. 南西諸島の維管束植物相の成立 .p.6-11.; 船越公威編, 南西諸島の生物多様性, その成立と保全. 日本生態学会・エコロジー講座8. 南方新社.

米田健, 2016. 薩南諸島の森林, p.40-90.: 鹿児島大学生物多様性研究会編, 奄美群島の生物多様性.南方新社.

米田健, 2018. 南西諸島の森林と保全. 森林科学（84）：3-7.

【地史, 化石】

遠藤尚・小林ローム研究グループ, 1969. 火山灰層による霧島溶岩類の編年（試論）,p. 13-30.；霧島山総合調査報告書, 宮崎リンネ会の霧島山総合研究会.

藤岡換太郎, 2018. フォッサマグナ. 講談社ブルーバックス.

藤田祐樹, 2018. 動物化石に交流した痕跡は認められない. 科学 88 (6)：618-620.

藤山家徳・岩尾雄四郎, 1975. 鹿児島県北西部の後期新生代昆虫化石. 国立科学博物館専報（8）：33-50.

下司信夫, 2009. 屋久島を覆った約 7300 年前の幸屋火砕流堆積物の流動・堆積機構. 地学雑誌 118 (6)：1254-1260.

早坂祥三, 1988. 錦江湾の生い立ち. 芸香草（鹿児島県立図書館教養講座要旨集）7：40-61.

早坂祥三, 1991.鹿児島県の地形・地質とそのおいたち. p. 1-18.；鹿児島県地学会編, 鹿児島県地学ガイド（上）.コロナ社.

井田善明, 2014. 地球の教科書. 岩波書店.

鹿児島県地学会編, 1991. 鹿児島県地学ガイド（上・下）. コロナ社.

鹿児島県立博物館編, 1988. 鹿児島国際火山会議開催記念. 大正三年桜島大噴火写真集. 鹿児島県教育委員会.

鎌田浩毅, 2017. 地学ノススメ―日本列島のいまを知るために―. 講談社ブルーバックス.

勘米良亀齢, 1995. 九州山地はいつ高くなったか. 内嶋ら編, 日本の自然地域編7九州：

60-63. 岩波書店.

勝村敏史・山本啓司, 2016. 九州南部北薩地方西目地区の仏像構造線相当の地体構造境界. 地学雑誌 122 (1)：37-42.

神谷厚昭, 2007. 琉球列島ものがたり―地層と化石が語る二億年史―. ボーダーインク. (那覇市)

木村政昭, 2002. 琉球弧の成立と古地理. p.19-58.；木村政昭編著, 琉球弧の成立と生物の渡来. 沖縄タイムス社.

桐野利彦, 1980. 発刊に当たって. シラス台地研究（1）：3-6. シラス台地研究グループ.

町田洋, 1977. 火山灰は語る. 蒼樹書房.

松本剛ら, 1996. 琉球弧のトカラギャップおよびケラマギャップ における精密地形形態. Journal of Geography 105(3)：286-296.

森脇広ら, 2015. 鹿児島湾北岸, 国分平野における過去15000年間の海面変化と古環境変化. 第四紀研究 54(4)：149-171.

湊正雄, 1976. 日本列島. 岩波新書.

中野俊ら, 2008. 20万分の1地質図幅「中之島及び宝島」. 産業技術総合研究所.

成尾英仁, 1995. 十島村の位置. p.1-55. 十島村誌.

成尾英仁, 2007. 屋久島の地質.p. 51-78.；屋久町郷土史（4）.

西井上剛資・大塚裕之, 1982. 国分層群の花粉層序学的研究. 鹿児島大学理学部紀要（地学・生物学）（15）：89-100.

西之表市教育委員会編, 1990. 西之表市形之山化石群の発掘調査第一報. 西之表市教育委員会.

西健一郎・桑水流淳二, 1997. 大隅の地形・地質. p. 14-18.；鹿児島の自然調査事業報告書 IV. 大隅の自然：鹿児島県立博物館

大塚裕之・西井上剛資,1980. 鹿児島湾北部沿岸地域の第四系. 鹿児島大学理学部紀要(地学・生物学)（13）：35-76.

大塚裕之, 1980. 琉球列島の脊椎動物化石群. 遺伝 34（10）：46-55.

大塚裕之, 2001. 南西諸島の動物たち：それらの来た時期と来た道. 第四紀の自然と人間 日本第四紀学会（普及講演会資料集）：40-55.

大塚裕之・松本幸英, 2001. 琉球列島における更新世脊椎動物化石の年代測定を行うことの意義. 第四紀の自然と人間 日本第四紀学会（普及講演会資料集）：58-64.

大塚裕之・鹿野和彦・内村公大, 2014. 陸生脊椎動物化石と渡瀬線.p. 24-28.；鹿野和彦・内村公大編, 第14回特別展「現代によみがえる生き物たち―種子島にゾウがいた頃―」解説書：鹿児島大学総合研究博物館 News Letter (36).

大木公彦, 2000. 鹿児島湾の謎を追って. 春苑堂出版.

大木公彦, 2001. 鹿児島湾における埋め立てと海砂採取の問題. 日本ベントス学会誌 56：21-27.

大木公彦, 2002. 鹿児島湾と琉球列島北部海域における後氷期の環境変遷. 第四紀研究 41 (4) : 237-251.

大木公彦, 2014. 鹿児島から世界へ—郷土の誇るべき自然—. 想林（鹿児島純心女子短期大学）(5) : 5-17.

大木公彦, 2017. 鹿児島の火山と景観の魅力. (講演記録). 鹿児島国際大学考古学ミュージアム調査研究報告 (14) : 1-7.

Osozawa S. et al., 2012, Palaeogeographic reconstruction of the 1.55 Ma synchronous ilolation of the Ryukyu Islands, Japan, and Taiwan and inflow of the Kuroshio warm current. International Geology Review. 54 (12) : 1369-1388.

遅沢壮一・田中浩紀・新城竜一, 2012. 徳之島, 奄美大島, 喜界島, 及び宝島の島嶼形成史. 昆虫 DNA 研究会ニュースレター (17) : 5-12.

遅沢壮一, 2016. 八丈島の 4D 火山地質と伊豆海洋島のキャリブレーション年代. 昆虫 DNA 研究会ニュースレター 25 : 14-21.

佐藤宏之, 2015. 近世種子島の気候変動. 26 年度学長裁量経費研究コアプロジェクト（島嶼）報告会. (配付資料)

斎藤靖二, 2006. 日本列島の形成. 国立科学博物館編. 日本列島の自然史. pp. 23-33・36-40.. 東海大学出版会.

鹿野和彦・内村公大, 2015. その昔, 姶良カルデラは淡水湖だった：姶良カルデラの環境変化. 鹿児島大学総合研究博物館 News Letter (37) : 14-18.

鹿野和彦, 2017. 姶良カルデラの環境変化—淡水湖から内湾へ—. 鹿児島大学総合研究博物館 News Letter (40) : 2-5.

シラス台地研究グループ, 1980. シラス台地研究（１）, 同会.

新城竜一, 2014. 琉球弧の地質と岩石：沖縄島を例として. 土木学会論文集 A2（応用力学）70（２）: I -1-34.

蘇智慧, 2015. 「2014 年昆虫学会賞と年代キャリブレーション」へのコメント. 昆虫 DNA 研究会ニュースレター（23）: 60-62.

平朝彦, 1990. 日本列島の誕生. 岩波新書.

内村公大・大木公彦・古澤明, 2007. 鹿児島県八重山地域の地質と鮮新統郡山層の層位学的研究. 地質学雑誌 113(3) : 95-111.

山崎晴雄・久保純子, 2017. 日本列島 100 万年史. 講談社ブルーバックス.

横山祐典, 3018. 琉球列島の陸橋と氷床, サンゴおよび海水準. 科学 8886) : 6016-618.

【歴史・考古学・総説など】

青木和夫ら, 2014. 文明の盛衰と環境変動. 岩波書店.

網野善彦, 1997. 日本社会の歴史（上）. 岩波新書.

有明町郷土史編さん委員会, 1980. 有明町誌, 有明町.

安里進・土肥直美, 2011. 沖縄人はどこから来たか（改訂版）. ボーダー新書 008. ボー

ダイング．

福田南兵衛，1971．ありあけ町の歴史と物語―前編 & 972. 後編，有明町．

原口虎夫，1973．鹿児島県の歴史．山川出版社．

印東道子，2012．人類大移動 アフリカからイースター島へ．朝日新聞出版．

石川日出志，2010．農耕社会の成立．岩波新書．

稲本龍生氏，2006．屋久島国有林の施行史．p.199-216；大澤雅彦・田川日出夫・山極寿一編，世界遺産屋久島，朝倉書店．

加藤真，2017．森と水田が織りなす自然と食．図書（岩波書店）（3）：8-13.

海部陽介，2016．日本人はどこから来たのか？　文藝春秋社．

河合雅司，2017．未来の年表．講談社現代新書．

河合雅司，2018．未来の年表 2．講談社現代新書．

片山一道，2015．骨が語る日本人の歴史．ちくま新書．

鹿児島大学，2001．「指宿市」知林ヶ島及びその周辺地域にかかわる総合的生態系調査報告書．鹿児島大学知林ヶ島生態系総合調査団．

鹿児島県林業史編さん協議会，1993．鹿児島県林業史．同会．

鹿児島県高等学校歴史部会編，1992．新版鹿児島県の歴史散歩．山川出版社．

小林達夫，2016．縄文世界の中の上野原遺跡，上野原縄文の森，第45回企画展，公演会資料。北野天満宮社報夏号，vol.6-7,

増田富士雄，1989．地質時代の気候からみた現在．文化庁月報（252）：15-16.

南日本新聞社，平成7年．写真と年表でつづるかごしま戦後50年．南日本新聞開発センター．

南日本新聞社，1981．鹿児島大百科事典別冊．南日本新聞社．

長井實孝，1934．薩摩藩博物学年表．鹿児島高等農林学校開校25周年記念論文集，前編：291-323.

中尾佐助，1966．栽培植物と農耕の起原．岩波新書．

内藤喬，1964．鹿児島民俗植物記．鹿児島民俗植物記刊行会．

成尾英仁，1989．開聞岳の噴火と隼人文化．昭和62年度鹿児島県高等学校理科教育研究会川辺大会（全体会研究発表資料）．

太田眞也，2009．阿蘇・森羅万象．弦書房．

大塚柳太郎，2015．ヒトはこうして増えてきた．新潮選書．

小田静夫，2001．考古学からみた新・海上の道．第四紀の自然と人間，普及講演会資料：6-23.

盛本昌広，2012．草と木が語る日本の中世．岩波書店．

シルバータウン・J.（太田英利・池田比佐子訳），2018．生物多様性と地球の未来．朝倉書店．

新東晃一，1998．古代ウォッチングかごしま　縄文への旅．南日本くらしの宝シリーズ，No.159，南日本新聞社．

篠田謙一，2018．DNA からみた南西諸島集団の成立，p. 69-84.; 高宮広土編，奄美・沖縄諸島先史学の最前線．南方新社．

小学館，1999．日本 20 世紀館．小学館．

タットマン (黒沢令子訳)，2018．日本人はどのように自然と関わってきたのか．築地書館．

高宮広土編，2018．奄美・沖縄諸島先史学の最前線．南方新社．

田嶋善兵衛ら，1995．日本の自然地域編 7 九州．岩波書店．

徳田御稔，1969．生物地理学．築地書館．

上野益三，1982．薩摩藩博物学史．島津出版．

■本書に掲載した昆虫に関する文献について

誌名で分かるものは除く；＊印は現在は発行されていない雑誌。(順不同)

月刊誌：新昆虫＊(北隆館)，蝶研フィールド＊(蝶研出版)，採集と飼育＊(内田老鶴圃)，インセクタリュウム＊(東京動物園協会)，昆虫と自然 (ニューサイエンス社)，月刊むし (むし社)

学会誌：Butterflies (日本蝶類学会)，Butterfy Science (日本蝶類科学学会)，動物学雑誌 (日本動物学会)，植物及動物＊(養賢堂)，蝶と蛾・やどりが (日本鱗翅学会誌)，昆虫 (日本昆虫学会)

同好会誌：SATSUMA (Satsuma)・アルボ (鹿児島昆虫同好会)，琉球の昆虫 (沖縄昆虫同好会)，

その他：自然愛護＊(鹿児島県自然愛護協会)，Nature of Kagoshima (鹿児島県自然環境保全協会)，しびっちょ＊(出水高校生物部誌)，Nature Study (大阪市立自然史博物館友の会)

あとがき

　本稿の入力を始めたのは2016年5月で，2年3月が経過した。元気よく書き始めたつもりだったが，やはり知らないことが多すぎた。地史，気候，植生，考古，歴史，動物のことも，思えば全て他の人の業績，データを使わせて頂いた。これはこの種の書き物には当然なこととは言え，勉強不足を痛感し悔しい思いもした。

　一方、私が焦点を当てたかった自然環境を，真正面から記述した文献は多くなかった。これは意外に難しいことだったか，そういう視点が必要でなかったのか。それとも分かり切ったことだったか。いずれにせよ，そこは私の昔の体験をもとに推察して，まるで見て来たように記述したかもしれない。

　チョウを主役にしたが，いくらか自信をもっていたチョウの知見も，分かっていないことがまだ多いと認識を新たにした。後半はヒトの環境撹乱があまりにも大きく，ヒトを主役にして私なりの言い分を精一杯書いたつもりである。「チョウが語る」と言いながら，結局は私の言い分になっているが，これはチョウの代弁として読んでもらえるだろうか。

　読者の対象を絞り込むことに迷いはなかった。一般的には"中学生レベル"でよいと思うが，もっとぜひ読んで欲しい人たちがいる。環境問題の施策に関わる人たちである。これに関する会議も増えて私もいくらか参加した。その会合で専門家の意見を聞き，作文して施策を仕上げ，実行に移すのは行政マンである。彼らにはもっと知って欲しいことがたくさんある。本著がそのような方々への応援のメッセージになればうれしい。

　私はプロの高校教師であったが，自然を調べることは容易でもあり，困難でもあった。これはやってみると直ぐに理解できるし，やってみないと分からない。小さな記録を組み合わせ積み上げて，科学や歴史を作り上げていく。誰も過去は再現も再生もできない。でも，いや，だから，この探求作業は面白い。このことも私は若い世代，若い教師，若い父親，母親たちへ伝えたかった。一人のチョウ屋が語る物語はかくて終了した。

謝辞

　本書を草するに当たり，私がチョウと付き合った 70 年間，実に多くの方々のお世話になっていると改めて思う。とても全てのお名前を挙げることは出来ないが，心から感謝しお礼を申しあげたい。とくに本著の内容についてご教示を頂いた方々は次の通りである。

　多くの文献やご教示を得た，上田恭一郎（北九州市立自然史・歴史博物館：いのちのたび博物館館長：昆虫・古生物），太田英利（兵庫県立大学自然・環境科学研究所；兵庫県立人と自然の博物館：両生・は虫・哺乳類），遅沢壮一（東北大学理学研究科；地史），髙﨑浩幸（岡山理科大学；動物学；鹿昆会員），山根正気（鹿児島大学名誉教授；昆虫；鹿昆会員），大木公彦（鹿児島大学名誉教授：地史），米田健（鹿児島大学名誉教授：植物），平瑞樹・溝添俊樹（鹿児島大学農学部：林業史）の諸氏。このほか，地学では成尾英仁，坂本昌哉，桑水流淳二，動物では鮫島正道（陸生脊椎動物），服部正策（爬虫類，奄美の生物），山田文雄（アマミノクロウサギ），植物では初島住彦（故人），堀田満（故人），大野照好，寺田仁志の諸氏。

　昆虫では鹿児島昆虫同好会の皆さん，特に熊谷信晴副会長には，初校に目を通していただき，数々のご教示を得た。このほか，県内の田中洋，田中章，二町一成，森一規，中峯浩司，中峯敦子，金井賢一，大坪修一，小宮裕生，藤田紘史郎，塚田拓，久保田義則，尾形之善ほか大勢，県外では高橋真弓（静岡市），中西元男（松阪市），岩橋順一郎（横浜市），大原賢二（徳島市），岩崎郁雄（宮崎市）の諸氏，そして高校生時代からよくお付き合い頂いた新川勉（故人），中尾景吉（宮崎市）の両君。また，貴重な農耕地調査の機会を与えられた鹿児島県土地改良事業団体連合会の方々も忘れがたい。本著はもちろん昔昆虫少年の南方新社の向原祥隆社長ほか関係スタッフのご支援の賜である。また，多くの国外調査に同行した妻（紘子）の協力もあったことを付記したい。

　以上，敬称略で記したが，改めて最大限の敬意と謝意を表します。

索 引

■ 著者略歴

福田晴夫（ふくだ・はるお）

1933年, 鹿児島県志布志市生まれ。鹿児島大学農学部（害虫学専攻）卒, 1956年から高校教師（鹿屋農業高校, 加世田高校, 出水高校, 鹿児島中央高校）, その後県立博物館で11年（館長3年）, 最後は母校志布志高校に2年（校長）。この間その後に鹿児島大学非常勤講師。

所属：日本昆虫学会, 日本応用動物昆虫学会, 日本鱗翅学会, 日本蝶類学会（元会長）, 日本蛾類学会, 日本セミの会, 昆虫DNA研究会, 鹿児島ほか7つの昆虫同好会。

著書：チョウの履歴書, チョウの生態観察法, 鹿児島のチョウ, 共著としては原色日本蝶類生態図鑑（全4巻）, 蝶の生態と観察, アジア産蝶類生活史図鑑（全2巻）, 日本産幼虫図鑑, 昆虫の図鑑採集と標本の作り方, ほかに著書, 論文, 短報など700余編。

受賞：第1回南日本出版文化賞, 第21回MBC賞, 環境大臣表彰, 第69回南日本文化賞.

チョウが語る自然史
—南九州・琉球をめぐって—

発行日　2020年2月25日　第1刷発行

著　者　福田晴夫

発行者　向原祥隆

発行所　株式会社　南方新社
〒892-0873　鹿児島市下田町292-1
電話　099-248-5455
振替　02070-3-27929
URL　http://www.nanpou.com/
e-mail　info@nanpou.com

装　丁　オーガニックデザイン

印刷・製本　株式会社朝日印刷
定価はカバーに表示しています。
乱丁・落丁はお取り替えします。
ISBN978-4-86124-413-1 C0040
©Fukuda Haruo 2020, Printed in Japan

増補改訂版　昆虫の図鑑
採集と標本の作り方
◎福田晴夫他著
　定価(本体3500円＋税)

大人気の昆虫図鑑が大幅にボリュームアップ。九州・沖縄の身近な昆虫2542種を収録。旧版より445種増えた。注目種を全種掲載のほか採集と標本の作り方も丁寧に解説。昆虫少年から研究者まで一生使えると大評判の一冊！

昆虫の図鑑
路傍の基本1000種
◎福田晴夫他著
　定価(本体1800円＋税)

数万に上る昆虫の中から出現頻度順に基本種1166種選んで掲載する。これで、通常、街中や畑、野山で見かけるほとんどの種が網羅できている。子供たちの昆虫採集のテキストに、また自然観察に手軽に携行できる1冊。

アリの生態と分類
―南九州のアリの自然史―
◎山根正気・原田　豊・江口克之著
　定価(本体4500円＋税)

124種を高画質写真で詳説。世界と日本のアリの生態を面白く紹介。最悪外来種ヒアリとアカカミアリを、日本で初めて詳細図解。第1部は世界のアリ，アリの世界。第2部は南九州のアリの生活。第3部に採集から名前調べまでを盛り込んだ。

琉球弧・植物図鑑
◎片野田逸朗著
　定価(本体3800円＋税)

800種を網羅する待望の琉球弧の植物図鑑が誕生した。渓谷の奥深くや深山の崖地に息づく希少種や固有種から、日ごろから目を楽しませる路傍の草花まで一挙掲載する。自然観察、野外学習、公共事業従事者に必携の一冊。

九州・野山の花
◎片野田逸朗著
　定価(本体3900円＋税)

葉による検索ガイド付き・花ハイキング携帯図鑑。落葉広葉樹林、常緑針葉樹林、草原、人里、海岸……。生育環境と葉の特徴で見分ける1295種の植物。トレッキングやフィールド観察にも最適。

川の生きもの図鑑
◎鹿児島の自然を記録する会編
　定価(本体2857円＋税)

川をめぐる自然を丸ごとガイド。魚、エビ・カニ、貝など水生生物のほか、植物、昆虫、鳥、両生、爬虫、哺乳類、クモまで。上流から河口域までの生物835種を網羅する総合図鑑。学校でも家庭でも必備の一冊。

貝の図鑑
採集と標本の作り方
◎行田義三著
　定価(本体2600円＋税)

本土から奄美群島に至る海、川、陸の貝、1049種を網羅。採集のしかた、標本の作り方のほか、よく似た貝の見分け方を丁寧に解説する。待望の「貝の図鑑決定版」。この一冊で水辺がもっと楽しくなる。

九州発
食べる地魚図鑑
◎大富　潤著
　定価(本体3800円＋税)

店先に並ぶ魚はもちろん、漁師や釣り人だけが知っている魚まで計550種を解説。著者は水産学部の教授。全ての魚を実際に著者が料理して食べてみた「おいしい食べ方」も紹介する。魚に加えて、エビ・カニ、貝、ウニ・クラゲや海藻まで。

ご注文は、お近くの書店か直接南方新社まで(送料無料)。
書店にご注文の際は必ず「地方小出版流通センター扱い」とご指定ください。